"十四五"职业教育国家规划教材

"十三五"职业教育国家规划教材

高等职业教育机电类专业教学改革系列教材

机 械 制 图

主编 李典灿 张 坤 刘小艳
参编 申 俊 陶东波 卢香利

机械工业出版社

本书是"十四五"职业教育国家规划教材。

本书根据高等职业教育机械类、机电类专业制图课程的知识要求,结合当前智能制造业对高职高专机械类、机电类专业学生的要求,在前期课程改革的基础上,将传统的"机械制图"课程知识体系进行重新编排,突出职业教育教学特色,注重学生知识、技能、实践能力的全面培养。

本书采用模块化任务式编写体例,配置相应的学习任务与知识点,将"教、学、做"有机地结合在一起,遵循"必需、够用为度"的教学原则,共设置了机械制图基本技能、几何体三视图的识读与绘制、组合体三视图的识读与绘制、轴测图的绘制、零件外形的表达方法、第三角画法及减速器的绘制七个模块。前六个模块的目标是机械制图基本知识和技能的夯实,第七个模块的目标是绘图实践技能的提升。

本书配套资源丰富:各模块的理论知识部分均配置了微课,扫描二维码即可观看;本书配套建立了湖南省在线精品课程,课程网址为:https://www.xueyinonline.com/detail/228794144,可线上学习、问答和讨论;本书配套有内容丰富的电子课件和详实的电子教案;本书配套《机械制图习题集》同步出版发行,以供选择。

本书采用现行的技术制图、机械制图国家标准,可作为高职高专院校机械类、机电类专业机械制图、机械识读与绘制等制图类课程的教学用书,也可作为职工大学、函授院校、中职学校的教材。

凡使用本书作教材的教师,可登录机械工业出版社教育服务网(http://www.cmpedu.com),注册后免费下载本书的配套资源,咨询电话:010-88379375。

图书在版编目(CIP)数据

机械制图/李典灿,张坤,刘小艳主编. —北京:机械工业出版社,2019.2(2025.6重印)

高等职业教育机电类专业教学改革系列教材

ISBN 978-7-111-60921-6

Ⅰ.①机… Ⅱ.①李… ②张…③刘… Ⅲ.①机械制图-高等职业教育-教材 Ⅳ.①TH126

中国版本图书馆CIP数据核字(2019)第047348号

机械工业出版社(北京市百万庄大街22号 邮政编码100037)
策划编辑:赵志鹏 责任编辑:赵志鹏 徐梦然
责任校对:陈 越 封面设计:马精明
责任印制:任维东
河北宝昌佳彩印刷有限公司印刷
2025年6月第1版第18次印刷
184mm×260mm·11.75印张·267千字
标准书号:ISBN 978-7-111-60921-6
定价:39.50元

电话服务 网络服务
客服电话:010-88361066 机 工 官 网:www.cmpbook.com
　　　　　010-88379833 机 工 官 博:weibo.com/cmp1952
　　　　　010-68326294 金 书 网:www.golden-book.com
封底无防伪标均为盗版 机工教育服务网:www.cmpedu.com

关于"十四五"职业教育
国家规划教材的出版说明

为贯彻落实《中共中央关于认真学习宣传贯彻党的二十大精神的决定》《习近平新时代中国特色社会主义思想进课程教材指南》《职业院校教材管理办法》等文件精神，机械工业出版社与教材编写团队一道，认真执行思政内容进教材、进课堂、进头脑要求，尊重教育规律，遵循学科特点，对教材内容进行了更新，着力落实以下要求：

1. 提升教材铸魂育人功能，培育、践行社会主义核心价值观，教育引导学生树立共产主义远大理想和中国特色社会主义共同理想，坚定"四个自信"，厚植爱国主义情怀，把爱国情、强国志、报国行自觉融入建设社会主义现代化强国、实现中华民族伟大复兴的奋斗之中。同时，弘扬中华优秀传统文化，深入开展宪法法治教育。

2. 注重科学思维方法训练和科学伦理教育，培养学生探索未知、追求真理、勇攀科学高峰的责任感和使命感；强化学生工程伦理教育，培养学生精益求精的大国工匠精神，激发学生科技报国的家国情怀和使命担当。加快构建中国特色哲学社会科学学科体系、学术体系、话语体系。帮助学生了解相关专业和行业领域的国家战略、法律法规和相关政策，引导学生深入社会实践、关注现实问题，培育学生经世济民、诚信服务、德法兼修的职业素养。

3. 教育引导学生深刻理解并自觉实践各行业的职业精神、职业规范，增强职业责任感，培养遵纪守法、爱岗敬业、无私奉献、诚实守信、公道办事、开拓创新的职业品格和行为习惯。

在此基础上，及时更新教材知识内容，体现产业发展的新技术、新工艺、新规范、新标准。加强教材数字化建设，丰富配套资源，形成可听、可视、可练、可互动的融媒体教材。

教材建设需要各方的共同努力，也欢迎相关教材使用院校的师生及时反馈意见和建议，我们将认真组织力量进行研究，在后续重印及再版时吸纳改进，不断推动高质量教材出版。

机械工业出版社

前　言

　　本书对标高等职业教育机械类、机电类专业制图课程建设标准，是湖南机电职业技术学院重点课程建设的成果之一。本书以"简明实用"的编写宗旨、"以做为主"的编写思路、"任务引领"的编写体系、"以例代理"的编写风格，对于基本理论，贯彻实用为主、够用为度的原则，广而不深、点到为止。

　　本书的特点是：

　　一、参编教师结合自己多年的企业工作经历及教学工作经验，对教学改革进行深层次的思索，打破传统的知识体系，按工作任务中的知识要求和技能要求，设置与工作任务相对应的学习内容，将理论教学与工程实践有机地结合在一起，将各知识点遵循"必需、够用为度"的教学原则，分学期融入各模块中。

　　二、遵循"教、学、做"合一的教学模式，对老师、学生都提出要求，强调"教、学、做"合一，重点培养学生的动手能力。如减速器的绘制部分，要求结合企业使用的图样进行学习，能绘制技术要求合理的、基本能用于生产的机械图样。

　　三、进行了合理的教学设计，强调测量、读图、绘图三位一体训练，模型测量与绘图训练同步进行，以达到"在做中学，在学中做"的目的。

　　四、引入现代化教学手段，丰富配套信息化资源。根据知识模块录制微课，在书中扫描相应二维码即可观看；配套建立在线开放课程，打破时间、空间限制，所有学员都可在线上平台学习、问答和讨论；配置内容丰富的电子课件和电子教案；配套《机械制图习题册》同步出版发行。

　　五、本书为贯彻党的二十大报告中"办好人民满意的教育""全面贯彻党的教育方针，落实立德树人根本任务，培养德智体美劳全面发展的社会主义建设者和接班人"的精神，在动态修订过程中加入育人元素，通过学习目标，强化学生的素质培养；增加素质素养成点，结合时政事例，激发学生的家国情怀、工匠精神和民族自信。

　　本书共分为七个模块，分别为模块1：机械制图基本技能；模块2：几何体三视图识读与绘制；模块3：组合体三视图的识读与绘制；模块4：轴测图的绘制；模块5：零件外形的表达方法；模块6：第三角画法；模块7：减速器的绘制。建议前六个模块放到第一学期学习，完成机械制图基本知识和技能的夯实，第7个模块放到第二学期学习，完成绘图技能的提升。

　　参加本书编写的有湖南机电职业技术学院的李典灿、张坤、刘小艳、申俊、陶东波、卢香利。其中全书的主体内容由李典灿提供，刘小艳对内容进行录入和编辑，申俊、陶东波、卢香利进行协助，张坤对校核后的电子稿进行了审读修改，同时李典灿负责教材内容模版的安排、定稿、校核。

　　时代在前进，改革的脚步不停止，我们一直处于积累经验和不断求索改进的过程中，编者水平有限，书中难免存在疏漏和不足，希望同行专家和读者能给予批评指正，不胜感谢！

编　者

二维码索引表

正文页码	二维码名称	二维码	正文页码	二维码名称	二维码
2	微课1.01　图幅图框		14	微课1.09　绘制平面几何图形	
4	微课1.02　比例和字体		17	微课1.10　几何作图	
5	微课1.03　图线		19	微课2.01　投影法与投影	
7	微课1.04　尺寸标注		22	微课2.02　三视图的形成	
9	微课1.05　绘图工具		24	微课2.03　点的投影	
10	微课1.06　绘图用品		27	微课2.04　直线的投影	
10	微课1.07　绘图仪器		30	微课2.05　平面的投影(1)	
12	微课1.08　圆弧连接		35	微课2.06　基本体三视图	

V

（续）

正文页码	二维码名称	二维码	正文页码	二维码名称	二维码
37	微课 2.07　棱锥三视图		53	微课 3.2　形体分析法	
40	微课 2.08　圆柱三视图		54	微课 3.3　举例绘制组合体三视图	
41	微课 2.09　圆锥三视图		57	微课 3.4　组合体尺寸标注	
41	微课 2.10　球三视图		67	微课 4.1　正等轴测图的形成及特点	
42	微课 2.11　基本几何体尺寸标注		67	微课 4.2　平面立体正等轴测图画法	
44	微课 2.12　平面基本几何体截交		69	微课 4.3　回转体正等轴测图画法	
45	微课 2.13　回转体的截交		74	微课 5.1　基本视图	
48	微课 2.14　两正交圆柱的三视图绘制		74	微课 5.2　向视图	
51	微课 3.1　组合体的分类		75	微课 5.3　局部视图	

(续)

正文页码	二维码名称	二维码	正文页码	二维码名称	二维码
78	微课6.1 第三角画法		87	微课7.3 移出断面图	
85	微课7.1 轴类零件的工艺结构和标注		89	微课7.4 公差的有关术语	
86	微课7.2 局部放大图				

目 录

前 言
二维码索引表
模块 1　机械制图基本技能 ··· 1
　任务 1.1　了解机械制图国家标准 ·· 1
　任务 1.2　绘制平面几何图形 ·· 11
模块 2　几何体三视图的识读与绘制 ·· 19
　任务 2.1　投影法与三视图 ··· 19
　任务 2.2　基本体三视图的绘制 ·· 34
　任务 2.3　截切几何体三视图的绘制 ·· 43
　任务 2.4　相贯体三视图的绘制 ·· 47
模块 3　组合体三视图的识读与绘制 ·· 51
　任务 3.1　组合体三视图的识读与初步绘制 ·· 51
　任务 3.2　组合体三视图的尺寸标注 ·· 57
　任务 3.3　识读组合体三视图 ··· 60
模块 4　轴测图的绘制 ··· 66
　任务　正等轴测图的绘制 ··· 66
模块 5　零件外形的表达方法 ·· 73
　任务　视图的表达方法 ·· 73
模块 6　第三角画法 ·· 78
　任务　了解第三角画法 ·· 78
模块 7　减速器的绘制 ··· 82
　任务 7.1　减速器装配示意图的绘制 ·· 82
　任务 7.2　输出轴零件图的绘制 ·· 85
　任务 7.3　齿轮轴（输入轴）零件图的绘制 ·· 108
　任务 7.4　齿轮零件图的绘制 ··· 112
　任务 7.5　端盖零件图的绘制 ··· 116
　任务 7.6　箱体零件图的绘制 ··· 122
　任务 7.7　减速器装配图的绘制 ·· 127
附录 ·· 151
　附录 A　螺纹 ·· 151

附录 B　螺纹紧固件 …………………………………………………………… 154

附录 C　键与销 ……………………………………………………………… 164

附录 D　滚动轴承 …………………………………………………………… 170

附录 E　轴和孔的极限偏差 ………………………………………………… 172

参考文献 ……………………………………………………………………… 177

模块 1

机械制图基本技能

任务 1.1　了解机械制图国家标准

掌握《机械制图》有关图线、字体、比例、尺寸标注的相关国家标准，能正确使用绘图工具与仪器，按《机械制图》相关国家标准完成线型综合练习，养成守规矩、细致、耐心、严谨、不畏困难的学习态度与习惯。

线型综合练习。

按 1∶1 的比例在 A4 的图纸上按《机械制图》国家标准抄画图 1-1。

一、任务分析

要完成线型综合练习，需了解 A4 的图纸大小、比例有哪些、图中有关数字、图线的粗细、连续与非连续的

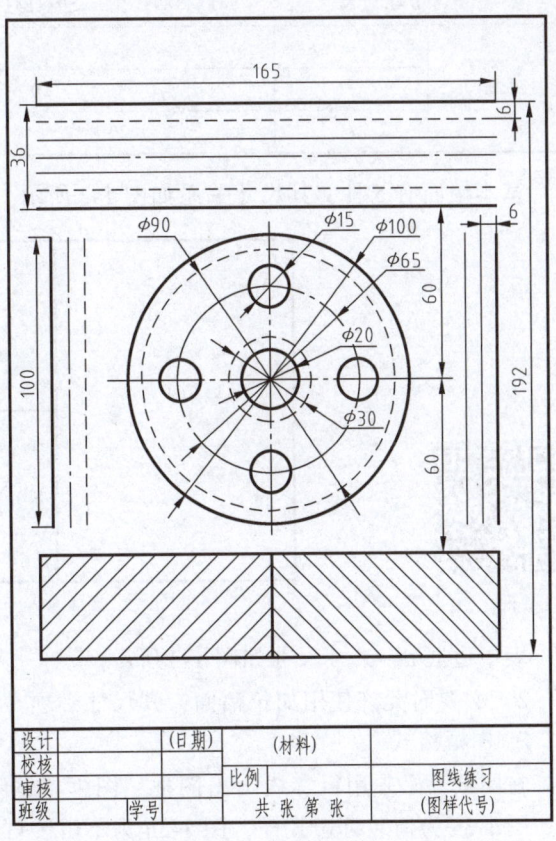

图 1-1　线型综合练习

要求、用什么绘制完成、相关工具与仪器使用方法有何规定。

二、知识链接

为便于企业生产管理的技术交流，国家质量技术监督局制订并颁布了一系列国家标准，其中《技术制图》与《机械制图》是有关制图方面的两个重要标准。我国国家标准（简称国标）的代号为"GB"，例如，GB/T 14689—2008《技术制图　图纸幅面和格式》，即表示制图标准中对图纸幅面和格式的规定。其中T为推荐性标准（若无T，则为强制执行的标准），14689为发布顺序号，2008是年号。要注意的是，《机械制图》标准适用于机械图样，而《技术制图》标准，则适用于工程界各种专业的技术图样。

接下来介绍制图标准中的图纸幅面、比例、字体、尺寸标注和图线等基本规定。

（一）图幅图框

1. 图纸幅面

为了使图纸幅面统一，便于装订与管理，并符合缩微复制的要求，必须按下列要求选用图纸幅面。

1）优先采用表1-1中规定的基本幅面尺寸。

表1-1　基本幅面尺寸

幅面代号		A0	A1	A2	A3	A4
尺寸 $B×L$		841×1189	594×841	420×594	297×420	210×297
边框	a	25				
	c	10			5	
	e	20		10		

基本幅面有5种，其尺寸关系如图1-2所示。

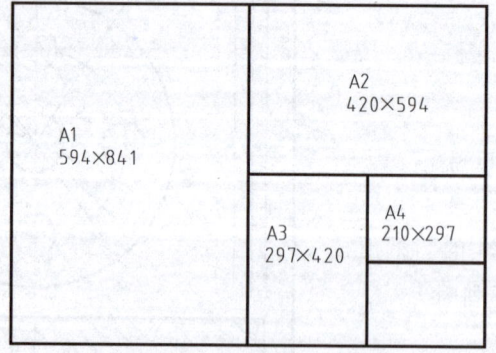

微课1.01

图1-2　基本幅面尺寸关系

表中边框 a、c、e 尺寸如图1-3所示。

2）必要时允许使用加长幅面，其尺寸必须是由基本幅面的短边成整数倍增加得到。

2. 图框格式

在图纸上必须用粗实线画出图框。图框格式有两种：不留装订边式样和留装订边式样。图1-3a为留装订边式样，图1-3b为不留装订边式样，同一种产品图样只能采用一种格式。

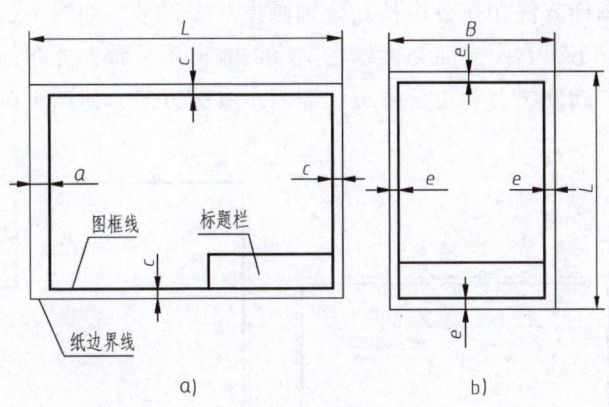

图 1-3 图框格式

另外,图纸有横式(见图 1-3a)和竖式(见图 1-3b)。

3. **标题栏与看图方向**

在图框线的右下角,必须画出标题栏,一般情况下,标题栏中文字方向即为看图方向。

国家标准(GB/T 10609.1—2008)对标题栏作了规定,如图 1-4 所示,建议生产中采用。在制图教学练习中,可采用如图 1-5 所示简化格式。

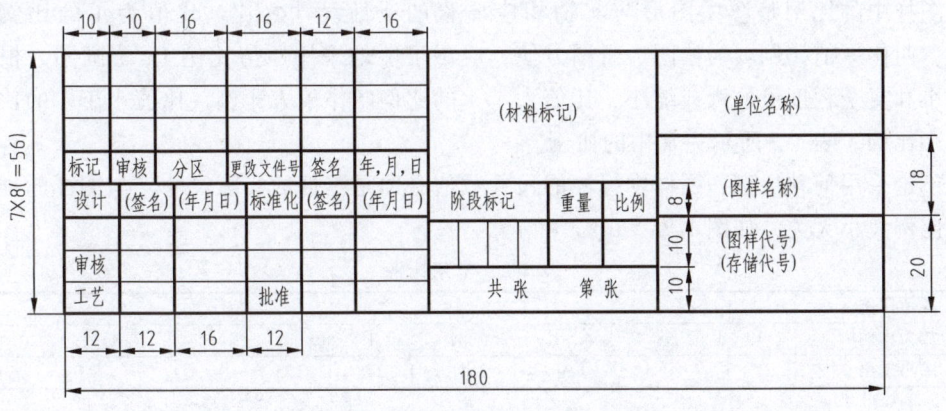

图 1-4 标题栏格式(一)

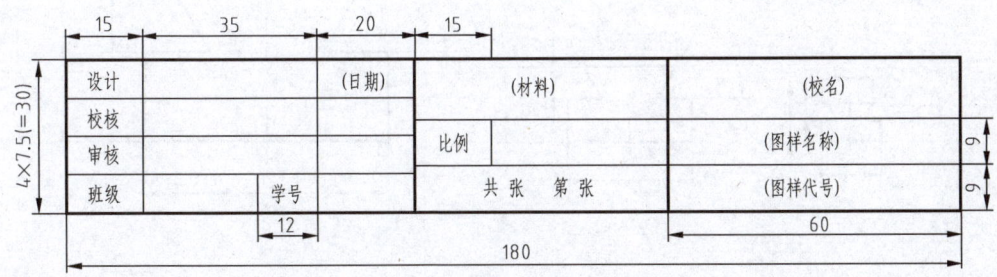

图 1-5 标题栏格式(二)

为绘制或复制图样方便，在各边长处分别画出对中符号，如图 1-6a 所示。

在某些特殊情况下，看图方向与标题栏文字的方向不一致，此时为了明确绘图与看图的方向，应在对应中线处画上等边三角形，即表示看图方向，如图 1-6b 所示。

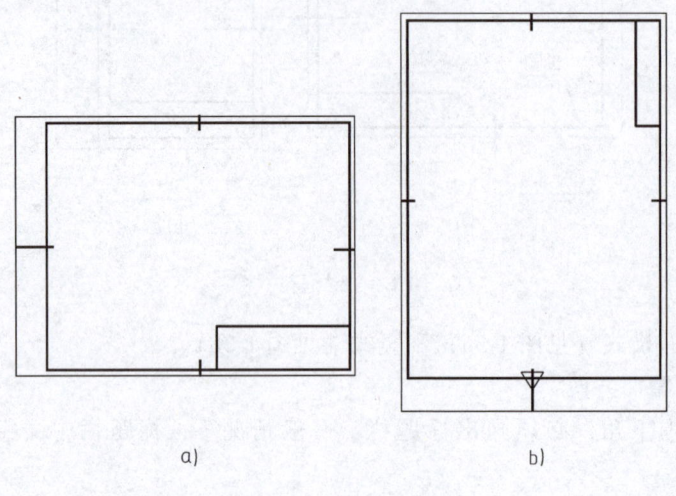

图 1-6 对中符号的应用

微课 1.02

（二）比例（GB/T 14690—1993）

图样中的比例是图中图形与实物相应要素的线性尺寸之比。比值为 1 的比例，即 1∶1，叫作原值比例，为绘图、看图方便，应尽可能地采用原值比例 1∶1 画图。根据零件大小和复杂程度可放大或缩小，比值大于 1 的比例叫作放大比例，比值小于 1 的比例叫作缩小比例。表 1-2 所示为常用的比例。

不论采用何种比例，图样中标注的尺寸数值必须是零件的实际尺寸，与图样的准确程度、比例大小无关，如图 1-7a、b、c 所示。

表 1-2 常用比例

原值比例	1∶1				
放大比例	10∶1	5∶1	4∶1	2.5∶1	2∶1
缩小比例	1∶5	1∶4	1∶3	1∶2.5	1∶2	1∶1.5

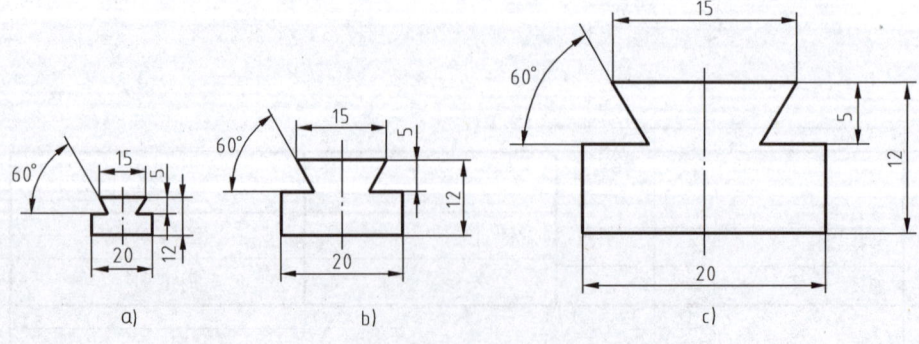

图 1-7 不同比例的图形

a) 1∶2 绘图　b) 1∶1 绘图　c) 2∶1 绘图

（三）字体（GB/T 14691—1993）

图样中书写的字体必须做到：字体工整，笔画清楚，间隔均匀，排列整齐。汉字应写成长仿宋体，并应采用国家正式公布推行的简化字。

字体示例如下所示。

1. 汉字

10号字

字体工整　　笔画清楚　　间隔均匀　　排列整齐

7号字

汉字应写成长仿宋体，并应采用国家正式公布推行的简化字

5号字

图样中标注的尺寸数值必须是零件的实际尺寸

2. 阿拉伯数字

3. 大写拉丁字母

ABCDEFGHIJKLMNOP

4. 小写拉丁字母

5. 罗马数字

I II III IV V VI VII VIII IX X

数字、字母有斜体和直体两种形式。

字体的号数，即字体的高度（用 h 表示，单位为 mm），分为 20、14、10、7、5、3.5、2.5、1.8（汉字字高不应小于 3.5mm）八种。字体的宽度 $h/\sqrt{2}$。

用作指数、分数、极限偏差、注脚等的数字及字母，一般采用小一号字体。

微课 1.03

（四）图线（GB/T 4457.4—2002）

图线是图样中重要内容之一，图线的正确与否，不但影响图样的准确性，而且还影响图样的美观。

1. 基本线型

国家标准《技术制图　图线》（GB/T 17450—1998）规定了各种技术绘图用的 15 种

线型。在机械制图中，建议采用9种基本线型，其用途见表1-3。

表1-3 基本线型与应用

图线名称	图线形式	图线宽度	一般应用举例
粗实线	 ——————	d	可见轮廓线
细实线	 ——————	$d/2$	尺寸线及尺寸界线 剖面线 重合断面的轮廓线 过渡线
细虚线	 - - - - - -	$d/2$	不可见轮廓线
细点画线	 —·—·—·—	$d/2$	轴线 对称中心线
粗点画线	 —·—·—·—	d	限定范围表示线
细双点画线	 —··—··—··	$d/2$	相邻辅助零件的轮廓线 可动零件的极限位置的轮廓线轨迹线
波浪线	 ～～～～	$d/2$	断裂处的边界线 视图与剖视图的分界线
双折线	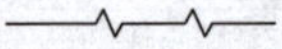 —⟋—⟋—	$d/2$	同波浪线
粗虚线	- - - - - -	d	允许表面处理的表示线

2. 图线宽度

工程图样中，图线宽度 d 值（mm）必须在下列数值中选取：0.13、0.18、0.25、0.35、0.5、0.7、1.0、1.4、2。数值的大小应根据图幅的大小而定，制图作业中，粗实线的宽度取 $d=0.5$mm 或 0.7mm，细实线的宽度则取粗实线的 1/2。

3. 图线的应用

1) 在同一张图样中，同类图线的宽度应一致。虚线、点画线等，其线段长度、间隔应大致相同。

2) 绘制圆的对称中心线时，其圆心相交处是线段，超出轮廓线的长度为 2~5mm，当圆的直径较小时，中心线可用细实线代替，如图1-8、图1-9所示。

3) 当虚线、点画线相交或与其他图线相交时，应是线段相交；当虚线处于粗实线的延长线上时，虚线与粗实线之间应留有空隙，如图1-9所示。

（五）尺寸标注（GB/T 4458.4—2003）

尺寸是图样中的重要内容，是生产过程中的直接依据。标注尺寸时，必须严格遵守国家标准的规定，做到正确、完整、清晰、合理。

1. 基本规定

1) 零件的真实大小应以图样上所注尺寸数值为依据，与图形大小及准确性无关。

2) 图样中的尺寸以 mm 为单位时，不需标注计量单位符号或名称。如采用其他单位，则必须注明相应的单位符号。

3) 图样中所注尺寸，为该图样所示零件的最后完工尺寸，否则应另加说明。

模块1　机械制图基本技能

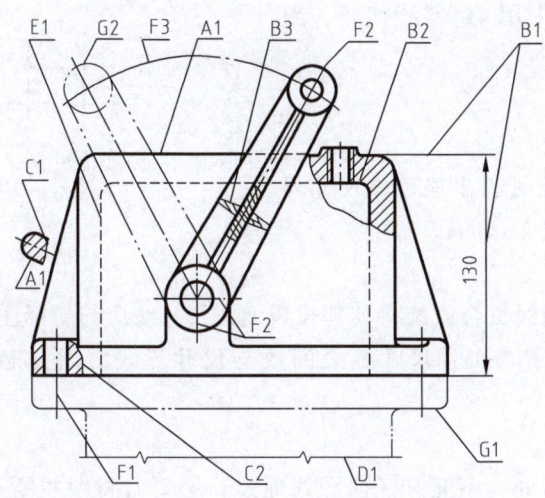

A1 粗实线 —— 可见轮廓线
B1 细实线 —— 尺寸界线与尺寸线
B2 细实线 —— 剖面线
B3 细实线 —— 重合断面轮廓线
C1 波浪线 —— 断裂处边界线
C2 波浪线 —— 视图与剖视图的分界处
D1 双折线 —— 断裂处边界线
E1 细虚线 —— 不可见轮廓线
F1 细点画线 —— 孔中心线（如孔很小时可用细实线代替）
F2 细点画线 —— 对称中心线
F3 细点画线 —— 轨迹线
G1 细双点画线 —— 相邻辅助零件的轮廓线
G2 细双点画线 —— 极限位置的轮廓线

图1-8　图线的应用（一）

4）零件的每个尺寸，一般只标注一次，并应注在该结构最清晰的图上。

2. 尺寸的组成要素

一个完整的尺寸，应包括尺寸界线、尺寸线和尺寸数字，如图1-10所示。尺寸线两端需标有尺寸线终端，尺寸线终端一般为箭头，箭头的宽度为 d，长度为3.5~5mm；尺寸数字一般写在尺寸线的上方，与尺寸线垂直，水平方向保持字头朝上，倾斜方向保持向上的趋向，垂直方向在尺寸线的左边，且字头朝左，数字的字高为 h。

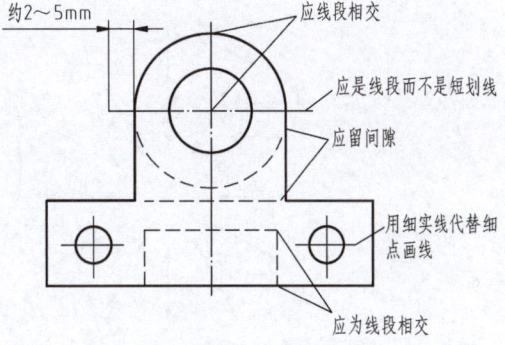

图1-9　图线的应用（二）

微课1.04

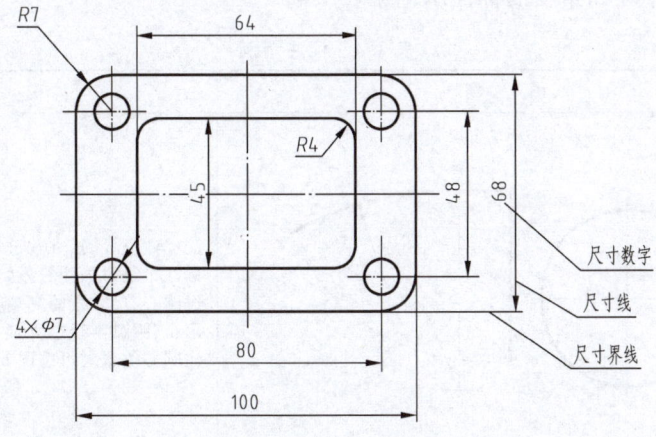

图1-10　尺寸要素

7

尺寸线终端的箭头，在土木建筑图中用45°斜线代替，斜线高度为 h，如图1-11所示。

3. 尺寸标注注意事项

（1）尺寸界线

图形的轮廓线、轴线或对称中心线及其引出线可作尺寸界线；尺寸界线与尺寸线垂直，超出尺寸线2~5mm。

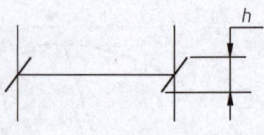

图1-11　斜线代替箭头

（2）尺寸线

尺寸线不能用图线代替，也不能与图线重合或画在其延长线上；尺寸线应与所标注的图线平行，尺寸线之间的距离一般不小于7mm；尺寸线之间或与尺寸界线之间应避免交叉。

（3）尺寸数字

尺寸数字可写在尺寸线的上方或中断处，不能有任何图线通过，必要时将图线断开；尽量不要在如图1-12a所示的30°范围内标注尺寸，当无法避免时应引出标注，如图1-12b所示。

图1-12　避免在30°范围内标注尺寸

4. 标注示例

直径、圆弧半径和角度的标注示例见表1-4。

表1-4　标注示例

项目	图例	说明
直径和半径	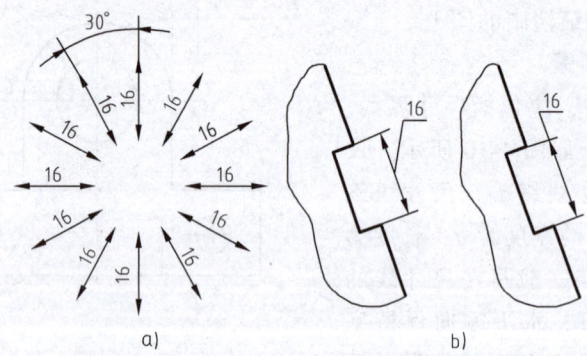 a)　　　　b)	标注直径时,在尺寸数字前加注符号"ϕ",标注半径时加注符号"R",其尺寸线应通过圆心,尺寸线的终端应画成箭头,如图a所示;当圆弧半径过大或在图纸范围内无法标注圆心位置时可按图b标注

（续）

项目	图 例	说 明
角度	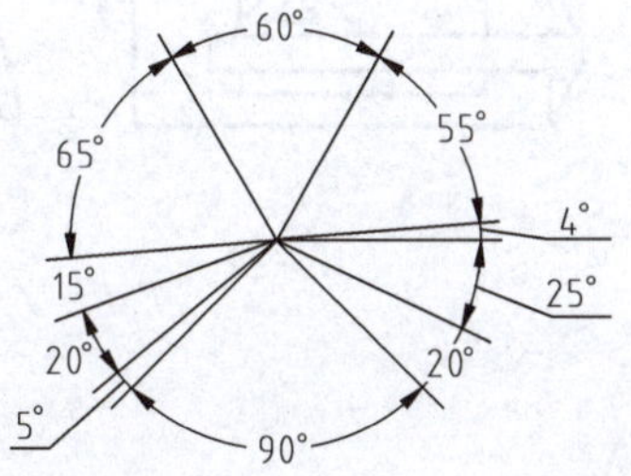	标注角度尺寸的尺寸界线应沿着径向引出，尺寸线是以角度顶点为圆心的圆弧线，角度的数字应水平注写，角度较小时也可用指引线引出标注
小尺寸	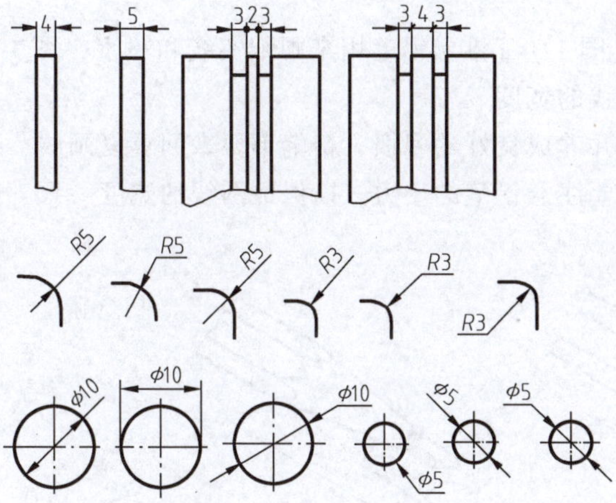	没有足够地方画箭头或注写尺寸数字的小尺寸，可按图示形式进行标注

（六）绘图工具与仪器

随着科技的发展，绘图仪器在不断地改进，绘图的速度和质量得以迅速提高，但常用的绘图工具和仪器的使用，仍是绘图工作的基础，必须了解并熟练掌握它们的使用方法。

1. 图板

图板用来铺放图纸，要求图板表面平整、光洁、软硬适中，左右硬边要平直，左边为丁字尺的导向边。要注意保护图板，防止产生变形和损坏。

2. 丁字尺和三角板

丁字尺由尺头和尺身组成，一般由塑料制造。绘图时，丁字尺的尺头要紧贴图板左边，上下移动，便可画出一系列的水平线，如图1-13a所示。不用时，要悬挂放置，以防止变形。

三角板由45°和30°（60°）两块组成。绘图时，单块三角板与丁字尺配合使用，可以画出30°、45°、60°的斜线和垂直线，如图1-13b、图1-13c所示；两块三角板与丁字尺配合使用，可以画出15°、75°的斜线，如图1-13d所示。

画线时注意铅笔的走向，如图1-13中箭头所示。

微课1.05

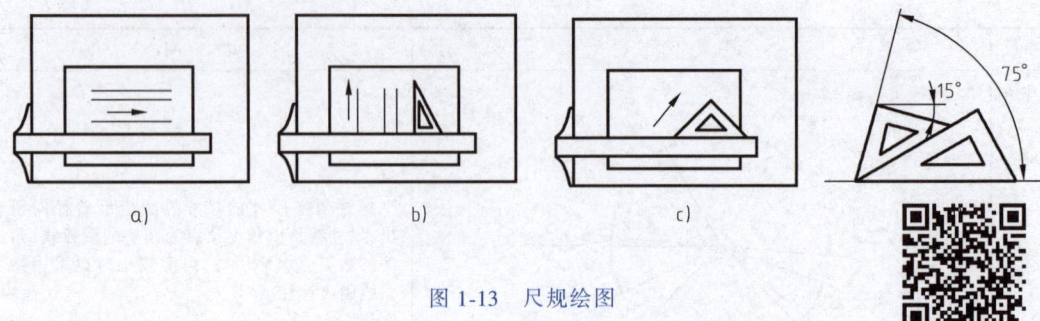

图 1-13　尺规绘图

3. 铅笔

绘图用铅笔，其笔芯的软硬程度要合适，"H"表示硬性铅笔，"B"表示软性铅笔。一般可用 H 型铅笔画底稿，用 HB 型铅笔写字和加深图线，用圆规加深图线时使用 B 型铅笔。

铅笔应削成如图 1-14 所示形状，图 1-14a 锥形铅笔用来画细实线和写字，图 1-14b 矩形铅笔用来加深图线，其宽度即为图线的宽度。

绘图时要保持铅笔适当的斜度，并养成良好的习惯，铅笔不要来回重复画线，要及时削制铅笔，以保证图线的宽度一致。要注意铅笔的用力，以保证图线的宽度一致、图线的深浅一致，清晰、透亮。

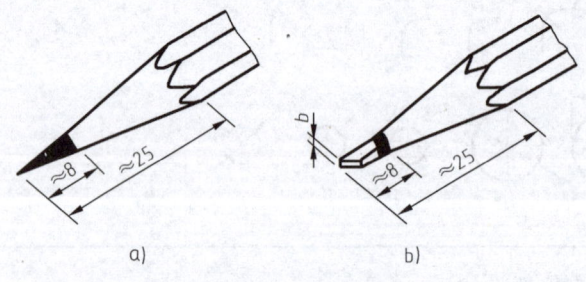

图 1-14　铅笔的削制

4. 圆规与分规

圆规用来画圆弧线。画线时，定心针脚用有台阶的一端，以避免图纸上针孔的不断扩大。画大圆时，注意针脚与图面保持垂直状，如图 1-15a 所示。

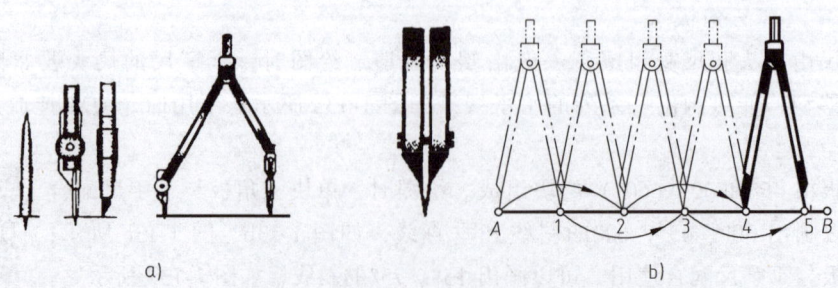

图 1-15　圆规与分规

分规用来截取线段,等分直线或圆周,如图 1-15b 所示。

三、小试身手

利用绘图工具与仪器进行图线、字体、尺寸标注练习,要求采用不留装订边格式的图纸幅面(任务如图 1-1 线型综合练习)。

四、作品展示与评价

采用组长评价与教师点评,评价练习期间是否按标准进行,作品布图是否合理,认真细致绘图,要求作图正确,标记规范,判断准确。

五、课外拓展

完成配套习题集上有关字体、比例、图线、尺寸标注的相关习题。

六、任务小结

本任务通过学习机械制图国家标准及尺规的正确使用方法,完成线型综合练习的任务,通过任务的完成掌握机械制图国家标准相关知识,能正确使用尺规规范绘图。

任务 1.2　绘制平面几何图形

掌握正确绘制平面几何图形的方法与步骤,以及圆弧连接的相关知识点,能熟练使用绘图工具与仪器正确抄画平面几何图形,包括尺寸标注。要求线型规范、布图合理,养成严格执行标准要求、细致、耐心、严谨、不畏困难的学习态度与习惯。

平面几何图形综合练习。

按 1∶1 的比例在 A3 的图纸上按《机械制图》国家标准抄画图 1-16。

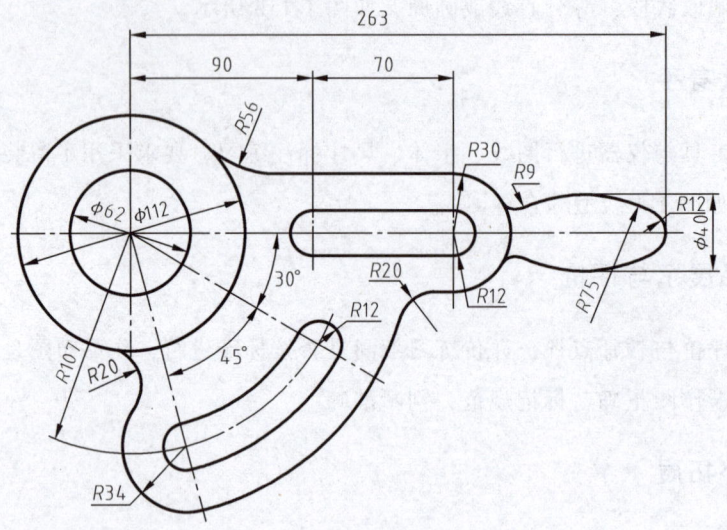

图 1-16 平面几何图形综合练习

一、任务分析

要完成平面几何图形综合练习，需了解圆弧连接两已知直线、圆弧连接已知直线和圆弧、圆弧连接两已知圆弧（外切和内切）等相关知识点，并学会正确分析已知线段、中间线段和连接线段，理清绘图步骤。

二、知识链接

（一）圆弧连接

微课 1.08

用一段圆弧光滑连接相邻两已知线段（直线或圆弧）的作图方法称为圆弧连接。例如在图 1-17 中，用圆弧 $R16$ 连接两直线，用圆弧 $R12$ 连接一直线和一圆弧，用圆弧 $R35$ 连接两圆弧等。要保证圆弧连接光滑，作图时必须先求作连接圆弧的圆心以及连接圆弧与已知圆弧的切点，以保证连接圆弧与线段在连接处相切。

1. 用圆弧连接两已知直线

如图 1-18 所示，已知直线 AB、BC，用半径为 R 的圆弧将其连接。

作法：

1) 作 AB 的平行线，距离为 R。
2) 作 BC 的平行线，距离为 R，得两直线的交点 O。
3) 过交点 O 分别作已知直线的垂线，垂足为切点。
4) 以 O 为圆心，以 R 为半径画弧，即可将直线 AB、BC 连接。

2. 用圆弧连接已知直线和圆弧

如图 1-19 所示，已知直线 MN 和弧线 R_1，用半径为 R 的弧线将其连接。

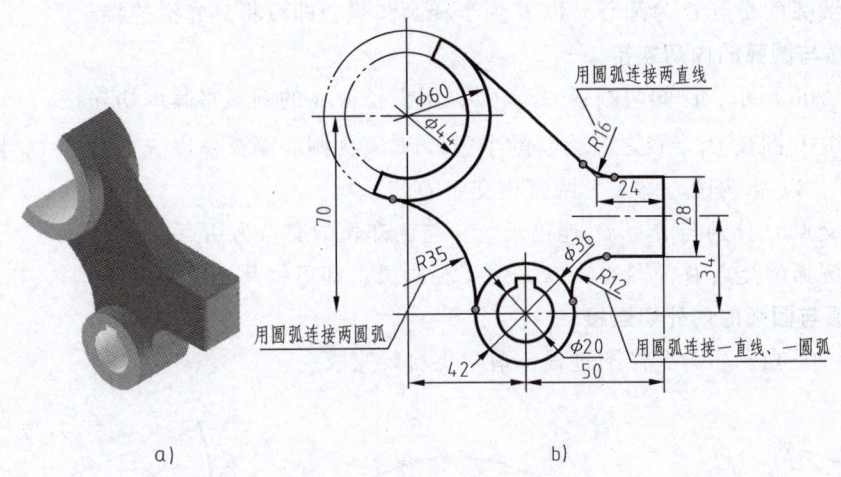

a)　　　　　　　　　　　　　　b)

图 1-17　圆弧连接的三种情况
a) 拨叉　b) 三种情况示例

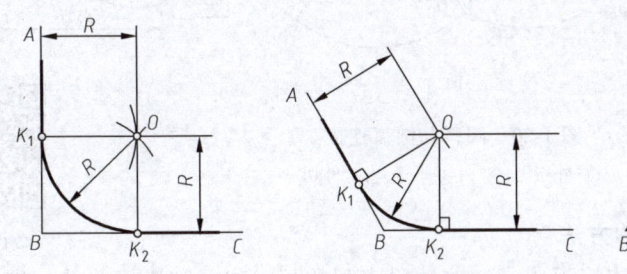

图 1-18　用圆弧连接两直线

作法：

1) 作 MN 的平行线，距离为 R。

2) 以 R_1 与 R 之差为新的半径，以 O_1 为圆心画弧与 MN 的平行线相交，得交点 O。

3) 过 O 点作 MN 的垂线；连 O_1O 延长与 R_1 弧线相交，即为垂足。

4) 以 O 为圆心，以 R 为半径画弧，即可将直线 MN 与弧线 R_1 光滑连接。

3. 圆弧与圆弧的外切连接

如图 1-20a 所示，已知两圆弧的圆心为 O_1、O_2，用半径为 R 的圆弧将其外切连接。

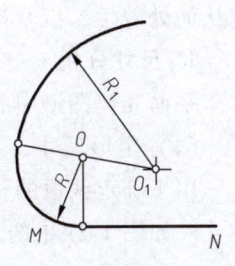

图 1-19　用圆弧连接直线与圆弧

作法：

1) 以 R 与圆弧 O_1 的半径之和为新的半径，以 O_1 为圆心画弧；以 R 与圆弧 O_2 的半径之和为新的半径，以 O_2 为圆心画弧。两弧相交于 O 点。

2) 将交点 O 分别与 O_1、O_2 连接，与已知弧的交点为切点。

3）以圆弧的交点 O 为圆心，以 R 为半径画圆弧，即可将其光滑连接。

4. 圆弧与圆弧的内切连接

如图 1-20b 所示，已知两圆弧 O_1、O_2，用半径为 R 的圆弧将其内切连接。

1）以 R 与圆弧 O_1 半径之差为新的半径，以 O_1 为圆心画弧；以 R 与圆弧 O_2 半径之差为新的半径，以 O_2 为圆心画弧。两弧相交于 O 点。

2）将交点 O 分别与 O_1、O_2 连接延长，与已知弧的交点为切点。

3）以圆弧的交点 O 为圆心，以 R 为半径画弧，即可将其光滑连接。

5. 圆弧与圆弧的内外切连接

如图 1-20c 所示，为其作图过程，请学生自行完成。

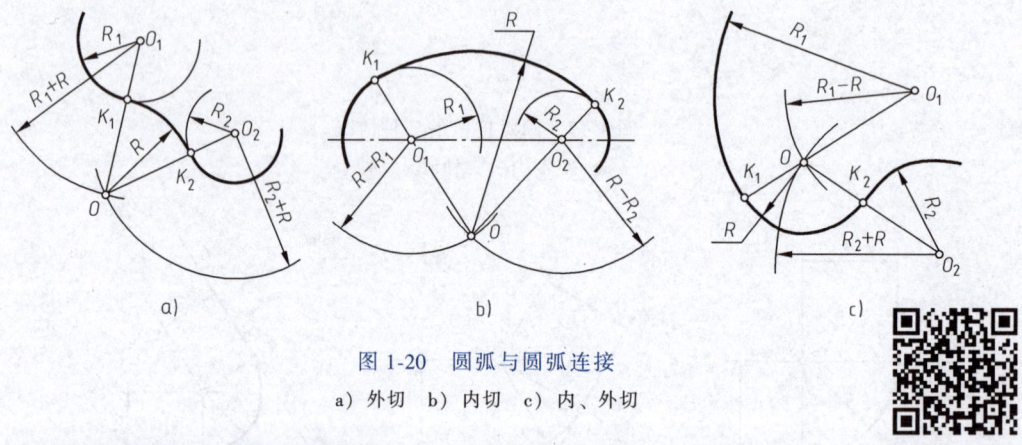

图 1-20　圆弧与圆弧连接

a）外切　b）内切　c）内、外切

（二）绘制平面几何图形的方法

平面几何图形由许多线段连接而成，这些线段之间的相对位置和连接关系，靠给定的尺寸来确定。画图时，只有通过分析尺寸和线段之间的关系，才能明确画该平面几何图形应从何处着手，以及按什么顺序作图。

1. 尺寸分析

平面几何图形中的尺寸，按其作用可分为两类：

（1）定形尺寸

用于确定线段的长度、圆弧的半径（或圆的直径）和角度大小等的尺寸，称为定形尺寸。如图 1-21 中的 $\phi5$、$\phi20$、$R10$、$R15$、$R12$、15 等。

（2）定位尺寸

用于确定线段在平面几何图形中所处位置的尺寸，称为定位尺寸。如图 1-21 中的尺寸 8，确定了 $\phi5$ 的圆心位置；75 间接地确定了 $R10$ 的圆心位置；45 确定了 $R50$ 圆心的一个坐标值。

定位尺寸通常以图形的对称线、中心线或某一轮廓作为标注尺寸的起点，这个起点叫作尺寸基准。如图 1-21 中的 A

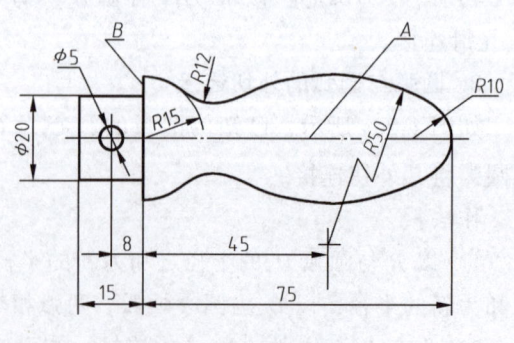

图 1-21　手柄平面图

和 B。

2. 线段分析

平面几何图形中的线段（直线或圆弧），根据其定位尺寸的完整与否，可分为三类（因为直线连接的作图比较简单，所以这里只讲圆弧连接的作图问题）。

（1）已知圆弧

具有两个定位尺寸的圆弧，如图 1-21 中的 $R10$。

（2）中间圆弧

具有一个定位尺寸的圆弧，如图 1-21 中的 $R50$。

（3）连接圆弧

没有定位尺寸的圆弧，如图 1-21 中的 $R12$。

在作图时，由于已知圆弧有两个定位尺寸，故可直接画出；而中间圆弧虽然缺少一个定位尺寸，但它总是和一个已知线段相连接，利用相切的条件便可画出；连接圆弧则由于缺少两个定位尺寸，因此，唯有借助于它和已经画出的两条线段的相切条件才能画出。

画图时，应先画已知圆弧，再画中间圆弧，最后画连接圆弧。

3. 绘制平面几何图形的步骤

（1）准备工作

1）准备好图板、丁字尺、三角板、绘图工具与仪器，按要求削好铅笔，备好图纸。

2）分析图形的尺寸及其线段。

3）根据图形大小及比例，确定图幅，将图纸平铺在图板上，并用丁字尺找平，图纸左边和下边距图板边框各约 7cm，具体尺寸可根据图板与纸幅大小而定。

4）拟定具体的作图顺序。

（2）绘制底稿

1）画底稿的步骤如图 1-22 所示。

2）画底稿时，应注意以下几点：

① 画底稿用 2H 铅笔，铅芯应常修磨以保持尖锐。

② 底稿上，各种线型均不分粗细，并要画得很轻很细。

③ 作图力求准确。

④ 画错的地方，在不影响画图的情况下，可先做记号，待底稿完成后一齐擦掉。

（3）铅笔描深底稿

1）描深底稿的步骤

① 先粗后细：一般应先描深全部粗实线，再描深全部虚线、点画线及细实线等，这样既可提高绘图效率，又可保证同一线型在全图中粗细一致，不同线型之间的粗细也符合比例关系。

② 先曲后直：在描深同一种线型（特别是粗实线）时，应先描深圆弧和圆，然后描深直线，以保证图样连接圆滑。

③ 先水平、后垂斜：先用丁字尺自上而下画出全部相同线型的水平线，再用三角板自左向右画出全部相同线型的垂直线，最后画出倾斜的直线。

④ 画箭头、填写尺寸数字、标题栏等，此步骤可将图纸从图板上取下来进行。

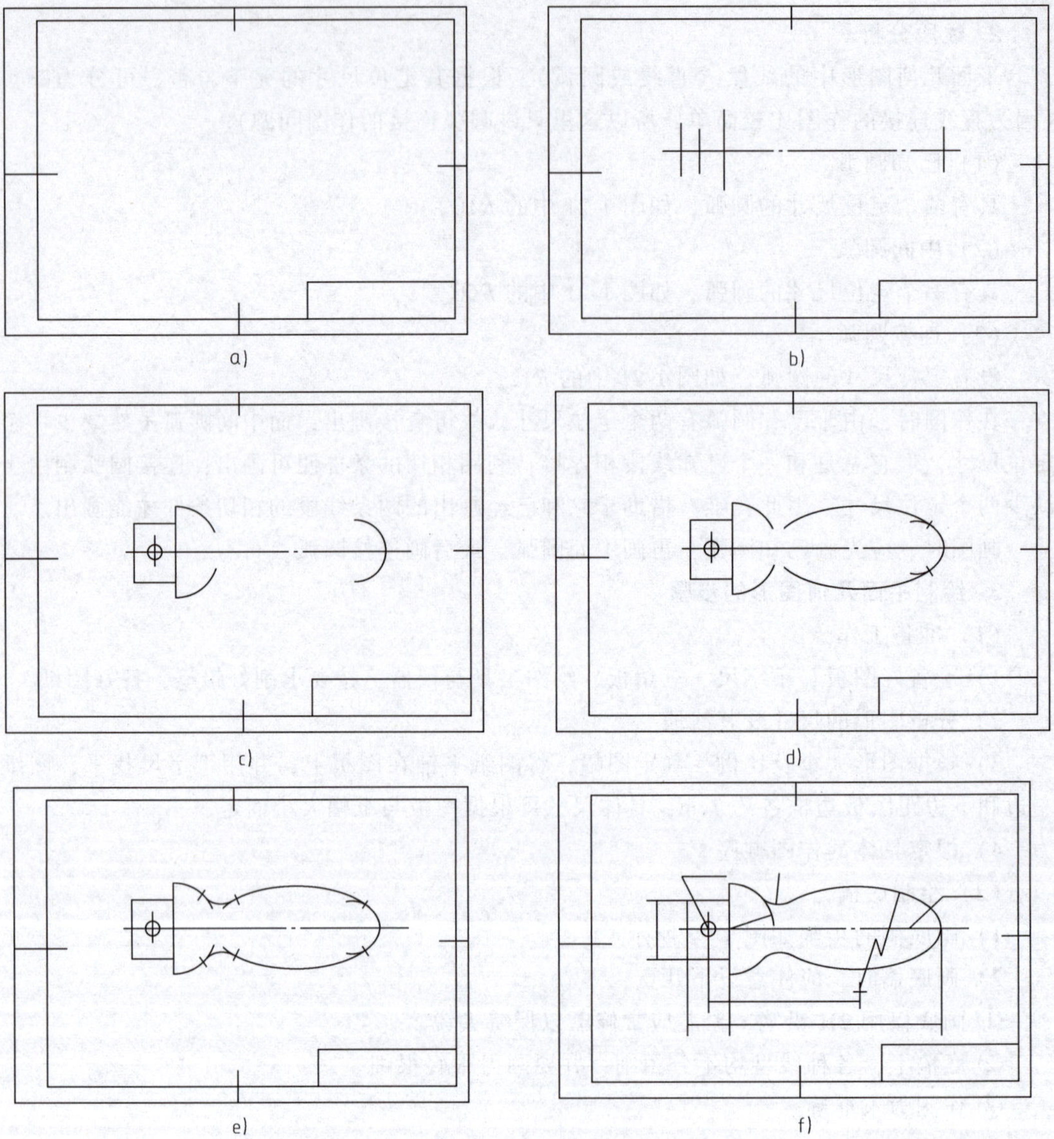

图 1-22 画底稿的步骤

a) 画图框和标题栏　b) 合理、匀称地布图，画出基准线　c) 画已知线段　d) 画出中间圆弧
e) 画出连接圆弧　f) 校对修改图形，画尺寸界线、尺寸线

2) 描深底稿的注意事项

① 在铅笔描深以前，必须全面检查底稿，修正错误，把画错的线条及作图辅助线用软橡皮轻轻擦净。

② 用 HB、2B 铅笔描深各种图线，用力要均匀一致，以免线条浓淡不匀。

③ 为避免弄脏图面，要保持双手和三角板及丁字尺的清洁。描深过程中应经常用毛刷将图纸上的铅芯浮末扫净，并应尽量减少三角板在已描深的图线上反复涂抹。

④ 描深后的图线很难擦净，故要尽量避免画错。需要擦掉时，可用软橡皮顺着图线

的方向擦拭。描深后的图如图 1-21 所示。

三、小试身手

按要求分组分析平面几何图形，按正确的步骤绘制平面几何图形（任务如图 1-16 平面几何图形综合练习）。

四、作品展示与评价

采用学生互评结合教师点评。评价参与活动是否积极，绘制平面几何图形的步骤是否正确，图形是否合理，线条是否规范，布图是否合理正确，尺寸标注是否齐全。

五、课外拓展

自学正六边形、斜度、锥度的绘制方法，完成配套习题集中对应的作业。

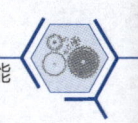

微课 1.10

零件轮廓图形是由直线、圆弧和其他曲线组成的几何图形，因此，熟练掌握几何图形的正确作图方法，是提高绘图速度，保证绘图质量的基本技能之一。常见的几何图形有正六边形、斜度、锥度等，作图方法见表 1-5。

表 1-5 常见几何图形的作图方法

种类	作 图 步 骤	说 明
正六边形	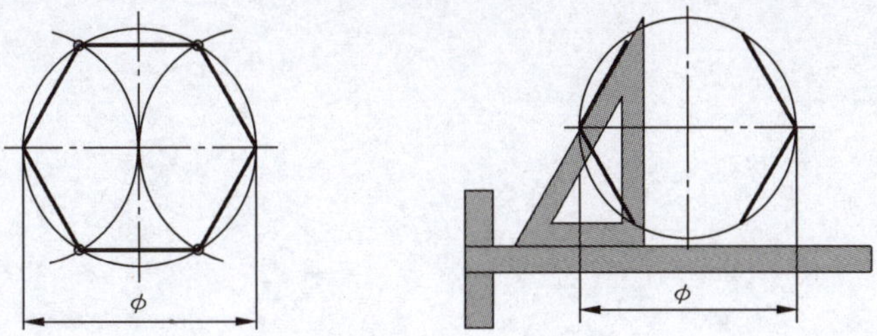 (1) (2)	(1)作法一：利用外接圆半径作图； (2)作法二：利用外接圆以及三角板、丁字尺配合作图。
斜度	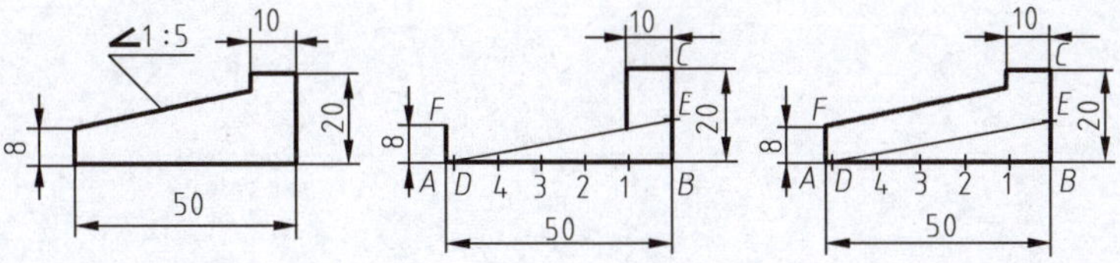 (1) (2) (3)	(1)给出图形； (2)作斜度 1：5 的辅助线； (3)完成作图并标注尺寸。 注：标注斜度符号时，其符号的斜边的斜向应与斜度的方向一致。
锥度	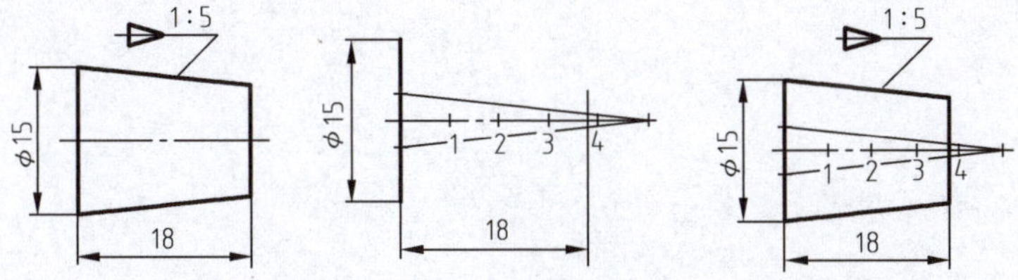 (1) (2) (3)	(1)给出图形； (2)作锥度 1：5 的辅助线； (3)完成作图并标注尺寸。 注：标注锥度符号时，其符号的尖端应与圆锥的锥顶方向一致。

六、任务小结

本任务通过学习圆弧连接的相关知识及平面几何图形的画法，完成平面几何图形综合练习的任务，通过任务的完成使学生掌握平面几何图形的绘制方法和分析平面几何图形的方法，能正确使用尺规规范绘制常见的平面几何图形。

古语有云"无规矩不成方圆"，在进行图线练习与图样绘制时，一定要严格按照机械制图的相关国家标准中的要求，不能随心所欲，要保证绘图时的规范性。

模块 2

几何体三视图的识读与绘制

任务 2.1 投影法与三视图

 **学习目标**

掌握正投影法的基本原理与投影特性,掌握三视图的基本知识;能根据点、线、面的已知两面投影求其第三面投影,建立一定的空间想象力;养成辨证思维、追求完美、积极思考的学习习惯。

 **任务载体**

点、线、面投影练习。

 **任务实施与要求**

运用正投影法的基本原理与投影特性,能根据点、线、面的已知两面投影求第三面投影。

 **任务实施**

一、任务分析

要完成点、线、面投影练习,需了解投影、正投影、三面投影相关知识。

二、知识链接

(一)投影的概念

1. 投影法与投影

日常生活中常见物体被光线照射后,在墙壁上、地面上出现影子,这是一种自然的投

微课 2.01

影现象。

人们经过科学抽象,把光线称为投射线,墙壁或地面称为投影面,如图2-1所示,过三角板各顶点引投影射线 DA、DB、DC 并延长,与投影面的交点 a、b、c,连成三角形 abc,即为三角板在投影面上的投影。这种投影射线通过物体,向选定的面投射,并在该面上得到图形的方法,称为投影法。根据投影法所得到的图形,称为投影(投影图)。

2. 投影法的种类

投影法的种类是根据投射线的类型(平行或汇交)、投射线与投影面的相对位置(垂直或倾斜)确定的,主要分为两类。

(1)中心投影法

如图2-1所示,投射线汇交于一点(投射中心)的投影法称为中心投影法。

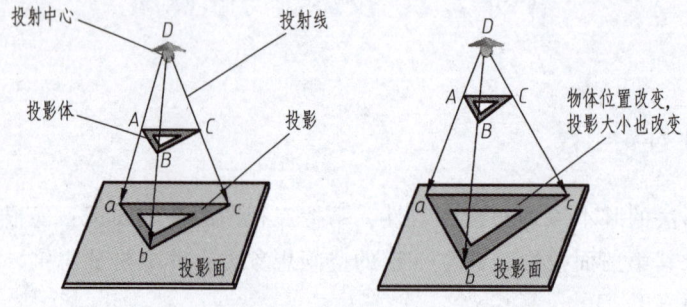

图 2-1 中心投影法

中心投影法所得图形大小随着投影面、物体和投射中心三者之间不同位置而变化。工程上常用这种方法绘制建筑透视图(见图2-2),它具有较强的立体感,但作图复杂,度量性差,因此机械图样较少采用。

图 2-2 建筑物的透视图

(2)平行投影法

如图2-3所示,设想投影中心(即视点)移到无穷远处,这时投射线可视为互相平行，这种投射线互相平行的投影法，称为平行投影法。平行投影法又分为：

1）斜投影法：投射线与投影面倾斜的平行投影法，如图 2-3a 所示。

2）正投影法：投射线与投影面垂直的平行投影法，如图 2-3b 所示。

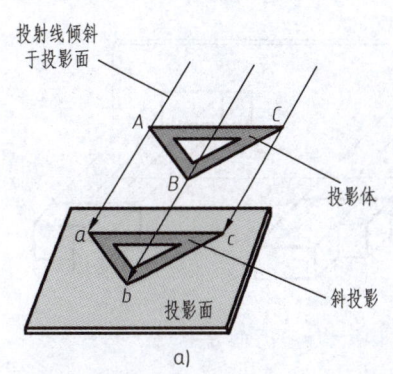
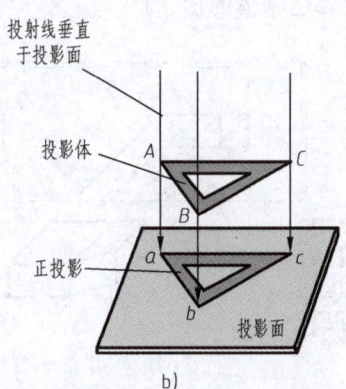

图 2-3　平行投影法

在正投影中，当物体的几何要素与投影面平行时，投影可以反映几何要素的实形。可见其度量性好。利用正投影绘制机械图样，虽然不像透视图和轴测图那么形象，但图形简单易画，又可以准确反映零件形状尺寸。所以绘制机械图样主要采用正投影法。

3. 正投影的基本性质

（1）真实性

平面形（或直线段）平行于投影面时，其正投影反映实形（或实长），这种投影性质称为真实性或全等性，如图 2-4a 所示。

（2）积聚性

平面形（或直线段）垂直于投影面时，其正投影积聚成线段（或一点），这种投影性质称为积聚性，如图 2-4b 所示。

（3）类似性

平面形（或直线段）倾斜于投影面时，其正投影变小（或变短），但投影形状与原来形状相类似，这种投影性质称为类似性，如图 2-4c 所示。

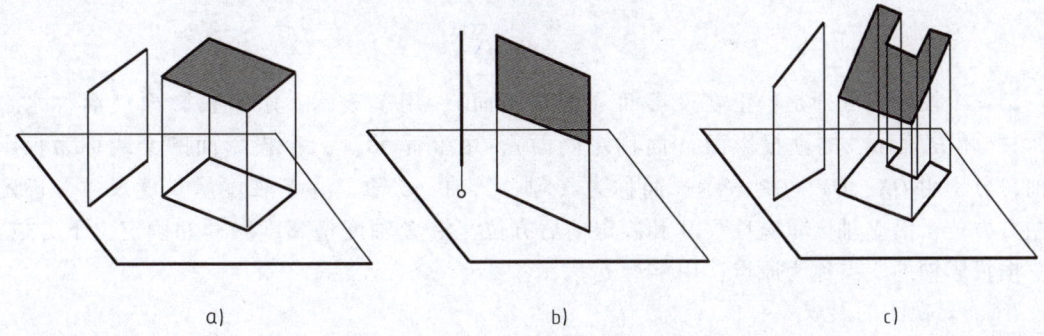

图 2-4　正投影的特性

（二）三视图的形成

用正投影法所绘制出的物体图形称为视图。一个视图一般不能唯一确定物体的空间形状，如图 2-5 所示。所以，常采用将物体向几个不同方向的投影面分别投射，综合起来才能完整的表达物体的形状。

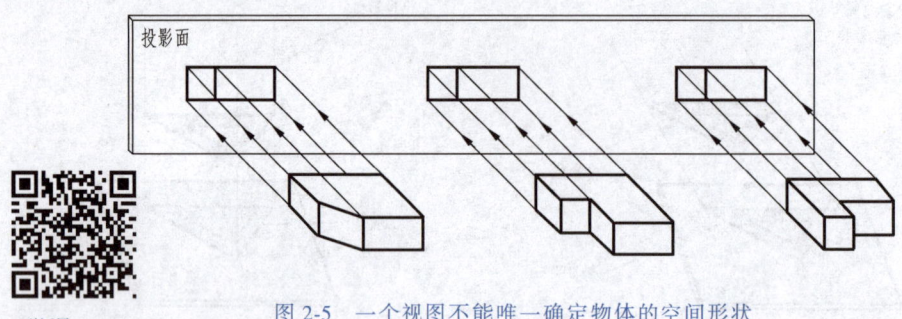

微课 2.02

图 2-5 一个视图不能唯一确定物体的空间形状

1. 三面投影体系

如图 2-6 所示，设置了三个互为垂直（正交）的投影面，称为三面投影体系。它把空间分为八个分角，把物体放在第一个分角中进行投射，这种投影方法称为第一角投影法，此时物体的位置在观察者和相应投影面之间。按国家标准规定，在图纸上除需要说明外，均采用第一角投影法，目前我国的技术制图都采用此法。

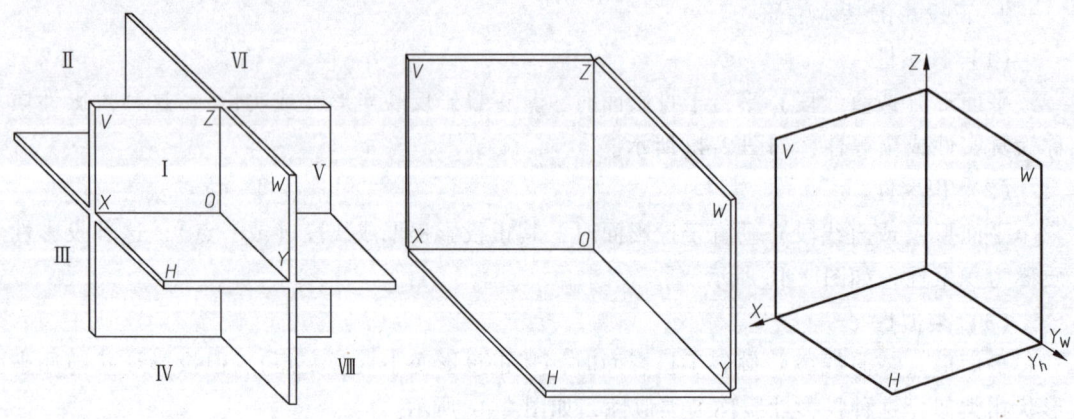

图 2-6 投影面与投影轴

三个投影面分别是：正立投影面（简称正面），用 V 表示；水平投影面（简称水平面），用 H 表示；侧立投影面（简称左侧面），用 W 表示。三个投影面的交线称为投影轴，分别用 OX、OY、OZ 表示，简称为 X 轴、Y 轴、Z 轴。沿 X 轴度量长度尺寸和确定左右方位，沿 Y 轴度量宽度尺寸和确定前后方位，沿 Z 轴度量高度尺寸和确定上下方位。三根投影轴的交点称为原点，用字母 O 表示。

2. 三视图的形成

（1）三视图的形成

将物体置于第一分角内，并使其处于观察者与投影面之间，分别向 V、H、W 正投射，即得第一角画法的三个视图,分别称为主视图、俯视图和左视图。

主视图:由前向后投射,在 V 面上所得的视图。主视图应尽量反映物体的主要特征。

俯视图:由上向下投射,在 H 面上所得的视图。

左视图:由左向右投射,在 W 面上所得的视图。

(2)三视图的配置

按展开的规定:V 面不动,H 面绕 OX 轴向下旋转 $90°$,W 面绕 OZ 轴向右旋转 $90°$,使其与 V 面在同一平面上,即得到三视图的配置。以主视图为准,俯视图配置在它的正下方,左视图配置在它的正右方,如图 2-7 所示。

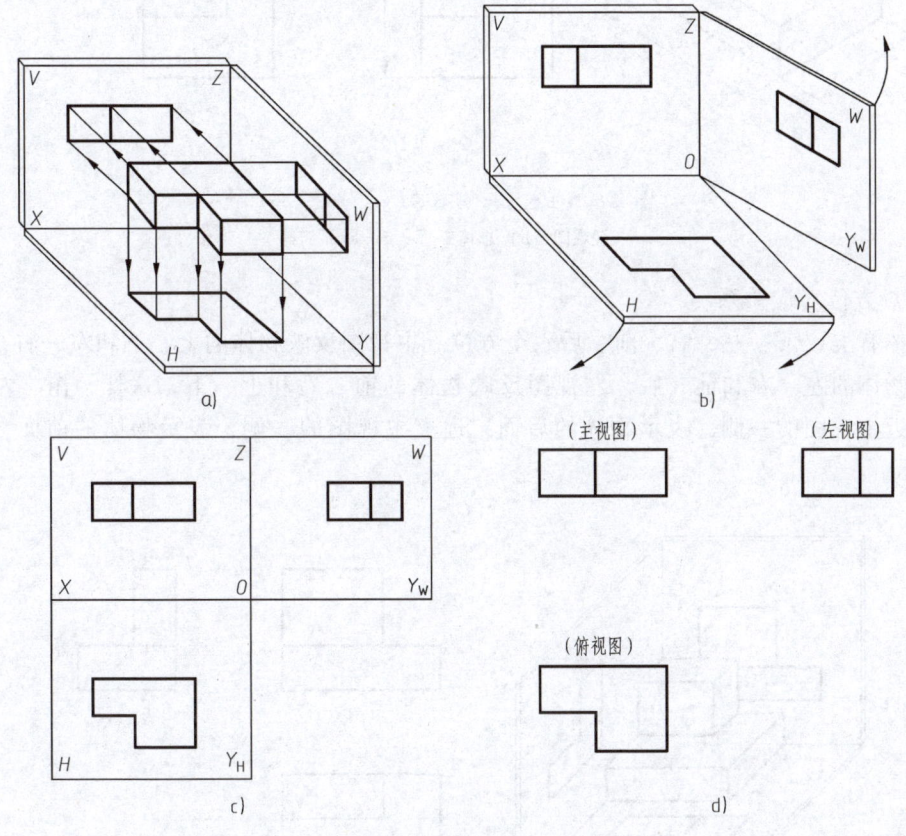

图 2-7 物体的三视图

a)直观图 b)展开投影面 c)展开后的三视图 d)三视图的位置关系

3. 三视图的对应关系

将投影面旋转展开到同一平面上后,物体的三视图存在着下列的对应关系。

(1)尺寸对应关系

物体有长、宽、高三个方向的尺寸,每个视图都反映物体的两个方向尺寸。主视图反映物体的长度和高度,俯视图反映物体的长度和宽度,左视图反映物体的宽度和高度。这样,相邻两视图同一方向的尺寸必定相等,即:

主视图与俯视图长对正;主视图与左视图高平齐;俯视图与左视图宽相等。

三视图之间存在的"长对正、高平齐、宽相等"的"三等"尺寸关系,不仅适用于物体的整体,也适用于物体的局部,画图、读图时都应遵循和应用它,如图2-8所示。

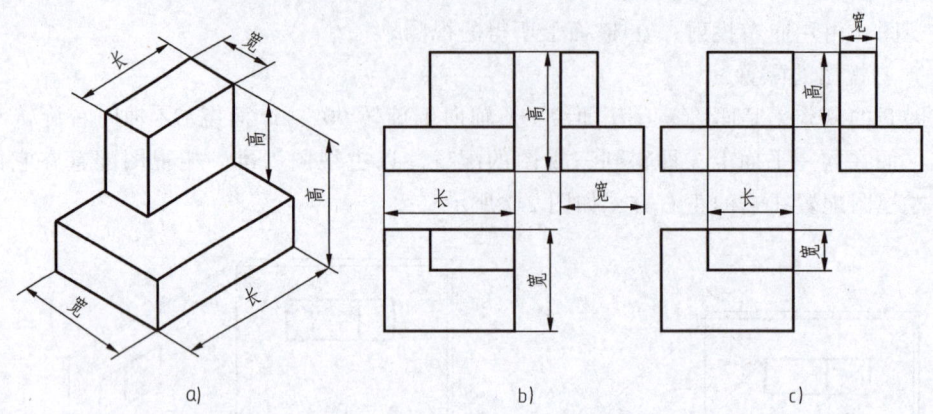

图2-8　物体与三视图的尺寸对应关系
a）直观图　b）总体三等　c）局部三等

（2）方位对应关系

物体有上、下、左、右、前、后六个方位。主视图反映物体的上、下和左、右,俯视图反映物体的左、右和前、后,左视图反映物体的前、后和上、下。这样,俯、左视图中,靠近主视图的一侧,表示物体的后面,远离主视图的一侧,表示物体的前面,如图2-9所示。

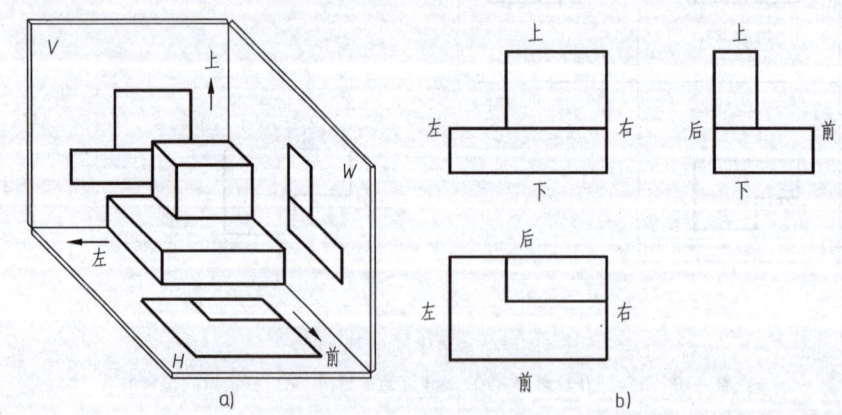

图2-9　物体与三视图的方位对应关系
a）直观图　b）三视图的方位关系

（三）点、线、面的投影规律

1. 点的投影

点是最基本的几何要素,一切几何形状都是点的集合。因此,首先讨论点的投影。

（1）点的投影特点

点的投影仍为点。如图2-10a所示,在三面投影体系中有一空间点 A,过点 A 分别向

微课 2.03

三个投影面作垂线,得垂足 a、a' 和 a'',即得点 A 在三个投影面的投影。按三投影面展开方式进行展开,得点 A 的三个投影图,见图 2-10b。图中 a_x、a_y、a_z 分别为点的投影 a、a' 和 a'' 连线与投影轴 OX、OY、OZ 的交点。

(2) 点的标记

空间点用大写字母标记,如 A、B、C,它们在 V 面上的投影,用相应的小写字母加一撇标记,如 a'、b'、c';在 H 面上的投影,用相应的小写字母标记,如 a、b、c;在 W 面的投影,用相应的小写字母加两撇标记如 a''、b''、c''。

(3) 点的投影规律

从图 2-10 点 A 的三面投影的形成,可得出点的三面投影规律:

点的正面投影和水平投影的连线垂直于 OX 轴($aa' \perp OX$)。

点的正面投影和侧面投影的连线垂直于 OZ 轴($a'a'' \perp OZ$)。

点的水平投影到 OX 轴距离,等于点的侧面投影到 OZ 轴的距离($aa_x = a_za''$)。

此外,从图 2-10 还可看出点的三面投影到投影轴的距离,分别等于空间点到相应投影面的距离,即 $a_za' = aa_y$,反映点 A 到 W 面的距离;$a_xa' = a_ya''$,反映点 A 到 H 面的距离;$aa_x = a_za''$,反映点 A 到 V 面的距离。

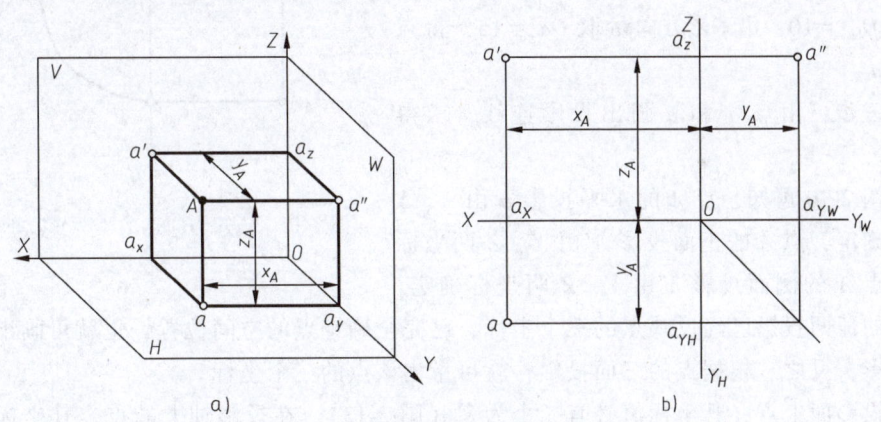

图 2-10 点的三面投影

根据上述点的投影规律,若已知点的两个投影,就可作出其第三个投影。

[例 2-1] 已知点的两面投影,求作第三面投影。如图 2-11 所示。

(4) 点的直角坐标

在图 2-10a 中,如果把三面投影体系当作直角坐标系,则投影面 H、V、W 即为坐标面,投影轴 X、Y、Z 即为坐标轴,O 即为坐标原点。空间点 A 到三个投影面的距离便可分别用直角坐标值 x、y、z 表示。

点的 X 坐标 $(Oa_x) = Aa'' = x$,为点 A 到 W 面的距离。

点的 Y 坐标 $(Oa_y) = Aa' = y$,为点 A 到 V 面的距离。

点的 X 坐标 $(Oa_z) = Aa = z$,为点 A 到 H 面的距离。

点的坐标的规定书写形式为:

$A(x, y, z)$ 如 $A(20, 15, 30)$。

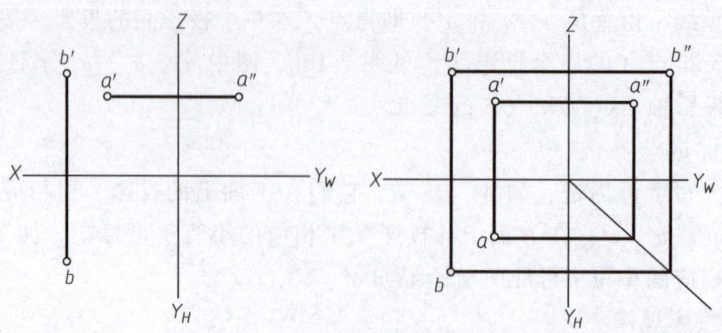

图 2-11 求点的第三面投影

[例 2-2] 已知点 A (12, 10, 15),试作其三面投影。

作图方法与步骤(见图 2-12)。

第一步:作投影轴 OX、OY、OZ,在 OX 轴上量取 $Oa_x = 12$,得点 a_x。

第二步:过 a_x 作 OX 的垂线,自沿 OY 轴方向量取 $Oa_y = 10$,沿 OZ 方向量取 $Oa_z = 15$,得点 a' 和点 a。

第三步:由点 a' 和 a 画出投影连线,求得点 a''。

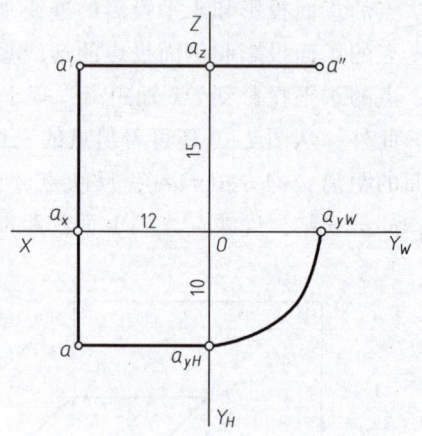

图 2-12 已知空间点的坐标求点的投影

由图 2-10 可知,点 A 的水平投影 a 由 X、Y 两坐标确定,点 A 的正面投影 a' 由 X、Z 两坐标确定,点 A 的侧面投影 a'' 由 Y、Z 两坐标确定。所以点的任两投影已经反映点的三个坐标,已完全确定点的空间位置,也就可画出该点的三面投影,反之,根据点的三面投影,就可量出该点的三个坐标。

在投影面上点,其坐标值必有一个为零(图 2-13)。在投影轴上的点,其坐标值必有两个为零。在原点上的点,三个坐标值均为零。

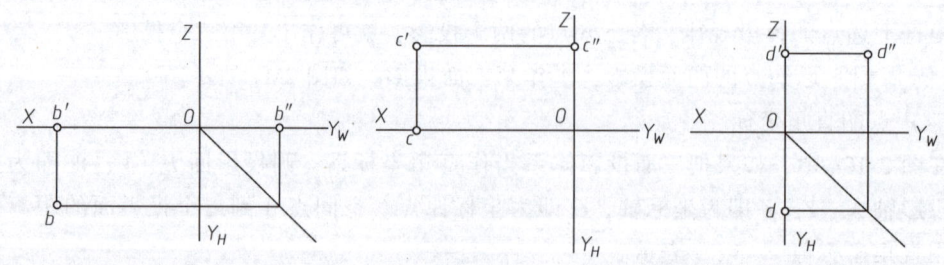

图 2-13 投影面上点的投影

(5) 两点相对位置

由两点的坐标大小来确定。

1) 两点的相对位置。如图 2-14 所示,两点左右相对位置,由 X 坐标确定,$x_A < x_B$,

点 A 在点 B 的右方；两点前后相对位置，由 Y 坐标确定，$y_A < y_B$，点 A 在点 B 的后方；两点上下相对位置，由 Z 坐标确定，$z_A > z_B$，点 A 在点 B 的上方。

归纳：

x 坐标值大的在左

y 坐标值大的在前

z 坐标值大的在上

2）重影点及其可见性判别。当空间两点的某两个坐标相等，即两点处在某一投影面的同一条垂线上，它们在该投影面上的投影必然重合为一点，简称重影点。沿其投射方向观察，则一点可

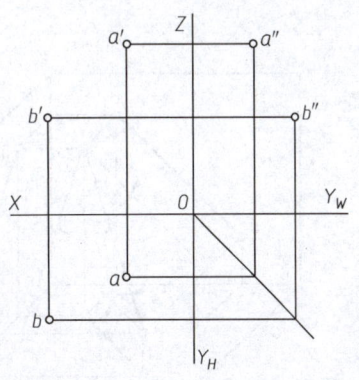

图 2-14　点的相对位置

见，另一点不可见（用圆括号表示）。其可见性需根据两点不重影的投影的坐标大小来判断，即当两点的 V 面投影重合时，y 坐标值大的点为可见；当两点的 H 面投影重合时，z 坐标值大的点为可见；当两点的 W 面投影重合时，x 坐标值大的点为可见，如图 2-15 所示。

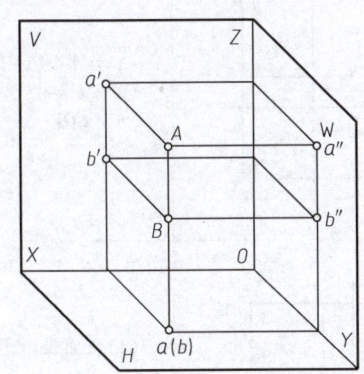 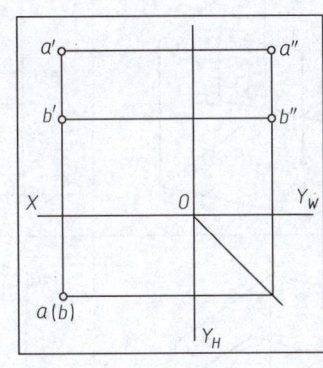

图 2-15　重影点的判别

微课 2.04

2. 直线的投影

直线的投影一般仍为直线（当一直线垂直于某一投影面时，其在该投影面上的投影积聚为一点）。要作出直线的投影，只要作出空间直线上任意两点的投影，然后连接两点的同面投影，即可得到直线的三面投影，如图 2-16 所示。

直线在三面投影体系中有三种位置：投影面垂直线、投影面平行线、一般位置直线。前两种直线又称为特殊位置直线。

（1）投影面垂直线的投影规律

垂直于一个投影面、平行于另外两个投影面的直线，称为投影面垂直线。

投影面垂直线有三种，垂直于 H 面的直线称为铅垂线，垂直于 V 面的直线称为正垂线，垂直于 W 面的直线称为侧垂线。

表 2-1 为投影面垂直线的立体图、投影图及投影特性。

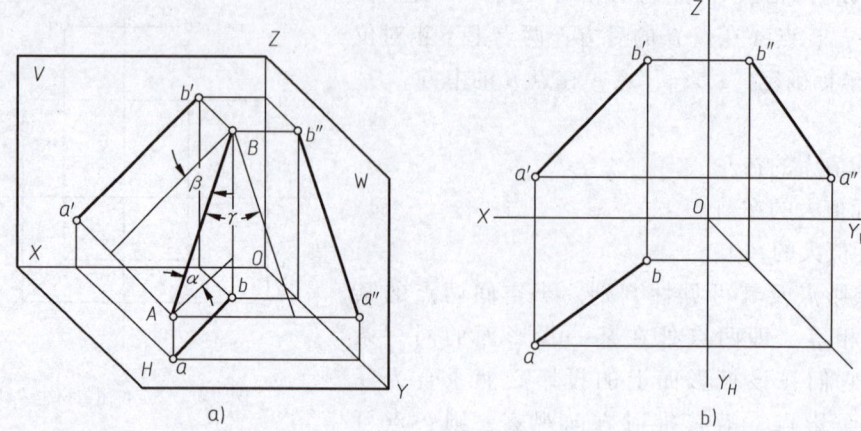

图 2-16 直线的三面投影

表 2-1 投影面垂直线的投影特性

名称	立体图	投影图	投影特性
铅垂线			(1) 水平投影积聚成一点 $a(b)$ (2) $a'b' = a''b'' = AB$，且 $a'b' \perp OX, a''b'' \perp OY$
正垂线			(1) 正面投影积聚成一点 $b'(c')$ (2) $bc = b''c'' = BC$，$bc \perp OX, b''c'' \perp OZ$
侧垂线			(1) 侧面投影积聚成一点 $c''(d'')$ (2) $cd = c'd' = CD$，且 $c'd' \perp OZ, cd \perp OY$

小结
1) 直线在所垂直的投影面上的投影积聚成点。
2) 直线在另两个投影面上的投影反映空间线段的实长，且垂直所垂直的投影面上的两根投影轴。

（2）投影面平行线的投影规律

平行于一个投影面、倾斜于另外两个投影面的直线，称为投影面平行线。

投影面平行线有三种，平行于 H 面的直线称为水平线，平行于 V 面的直线称为正平线，平行于 W 面的直线称为侧平线。

直线与投影面所夹的角叫直线对投影面的倾角。$α$、$β$、$γ$ 分别为直线对 H 面、V 面、W 面的倾角。

表 2-2 为投影面平行线的立体图、投影图及投影特性。

表 2-2　投影面平行线的投影特性

名称	立体图	投影图	投影特性
水平线			（1）$ab = AB$，反映空间直线 AB 实长 （2）$a'b' // OX$, $a''b'' // OY$，均比空间直线短 （3）ab 与 OX 和 OY 的夹角等于 AB 对 V、W 面的倾角 $β$、$γ$
正平线			（1）$b'c' = BC$，反映空间直线 BC 实长 （2）$bc // OX$, $b''c'' // OZ$，均比空间直线短 （3）$b'c'$ 与 OX 和 OZ 的夹角等于 BC 对 H、W 面的倾角 $α$、$γ$
侧平线			（1）$c''d'' = CD$，反映空间直线 CD 实长 （2）$cd // OY$, $c'd' // OZ$，均比空间直线短 （3）$c''d''$ 与 OY 和 OZ 的夹角等于 CD 对 H、V 面的倾角 $α$、$β$

小结

1）直线在所平行的投影面上的投影反映实长。

2）直线在另两个投影面上的投影为类似性（缩短）且平行于所平行的投影面上的两根投影轴。

3）反映实长的投影与投影轴的夹角等于空间直线对投影面的倾角。

（3）一般位置线的投影规律

与三个投影面都倾斜的直线，称为一般位置线。如图2-16a所示，直线 AB 对三个投影面 H、V、W 的倾角分别为 α、β、γ（均不等于零），其在三个投影面上的投影均小于实长。

由此得出一般位置直线的投影特征是：

直线的三个投影都倾斜于投影轴，且投影长度小于实长。

直线的投影与投影轴的夹角，不反映空间直线对投影面的倾角。

3. 平面的投影

平面的投影一般仍为平面。

微课 2.05

平面在三面投影体系中有三种位置：投影面平行面、投影面垂直面、一般位置平面，前两种平面又称为特殊位置平面。

（1）平面的表示法

在投影上表示平面有两种方法。

方法一：平面可以用下列几何元素来表示，如图 2-17 所示。

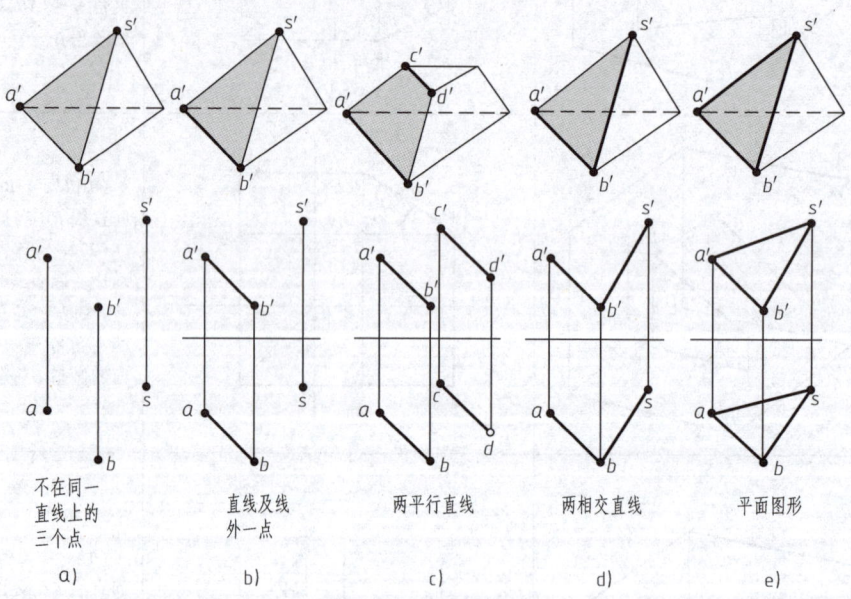

图 2-17 用几何元素表示平面

1) 不在同一直线上的三点。
2) 直线及直线外的一点。
3) 相交两直线。
4) 平行两直线。
5) 任意平面图形。

方法二：平面还可以用迹线来表示，如图 2-18 所示。

平面与投影面的交线，称为平面迹线。图 2-18a 中的 P_H、P_V、P_W 分别表示 P 平面在

H、V、W 面的迹线。

在作图中经常用迹线表示特殊位置平面，特殊位置平面常用积聚性迹线表示，如图 2-18b 所示，用 P_H 表示铅垂面 P，图 2-18c 中用 P_H 和 P_W 表示正平面 P。

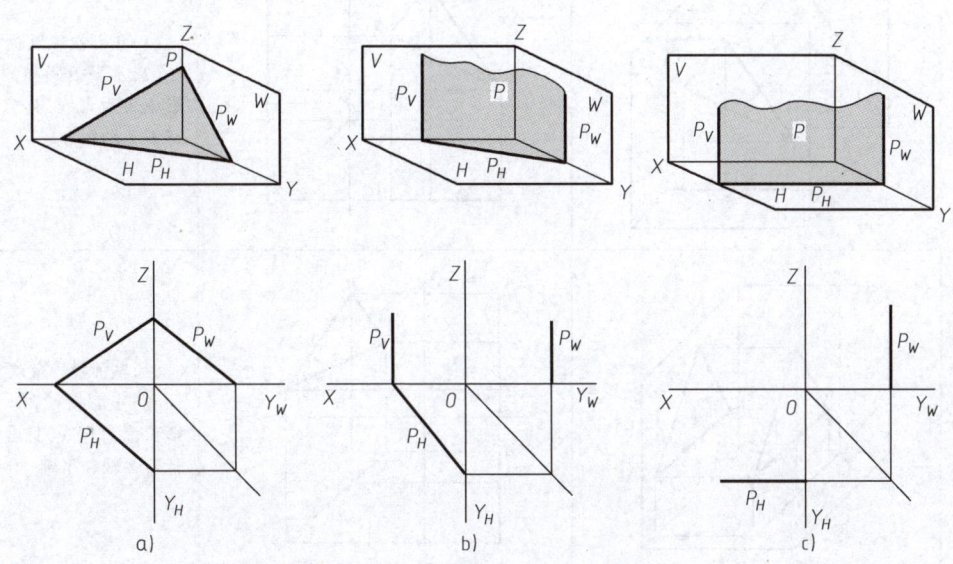

图 2-18 用迹线法表示平面

（2）投影面平行面的投影规律

平行于一个投影面、垂直于另外两个投影面的平面，称为投影面平行面。

根据平行的投影面不同，投影面平行面有三种：

水平面：平行于 H 面，并垂直于 V、W 面的平面。

正平面：平行于 V 面，并垂直于 H、W 面的平面。

侧平面：平行于 W 面，并垂直于 H、V 面的平面。

投影面平行面的投影特征见表 2-3。

表 2-3 投影面平行面的投影特征

名称	立 体 图	投 影 图	投 影 特 性
水平面			(1) 水平投影反映实形 (2) 正面投影和侧面投影积聚为直线，且分别平行于 X 轴和 Y 轴

（续）

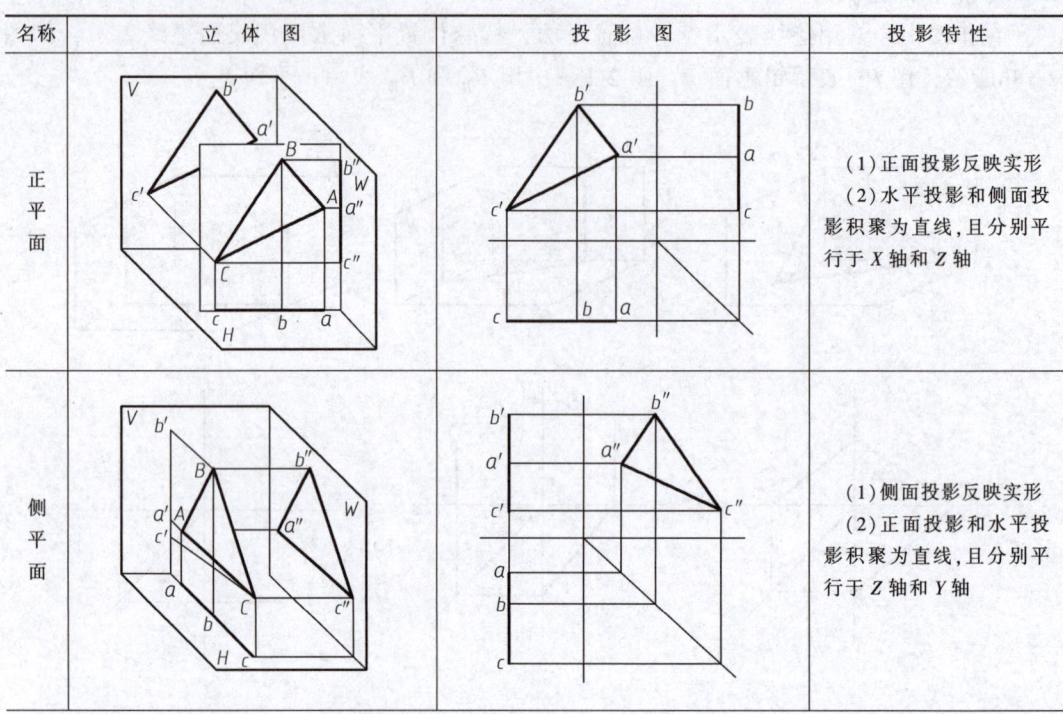

名称	立体图	投影图	投影特性
正平面			(1) 正面投影反映实形 (2) 水平投影和侧面投影积聚为直线，且分别平行于 X 轴和 Z 轴
侧平面			(1) 侧面投影反映实形 (2) 正面投影和水平投影积聚为直线，且分别平行于 Z 轴和 Y 轴

小结
1) 平面在所平行的投影面上的投影反映实形。
2) 平面在另两个投影面上的投影积聚为直线，并分别平行于所平行的投影面上的两根投影轴。

（3）投影面的垂直面投影规律

垂直于一个投影面而与另外两个投影面倾斜的平面称为投影面垂直面。

根据垂直的投影面不同，投影面垂直面有三种：

铅垂面：垂直于 H 面，并与 V、W 面倾斜的平面。

正垂面：垂直于 V 面，并与 H、W 面倾斜的平面。

侧垂面：垂直于 W 面，并与 H、V 面倾斜的平面。

投影面垂直面的投影特征见表 2-4。

表 2-4 投影面垂直面的投影特征

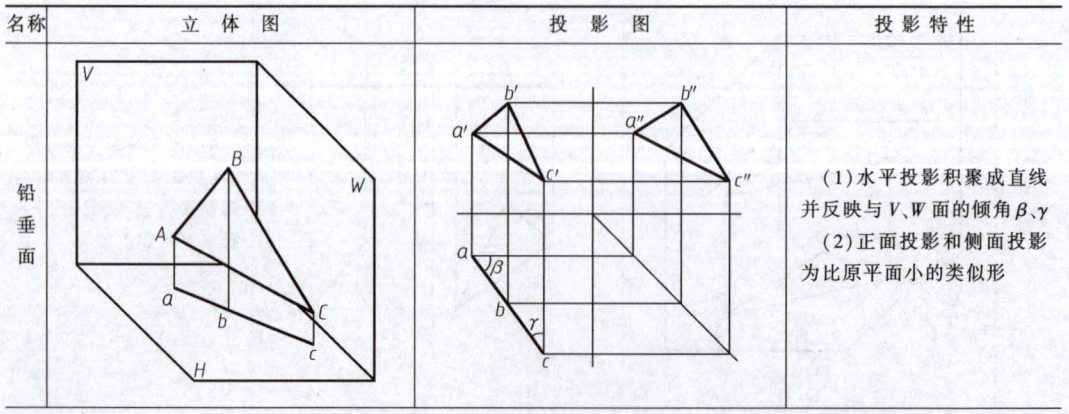

名称	立体图	投影图	投影特性
铅垂面			(1) 水平投影积聚成直线并反映与 V、W 面的倾角 β、γ (2) 正面投影和侧面投影为比原平面小的类似形

（续）

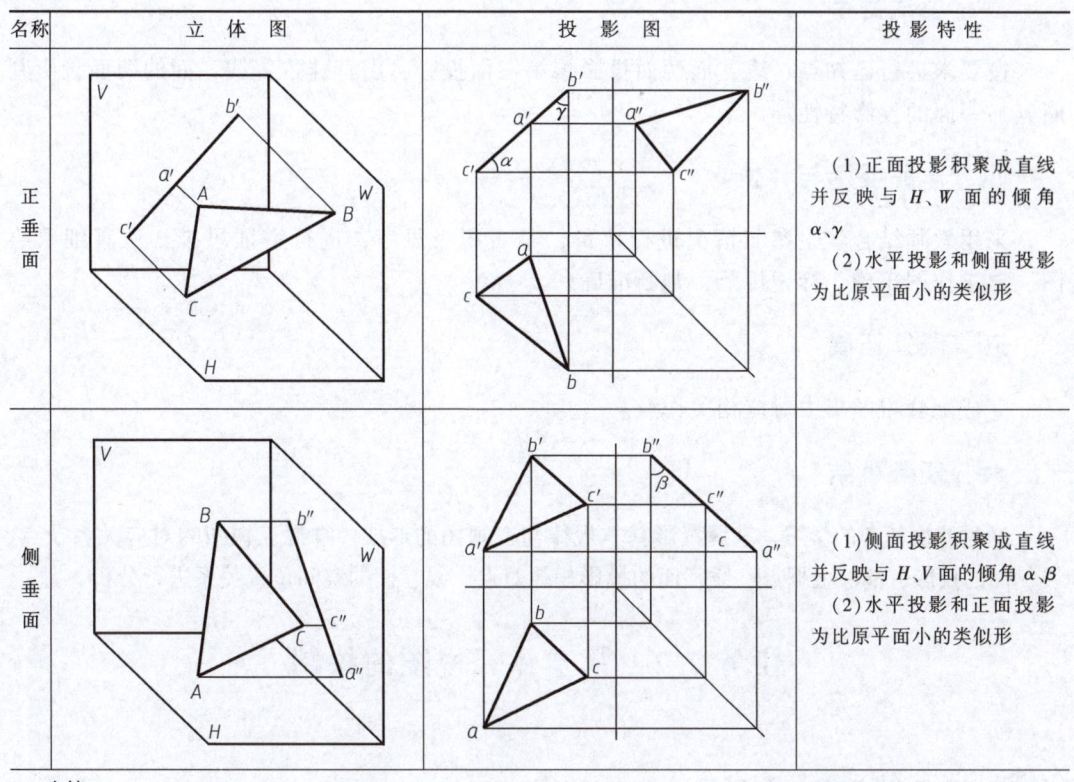

小结
1）平面在所垂直的投影面上的投影积聚为一直线段，该线段与两投影轴的夹角反映平面对另两投影面的倾角。
2）平面在其余两投影面上的投影均为比原平面小的类似形。

（4）一般位置平面的投影规律

与三个投影面都倾斜的平面，称为一般位置平面，如图 2-19 所示。

一般位置平面的投影特征如下所述：

1）三个投影都是比原形小的类似形。

2）不反映该平面对投影面的倾角。

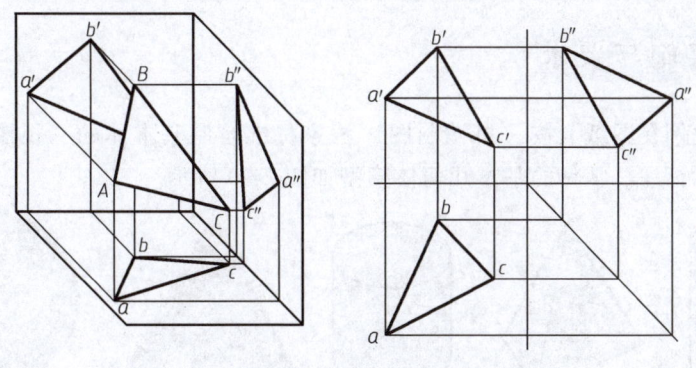

图 2-19　一般位置平面的投影特性

三、小试身手

按要求进行已知点、线、面两面投影求第三面投影，由特殊位置线、面的两面投影判断其另一面的投影特性。

四、作品展示与评价

采用教师结合学生参与情况进行评价，是否积极思考，进行辩证思维，认真细致绘图，要求作图正确，标记规范，判断准确。

五、课外拓展

完成配套习题集中对应相关作业。

六、任务小结

通过此次任务的学习，掌握投影基本规律与三视图的形成；掌握三视图的对应关系及点、线、面的投影，能够根据点、线、面的投影规律对点、线、面的空间位置关系进行分析。

任务 2.2　基本体三视图的绘制

掌握用投影原理绘制基本体三视图的方法，能够根据基本体的两视图补画第三视图、能进行基本体表面点的找取。要求线型规范、布图合理，养成抽象思维、细致、耐心、严谨、不畏困难的学习态度与习惯。

基本体三视图的绘制。

按合适的比例在图纸上按《机械制图》国家标准绘制基本体的三视图并进行基本体表面取点及尺寸标注。常见的基本几何体模型如图 2-20 所示。

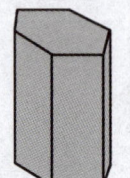 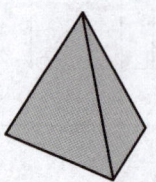 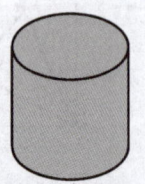  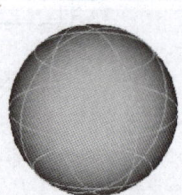

图 2-20　基本几何体模型

任务实施

一、任务分析

要完成基本几何体三视图的绘制,需了解不同基本几何体的画法,包括六棱柱三视图的画法、三棱锥三视图的画法、圆柱体三视图的画法、圆锥体三视图的画法、球三视图的画法等,并学会正确分析基本体表面上点的位置。

二、知识链接

基本几何体分为平面基本几何体与基本回转体。

(一)平面基本几何体的投影特性

1. 基本概念

平面体:表面由平面构成的形体。

棱线:平面上相邻表面的交线。

画平面体视图的实质。画出所有棱线(或表面)的投影,并根据它们的可见与否,分别采用粗实线或细虚线表示。

2. 棱柱、棱锥的实物投影图

棱柱有直棱柱和斜棱柱。顶面和底面为正多边形的直棱柱,称为正棱柱。

测绘正六棱柱的高与边长,见图 2-21a 所示位置放置正六棱柱,其两底面为水平面,H 面投影具有全等性;前后两面为正平面,其余四个侧面是铅垂面,它们的水平投影都积聚成直线,与六边形的边重合。

图 2-21b 所示为正棱锥实物与投影图,由学生自行分析。

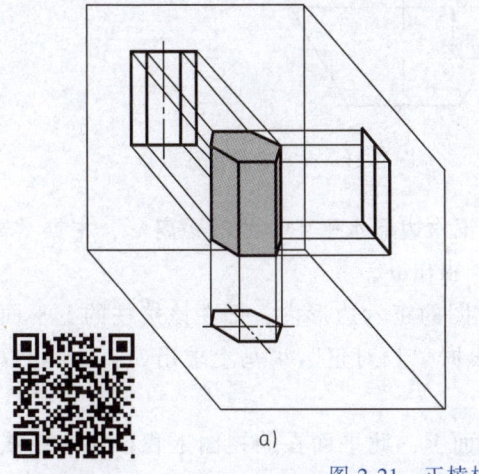
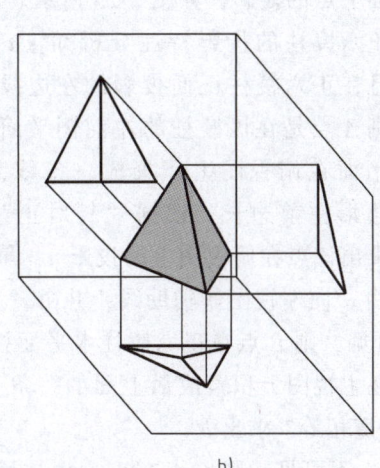

图 2-21 正棱柱与正棱锥实物投影图

微课 2.06

3. 棱柱、棱锥的三面视图画图步骤

绘图步骤:画正六棱柱的投影时,一般先画出对称中心线、对称线,再画出棱柱水平投影（如正六边形）；然后根据投影关系画出它的正面投影和侧面投影。应注意当棱线投影与对称线重合时应画粗线（棱锥绘图步骤参考图2-22）。

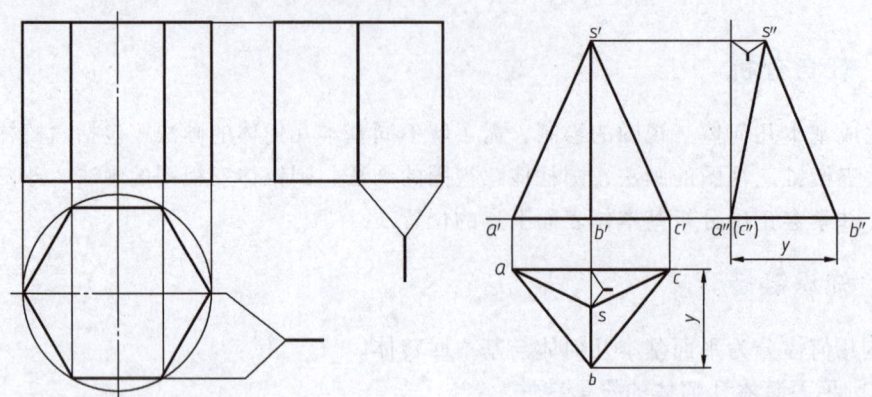

图2-22 六棱柱、正棱锥绘图步骤

4. 棱柱、棱锥表面取点

在立体表面取点和在平面上取点的原理、方法相同。

由于正棱柱的各个表面都处于特殊位置，因此，在其表面上取点均可利用平面投影积聚性作图，并表明可见性。

点的可见性规定：若点所在的平面的投影可见，则点的投影也可见；若平面的投影积聚成直线，则点的投影也可见。已知 a'、b、(c') 投影点，求另两个投影面上点的投影，如图2-23所示。

由正六棱柱的投影特性分析知：a' 可见，且在正六棱柱正面投影的左边线框内，则 A 点是在该棱柱的左前侧平面上，该平面在俯视图上积聚成一条线，即正六边形左前边长，根据"长对正"

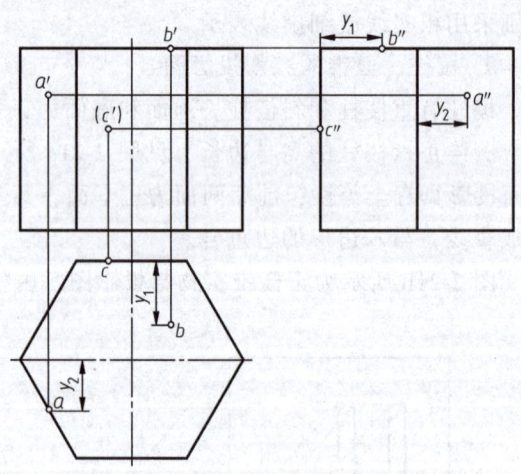

图2-23 在六棱柱表面取点

可马上求出该点在俯视图上的投影 a，量取 a 到正六边形水平中心线的距离 y_2，根据"高平齐"由 a' 向左视图作辅助线，并由"宽相等"求出 a''。

b 可见，则 B 点在正六棱柱水平面投影俯视图的正六边形内，即在该棱柱的上平面，此平面在主视图上积聚成最上面的一条直线，根据"长对正"可马上求出 b'，再由"高平齐""宽相等"求出 b''。

(c') 不可见，则 C 点在正六棱柱后面的平面上，此平面在俯视图上积聚成一条线，即正六边形靠近主视图的那条水平线上，根据"长对正"可马上求出 c，同样由"高平齐""宽相等"求出 c''。

棱锥表面取点：在图2-24中，已知 $1'$ 和 2 的点投影，试求出这两点在其他面上的投

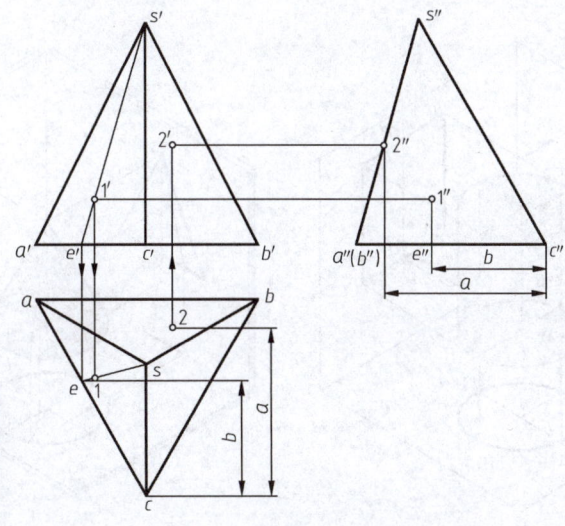

微课 2.07　　　　图 2-24　在棱锥表面取点

影。辅助线法：已知 1′点的投影，可连接 s′和 1′点并延长交于棱线于 e′点，根据"长对正"可找出 e 点，连接 s、e 点，则 1 点即在 se 连线上。侧面投影根据"宽相等""高平齐"即可求出。2 点自己分析求出。

（二）基本回转体的投影特性

1. 基本概念

回转体是由回转面与平面或回转面所围成，典型的回转体有圆柱、圆锥、球、圆环，也称之为基本回转体。

图示回转体实质就是图示围成回转体的平面与回转面。在回转体表面上取点、线与在平面上取点、线的作图原理相同。欲取回转面上的点，必先过此点取该曲面上简单易画的圆或直线。欲取回转面上的线（直线、曲线），必先取该曲面上能确定此线的两个或两个以上的已知点，然后将其相连并判别可见性即可。

2. 圆柱、圆锥、球的实物投影图

利用钢直尺、游标卡尺结合内、外卡钳、高度尺测绘圆柱、圆锥的高与直径，测绘球的直径，如图 2-25 所示位置放置各回转体。

对于圆柱（见图 2-25a），圆柱体的轴线垂直于 H 面，俯视图为圆；主视图为矩形，矩形的上下两边为圆柱体的上下两底面的投影，左右两边为圆柱面最左最右的两条素线的投影，这两条素线将柱面分为前半个柱面和后半个柱面，前半个柱面可见，后半个柱面不可见，我们把这两条素线叫作柱面对 V 面的转向轮廓线；同理，左视图也为矩形，但其左右两条边的含义和主视图不同，这两条表示柱面上最前最后两条素线的投影，即柱面对 W 面的转向轮廓线。

对于圆锥（见图 2-25b），圆锥体的轴线垂直于 H 面，俯视图为圆，锥尖的投影为圆心，这个圆表示圆锥体底面的投影，圆锥体表面上的点均在该圆内。主视图和左视图为等腰三角形，主视图的两腰为锥面对 V 面的转向轮廓线的投影，左视图的两腰，为锥面对 W 面的转向轮廓线的投影。

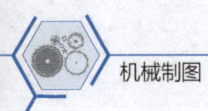

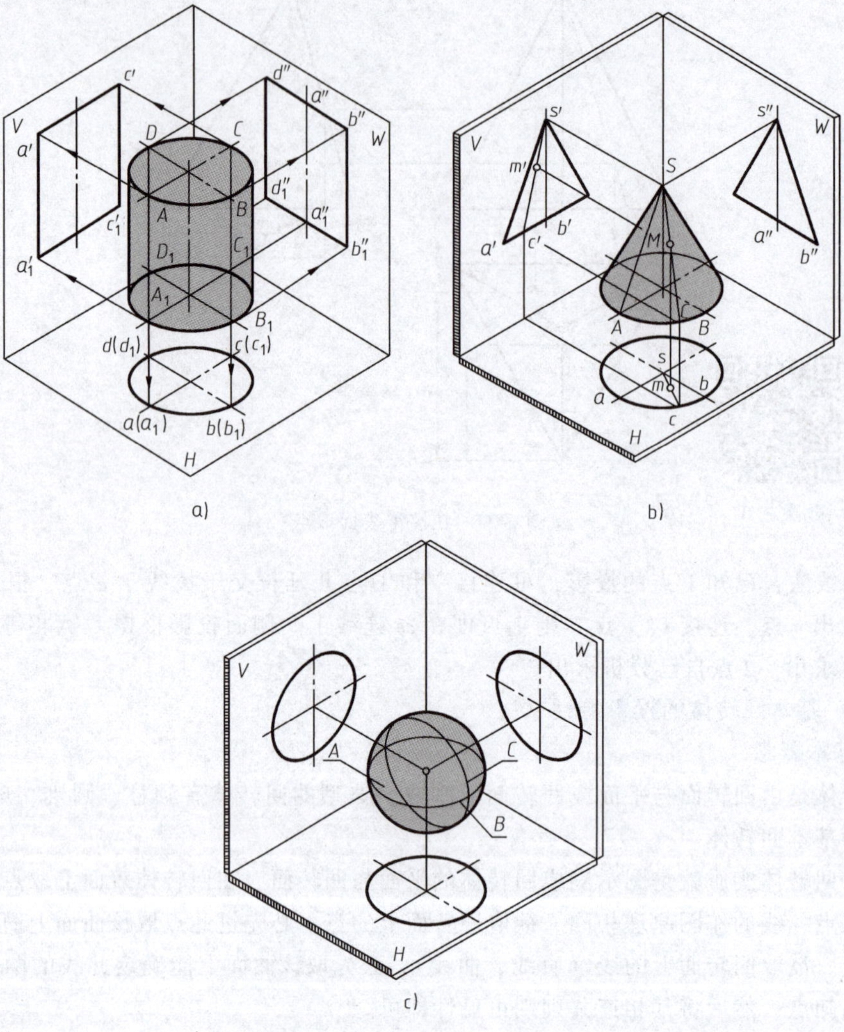

图 2-25　圆柱、圆锥、球的实物投影图

对于球（见图 2-25c），球体的三个视图均为圆，但这三个圆代表球体上三个不同方向的纬圆，这三个纬圆分别平行于三个投影面。

3. 圆柱、圆锥、球的三面视图画图步骤

画回转体的投影，不仅要画出构成回转体的平面和回转面的投影，还要画出回转体轴线的投影。

（1）画圆柱三面视图步骤（见图 2-26）

1）画出圆柱轴线的三面投影。

2）画出圆柱上表面和下表面的投影。圆柱上表面和下表面是水平面，故其水平投影反映实形，正面投影和侧面投影分别积聚为直线。

3）画出圆柱面的三面投影。圆柱面的水平面投影积聚为圆；正面投影和侧面投影应分别画出其转向轮廓线的投影与上下端面的积聚性投影构成矩形线框。

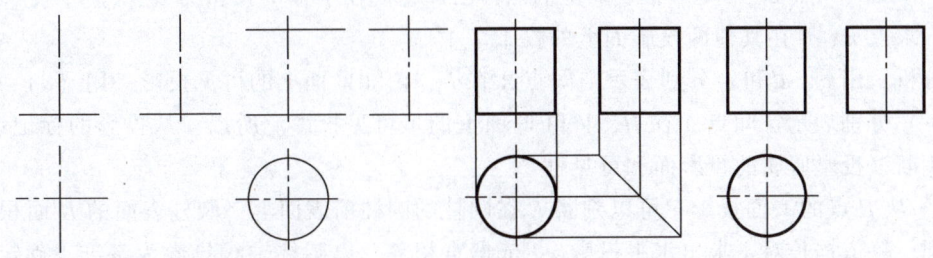

图 2-26 圆柱的绘图步骤

（2）画圆锥三面视图步骤（见图 2-27）

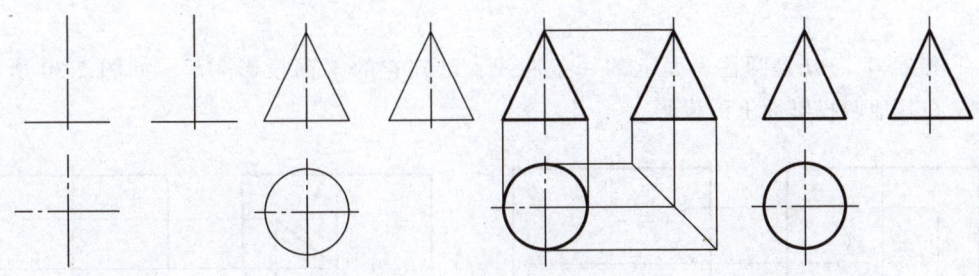

图 2-27 圆锥的绘图步骤

1）画出圆锥轴线的三面投影。

2）画出底面的三面投影。底面是水平面，其在 H 面上的投影是圆，在 V 面和 W 面的投影分别积聚为直线。

3）圆锥面的 H 投影是圆面，其在 V 面和 W 面上的投影都是三角形。

在水平投影上，圆锥面可见，在 V 投影上前半圆锥面可见，后半圆锥面不可见；在 W 面投影上，圆锥左半部分可见，右半部分不可见。

（3）画球三面视图步骤（见图 2-28，也可由学生说出步骤）

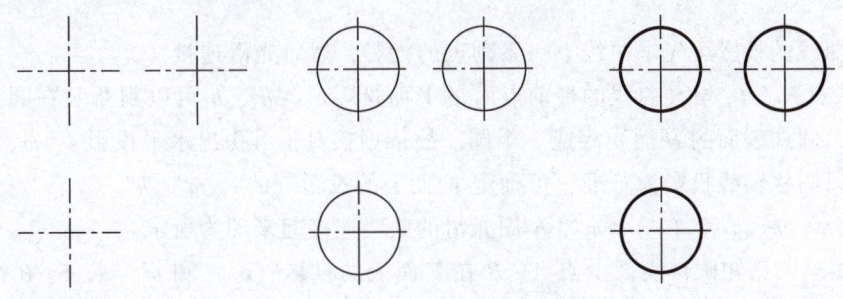

图 2-28 球的绘图步骤

4. 回转体表面上的点、线的投影特性

求回转体表面上点和线的投影，首先要确定点和线在回转体的哪个面上，然后再根据投影关系确定其位置，最后判断可见性并予以正确标注。

[例 2-3] 点 E、F 是圆柱表面上的点,已知它们在 V 面的投影为 e'、(f'),如图 2-29 所示,求点 E、F 在其他两投影面上的投影。

分析:用 a、a' 和 a'' 分别表示空间点 A 在 H、V 和 W 面上的可见投影,用 (a)、(a') 和 (a'') 分别表示空间点 A 在 H、V 和 W 面上的不可见投影。所以,从投影的标记形式,可以判断该投影所属的投影面和可见性。

1) 从 E 点的 V 面投影 e' 可以判断 E 在圆柱的圆柱前表面上,圆柱表面的 H 面积聚成一个圆。故依据长对正求出水平投影 e;依据宽相等,以圆柱轴线投影为基准,确定 e 点的 W 面投影 e''。(E 在轴线前方 y_1)。

2) F 点在圆柱后表面上,因圆柱面的 H 面投影为圆线,故 F 点的 H 面投影在圆周上。因 (f') 不可见,故其 H 面投影应在后半圆柱上 f 点确定。同样,依据宽相等求出 f''。

[例 2-4] EH 是圆柱表面上的一条曲线,已知它的 V 面投影 $e'h'$,如图 2-30 所示,求 EH 在其他两投影面上的投影。

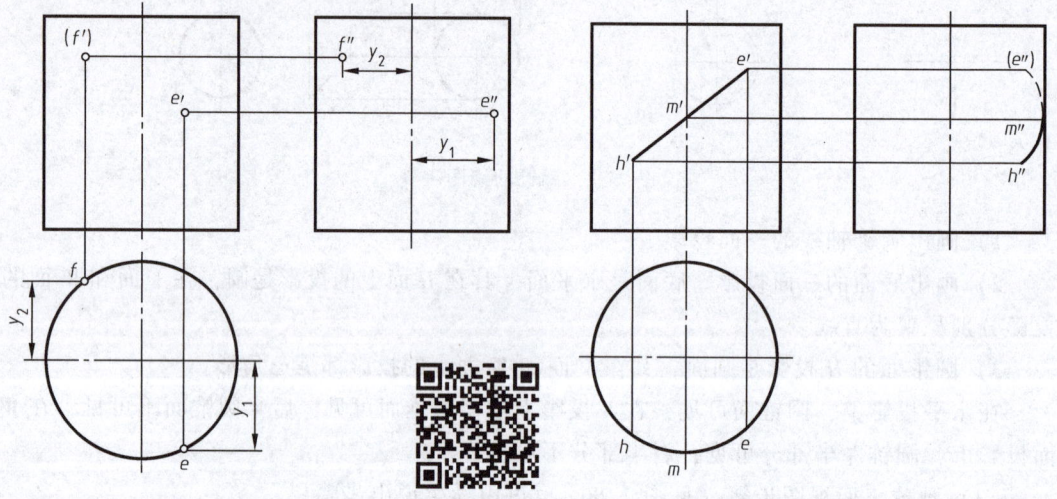

图 2-29 圆柱表面取点　　微课 2.08　　图 2-30 圆柱表面取线

分析:求曲线的投影可先求曲线上一系列点的投影,然后光滑连接。

1) 从点 E、H、M(曲线的最前点)的 V 面投影 e'、m'、h' 可以判断 E 在圆柱的圆柱前表面上,圆柱表面的 H 面积聚成一个圆。故依据长对正可作出水平投影 e、m、h;依据宽相等,以圆柱轴线投影为基准,可确定 W 面上的投影 (e'')、m''、h''。

2) 将 e、m、h 和 (e'')、m''、h'' 用光滑的曲线连接起来即为所求。

[例 2-5] 已知圆锥表面上点 A、B 在 V 面上的投影 (a') 和 b',求 A、B 在其他两投影面上的投影(见图 2-31)。

分析:曲线是由点组成的,反过来,点又是某一线上的点,所以,可以利用线的投影规律来求点的投影。

依已知条件,A 在圆锥面的后表面上;B 在圆锥面的前表面上,圆锥面的水平投影是圆,圆锥面侧面投影是三角形。在圆锥面上作一条辅助线,使辅助线过 A、B 点,辅助线应选择简单易画的。

1）采用素线法求的投影：因圆锥表面上素线是一条直线——最简单、易画，故选择过 B 点的一条素线 s'b'交底圆 c'，然后求出 SC 的水平投影 sc。根据从属性不变的原则，B 点的 H 面投影在 sc 上。依据宽相等，以圆锥轴线投影为基准，确定 B 点的 W 面投影 b″。

2）采用辅助平面求 A 的投影：在圆锥表面上还可以选择圆作为辅助线。过 a'作平面 S 切圆锥，其切线的水平投影为一个圆。点 A 在圆上。根据长对正，可以确定 A 的水平投影 a，继而求出侧面投影 a″。

[例2-6] 已知球面上点 A 在 V 面上的投影 a'，求点 A 在另外两投影面上的投影（见图2-32）。

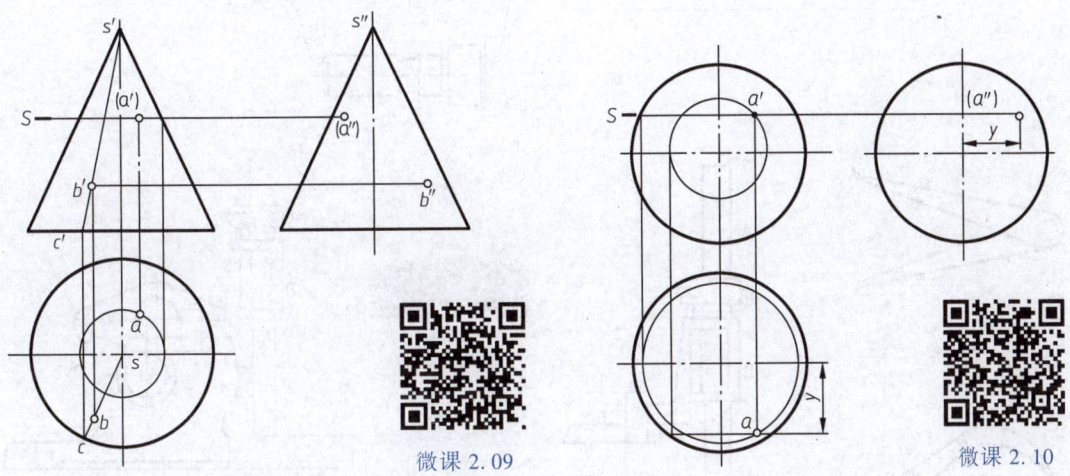

图 2-31　圆锥表面取点　　　　　　　　　图 2-32　球表面取点

分析：利用辅助平面求 A 点的其他两面投影，因点 A 在右半球上，故 W 面投影不可见。

方法（1）　过点 A 作一平行于 V 面的圆，则该圆的水平投影集聚成一平行于 X 轴的直线，根据长对正可求出 a；同样，辅助圆在 W 面上的投影也是直线，根据高平齐和可见性可求出（a″）。

方法（2）　过点 A 作一平行于水平面的辅助平面 S 与球体相截，则截面在 H 面上的投影是圆，在 W 面上的投影是直线。在根据长对正、宽相等及可见性求出 a 和（a″）。

（三）**钢直尺、游标卡尺、内（外）卡钳、高度游标卡尺的正确使用方法**

如图 2-33 所示，利用课件补充各测量工具测绘直径与内径等的特殊方法。

（四）**基本几何体的尺寸标注**

常见基本形体形状和大小的尺寸标注方法及应标注的尺寸数如图 2-34 所示。即平面体一般要标注出它的长、宽、高三个方向的尺寸，而回转体通常只要注出径向尺寸和轴向尺寸。圆柱和圆锥应标注出底圆直径和高度尺寸，圆锥台还应标注出顶圆直径。在标注直径尺寸时应在数字前加注"ϕ"且一般标注在非圆视图上，用这种标注形式只要用一个视图就能确定其形状和大小，其他视图就可省略不画。圆球只用一个视图加注尺寸即可，在直径数字前应加注"$S\phi$"。

微课 2.11

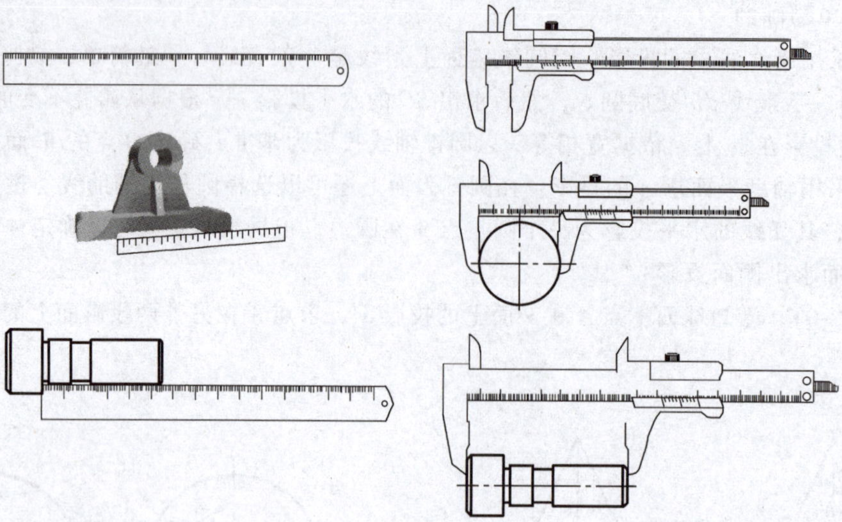

a)

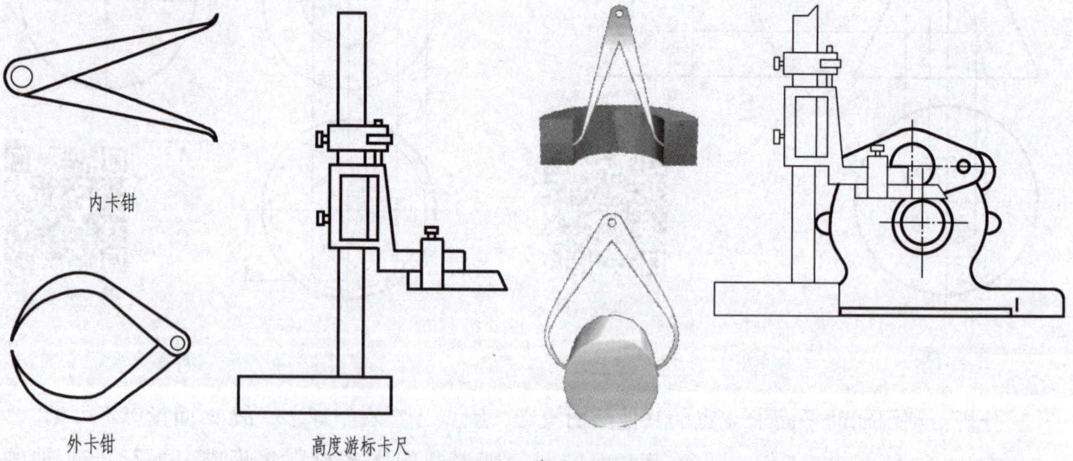

内卡钳

外卡钳

高度游标卡尺

b)

图 2-33 各测量工具测绘直径与内径的使用方法
a) 钢直尺、游标卡尺的正确使用方法　b) 内、外卡钳、高度游标卡尺的正确使用方法

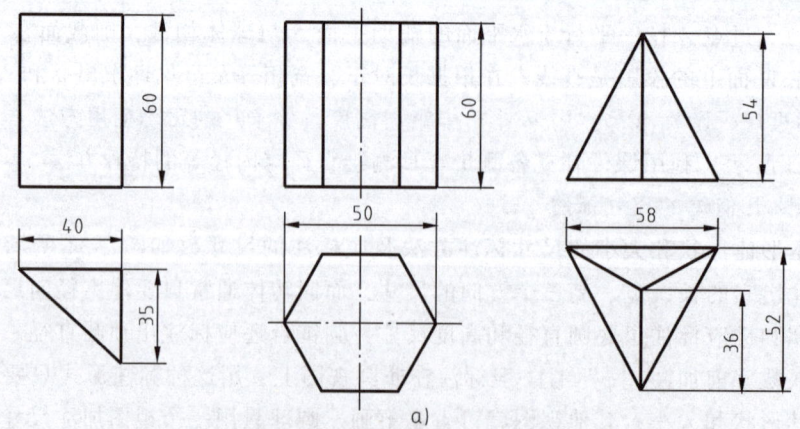

a)

图 2-34 基本形体的尺寸注法
a) 平面体的尺寸标注

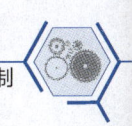

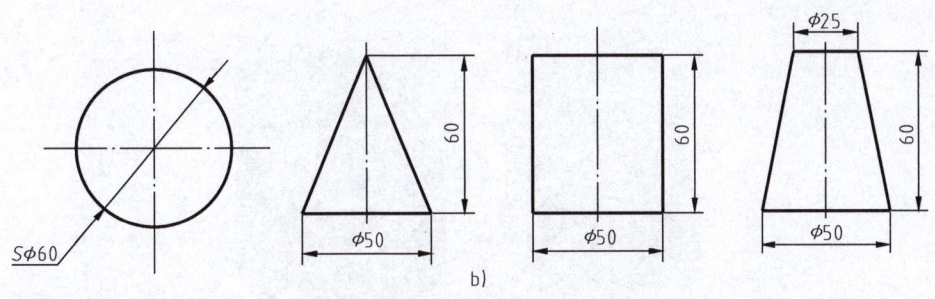

图 2-34 基本形体的尺寸注法（续）
b) 回转体的尺寸标注

三、小试身手

按任务要求分组测绘模型，绘制基本体三视图并进行表面点的求取和尺寸标注。

四、作品展示与评价

采用学生互评结合教师点评。评价参与活动是否积极，是否能正确熟练地使用测量仪器与绘图工具，测绘方法、步骤是否正确，绘制基本体三视图时步骤是否正确，图形是否正确，线条是否规范，布图是否合理，表面点的求取是否正确，尺寸标注是否合理。

五、课外拓展

完成配套习题集中对应作业。

六、任务小结

通过此次任务的学习，掌握用投影原理绘制基本体三视图的方法，能够根据基本体的两视图补画第三视图、能进行基本体表面点的找取与尺寸标注。

任务 2.3 截切几何体三视图的绘制

学习目标

掌握截交线的性质、求截交线的方法与步骤；能正确分析截平面与被截几何体的相对位置，确定截交线的形状，能正确分析截平面与投影面的关系，确定截交线的投影特性，从而完成截切几何体三视图绘制，任务完成采用小组讨论进行，培养团队合作与精益求精的精神。

任务载体

完成下面两模型的测绘，如图 2-35 所示。

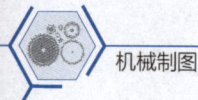

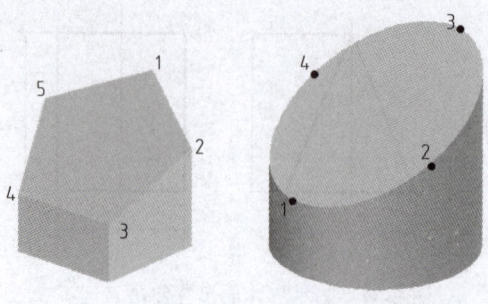

图 2-35 截切几何体模型

任务实施与要求

正确测绘上图两截切几何体模型。

任务实施

一、任务分析

要完成截切几何体模型测绘，需要在基本几何体三视图的基础上，进一步了解截交线的基本知识，求截交线的方法与步骤等知识点。

二、知识链接

用平面截切立体，平面与立体表面的交线称为**截交线**，该平面为**截平面**，由截交线围成的平面图形称为**截断面**，如图 2-36 所示。

（一）平面基本几何体的截交

平面体截交线的性质：平面立体的截交线一定是一个封闭的平面多边形，多边形的各顶点是截平面与被截棱线的交点，即立体被截断几条棱，那么截交线就是几边形。截交线是截平面与立体表面的共有线。

求平面体截交线的实质：求截平面与立体上被截各棱的交点或截平面与立体表面的交线，然后依次连接而得。

求截交线的步骤如下。

1. **空间及投影分析**

分析截平面与几何体的相对位置——确定截交线的形状。

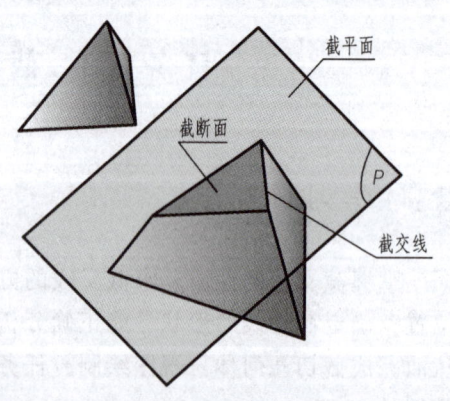

图 2-36 平面截切立体示意图

微课 2.12

分析截平面与投影面的相对位置——确定截交线的投影特性。

2. 画出截交线的投影

求出截平面与被截棱线的交点,并判断可见性。

依次连接各顶点成多边形,注意可见性。

3. 完善轮廓

[例 2-7] 测绘如图 2-37 所示的模型,求正五棱柱被截切后的俯视图和左视图。

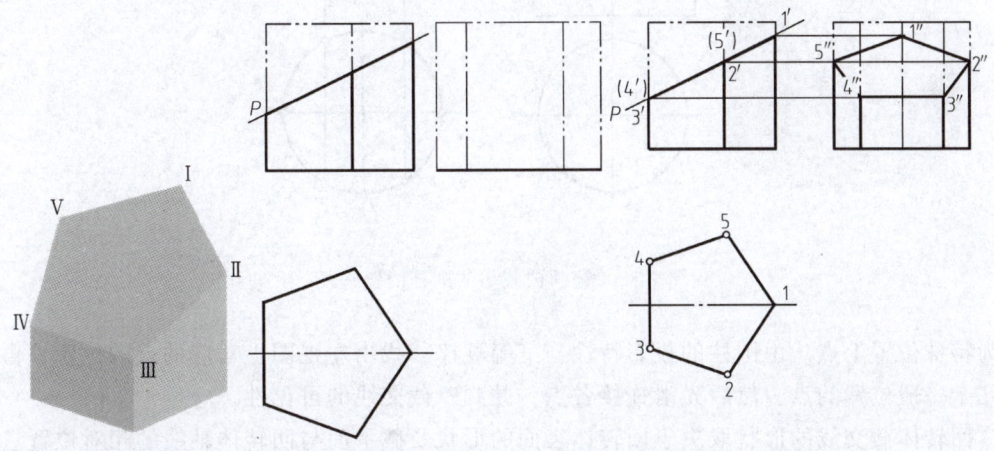

图 2-37 求被截切的正五棱柱的三视图

由正棱柱的投影特性可以分析出 P 平面是正垂面,截切正五棱柱后,截平面即为由 Ⅰ、Ⅱ、Ⅲ、Ⅳ、Ⅴ五个点所组成的正垂面,且五点均被截各棱的交点。正五棱柱被截切后的俯视图与截切前重合,根据正棱柱的投影特性与三等规律,完成左视图。

(二)回转体的截交

回转体截交线的性质:截交线是截平面与回转体表面的共有线。截交线的形状取决于回转体表面的形状及截平面与回转体轴线的相对位置。截交线都是封闭的平面图形(封闭曲线或由直线和曲线围成)。

回转体截交线的实质:求截平面与曲面上被截各素线的交点,然后依次光滑连接。

求截交线的步骤如下。

1. 空间及投影分析

分析回转体的形状以及截平面与回转体轴线的相对位置——确定截交线的形状。

微课 2.13

分析截平面与投影面的相对位置,如积聚性、类似性等。找出截交线的已知投影,预见未知投影——确定截交线的投影特性。

2. 画出截交线的投影

截交线的投影为非圆曲线时,作图步骤为:先找特殊点(外形素线上的点和极限位置点),再补充一般点,然后光滑连接各点,并判断截交线的可见性。

3. 完善轮廓

[例 2-8] 测绘如图 2-38 所示的模型,求被正垂面截断后圆柱的左视图。

截切面为正垂面,与圆柱的轴线倾斜,截交线为椭圆,模型立体图上的 Ⅰ、Ⅱ、Ⅲ、

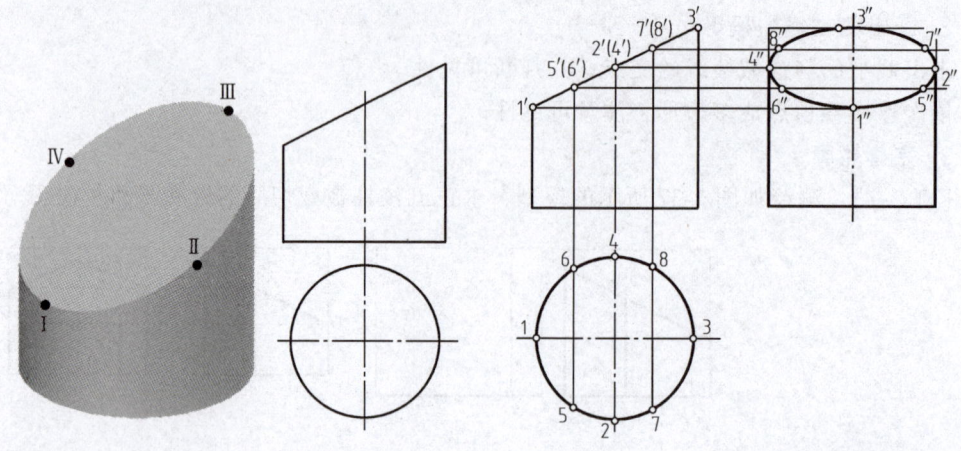

图 2-38　补画被截切的圆柱的三视图

Ⅳ为特殊位置上点。由圆柱的投影特性与三等规律，找出左视图上对应的点的位置，再补充几个一般位置的点，然后光滑连接各点，并判断截交线的可见性。

回转体截交线的形状取决于回转体表面的形状及截平面与回转体轴线的相对位置。

截平面与圆柱轴线的相对位置不同，截交线有三种不同的形状（见图 2-39）。

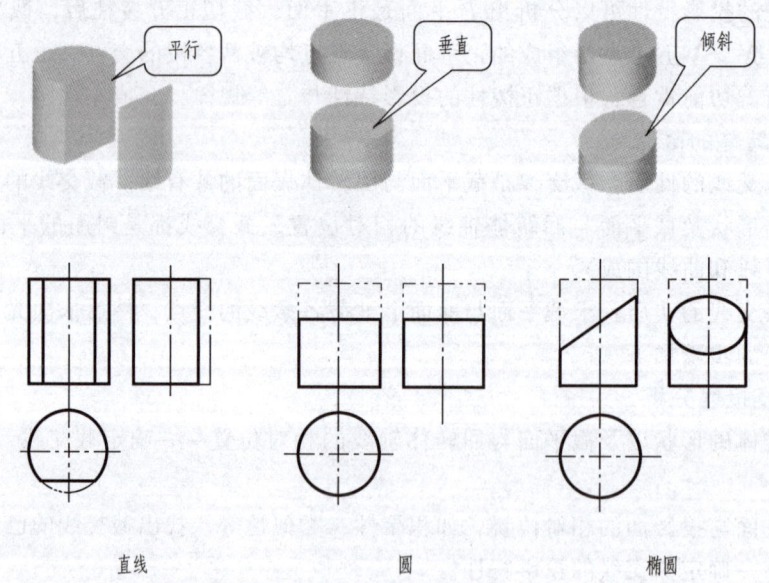

图 2-39　圆柱的三种截交线形状

根据截平面与圆锥轴线的相对位置不同，截交线有五种形状（见图 2-40）。

用任何位置的截平面截割圆球，截交线的形状都是圆。

当截平面平行于某一投影面时，截交线在该投影面上的投影为圆的实形，其他两面投影积聚为直线（图略）。

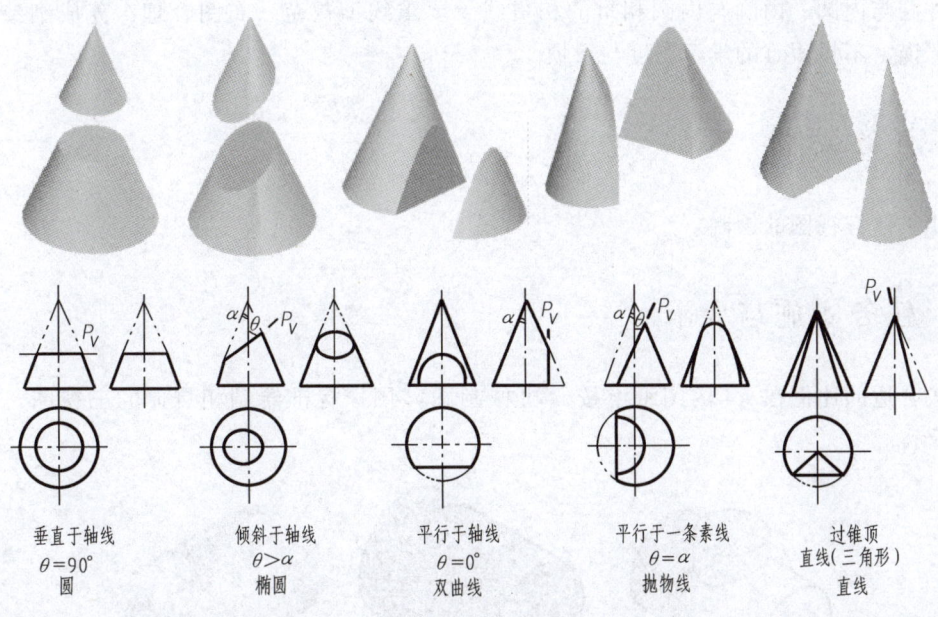

图 2-40　圆锥的五种截交线形状

三、小试身手

按要求完成规定截切模型的三视图。

四、作品展示与评价

采用学生互评结合教师点评，评价活动中是否积极参与，愿意追求完美，要求作图正确，标记规范，判断准确。

五、课外拓展

完成配套习题集中对应相关作业。

六、任务小结

通过此次任务的学习，掌握截交线的性质、求截交线的方法与步骤；能正确分析截平面与被截几何体的相对位置，确定截交线的形状，能正确分析截平面与投影面的关系，确定截交线的投影特性，从而完成截切几何体三视图绘制。

任务2.4　相贯体三视图的绘制

掌握用描点法及简易圆弧法绘制相贯体三视图的方法，能用简易圆弧法绘制外圆与外

圆、外圆与内圆、内圆与内圆相贯的相贯线。要求线型规范、布图合理，养成细致、耐心、严谨、不畏困难的学习态度与习惯。

任务载体

相贯体三视图的绘制。

任务实施与要求

按合适的比例在 A4 的图纸上按《机械制图》国家标准绘制相贯体的三视图，如图 2-41 所示。

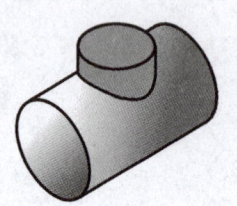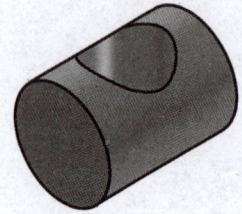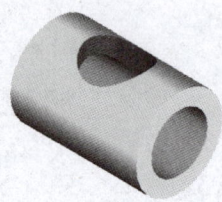

图 2-41 相贯体模型

任务实施

一、任务分析

要完成相贯体三视图的绘制，需学习相贯线的绘制方法，包括表面取点法与近似简易圆弧法，主要掌握正交相贯体相贯线的画法。

二、知识链接

两回转体相交，其表面的交线称为相贯线，相贯线的形状取决于两回转体各自的形状、大小和相对位置。相贯线一般情况下为封闭的空间曲线。两回转体的相贯线，实际上是两回转体表面上一系列共有点的连线，求作相贯线的方法通常采用表面取点法与近似简易圆弧法。

微课 2.14

（一）表面取点法

[例 2-9] 两个直径不等的圆柱正交，求作相贯线的投影，如图 2-42 所示。

分析：

两圆柱轴线垂直相交称为正交，当直立圆柱轴线为铅垂线，水平圆柱轴线为侧垂线时，直立圆柱面的水平投影和水平圆柱面的侧面投影都具有积聚性，所以相贯线的水平投影和侧面投影分别积聚在它们的圆周上，如图 2-42a 所示。因此，只要根据已知的水平侧面投影求作相贯线的正面投影即可。两不等径圆柱正交形成的相贯线为空间曲线。因为相贯线前后相称，在其正面投影中，可见的前半部分与不可见的后半部分重合，且左右也对称。因此，求作相贯线的正面投影，只需作出前面的一半。

作图：

1）求特殊点：水平圆柱的最高素线与直立圆柱最左、最右素线的交点 A、B 是相贯线上的最高点，也是最左、最右点。a'、b'、a、b 和 a''、b'' 均可直接作出。点 C 是相贯线上最低点，也是最前点，c'' 和 c 可直接作出，再求 c'，如图 2-42b 所示。

2）求中间点：取 E、F 点，在侧面投影和水平投影上作出 e''、f'' 和 e、f，再求出 e'、f'，如图 2-42c 所示。

3）光滑连接 $a'e'c'f'b'$ 即为相贯线的正面投影，结果如图 2-42d 所示。

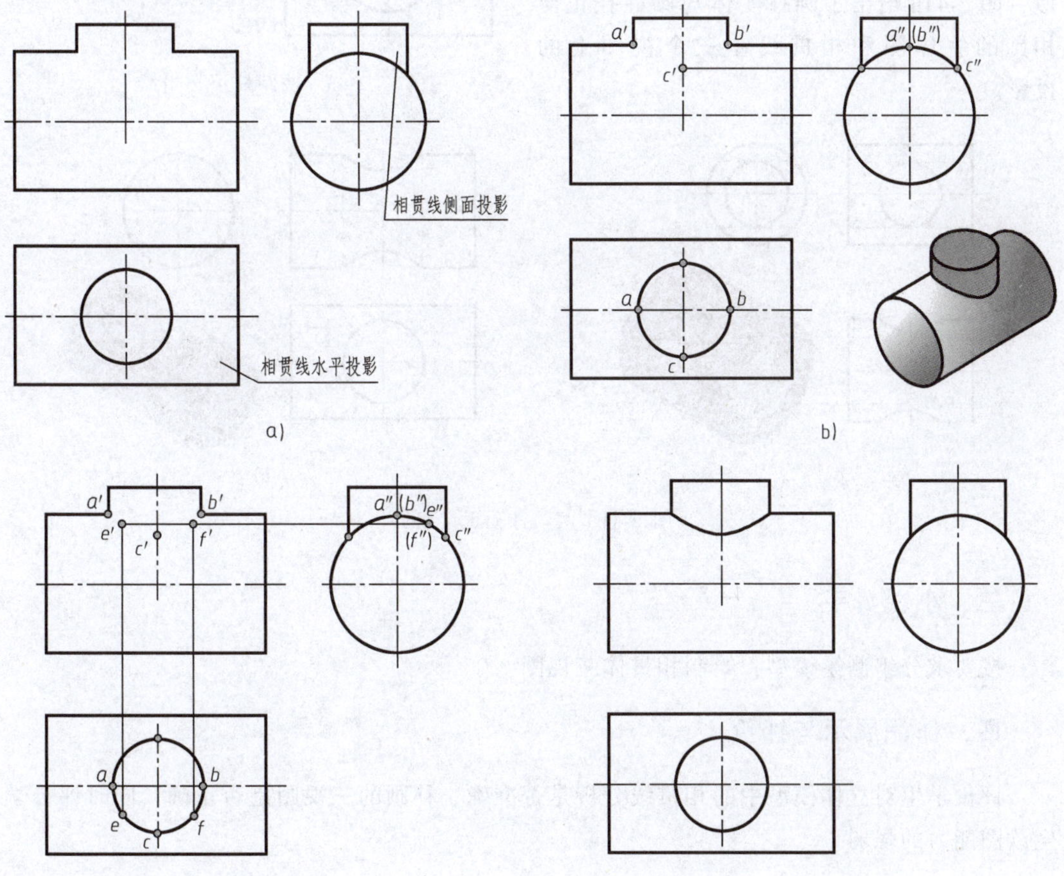

图 2-42 不等径两圆柱正交

（二）近似简易圆弧法

[例 2-10] 已知两圆柱正交相贯（轴线垂直相交），求作其近似相贯线。

近似作图方法：

1）利用两圆柱中大圆柱的半径作为半径，以两圆柱矩形轮廓的交点为圆心，在小圆柱的轴线上画弧找一点作为圆心，方向为背朝大圆轴线。

2）过两圆柱矩形轮廓的交点绘制一段圆弧，用这段圆弧近似替代相贯线的投影如图

2-43 所示。

[例 2-11] 已知大小相等的两圆柱孔正交相贯，求作其相贯线。

定理：两圆柱孔直径相等时，其相贯线的投影是直线。

作图方法：将两孔矩形线框的交点对应连接起来，即可得相贯线的投影。如图 2-44a 所示。

圆柱实体与圆柱孔正交相贯与前面类似，图 2-44b 给出了圆柱实体与圆柱孔正交相贯的立体图和相贯线在三个视图上的投影。

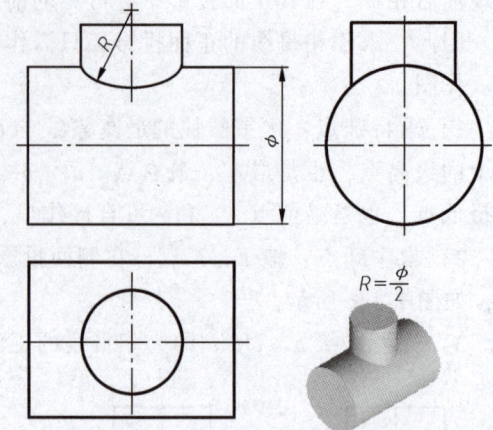

图 2-43 两圆柱正交相贯

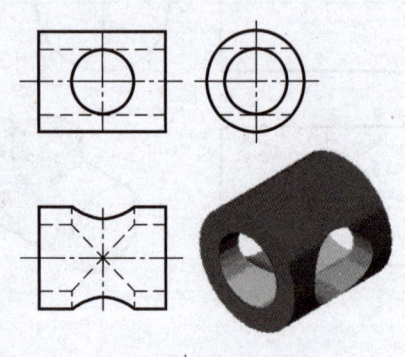

a)

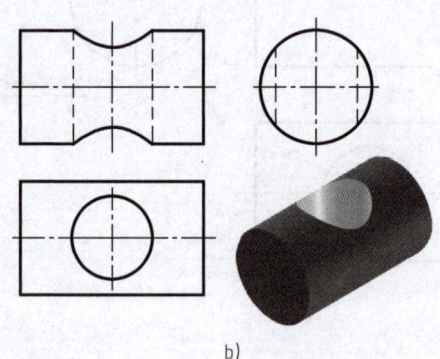

b)

图 2-44 两圆柱孔正交相贯

三、小试身手

按要求分组测绘模型，绘制相贯体三视图。

四、作品展示与评价

评价学生对立体模型中的相贯线分析是否准确、补画的三视图是否正确，同时评价学生读图能力的强弱。

五、课外拓展

完成配套习题集中对应作业。

六、任务小结

通过此次任务学习，掌握用描点法及简易圆弧法绘制相贯体三视图的方法，能用简易圆弧法绘制外圆与外圆、外圆与内圆、内圆与内圆相贯的相贯线。

模块 3

组合体三视图的识读与绘制

任务 3.1 组合体三视图的识读与初步绘制

 学习目标

掌握组合体的概念与分类、组合体相邻表面的连接画法,能运用形体分析法与线面分析法对组合体进行分析,从而完成组合体三视图的绘制。任务完成采用小组讨论进行,培养团队合作与精益求精的精神。

 任务载体

完成轴承座三视图,轴承座立体模型如图 3-1 所示。

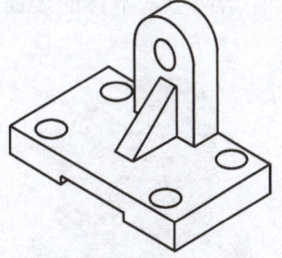

图 3-1 轴承座立体模型

 任务实施与要求

正确绘制轴承座模型三视图。

 任务实施

一、任务分析

要完成组合体模型测绘,需要掌握组合体的概念与分类,掌握组合体分析方法、绘制组合体三视图的方法与步骤。

二、知识链接

(一) 组合体的概念与分类

在机械制图中通常把由几个基本几何体组合而成的物体,称为组合体。组合体的形成

微课 3.1

方式通常有叠加型、切割型和综合型。

叠加型组合体是由若干个简单的基本体叠加而成，如图 3-2a 所示。

切割型组合体是将一个完整的基本体切割或穿孔后形成的，如图 3-2b 所示。

综合型组合体实际上是切割型组合体的叠加，在实际中较常见，如图 3-2c 所示。

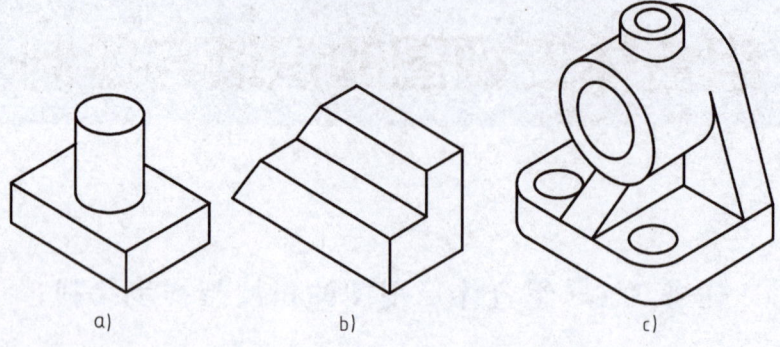

图 3-2　组合体的形成方式

（二）组合体相邻表面的连接画法

组合体上相邻表面的连接关系可分为：两表面平齐或不平齐、两表面相交、两表面相切三种。

1. 两表面平齐或不平齐

当两个基本体的表面平齐，连成一个面时，结合处不应该画线，如图 3-3a 所示。

当两个基本体的表面不平齐，结合处应画线，如图 3-3b 所示。

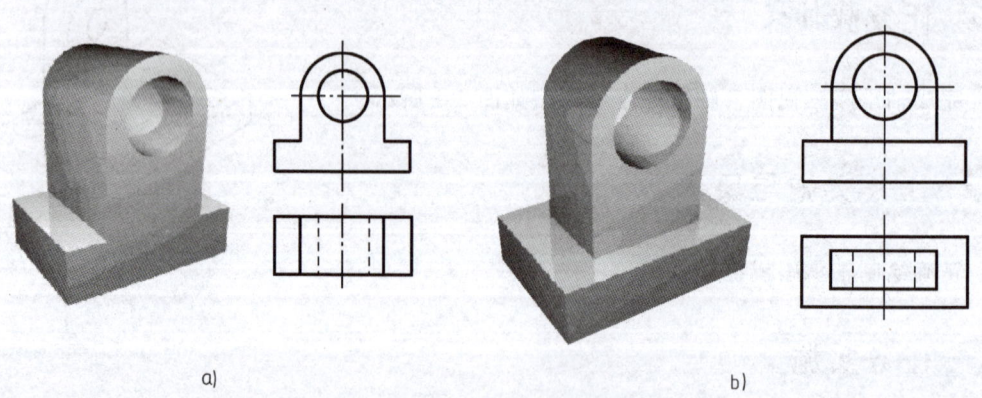

图 3-3　两表面平齐或不平齐的画法
a) 平齐　b) 不平齐

2. 两表面相交

两基本体表面相交会产生交线，作图时应画出交线的投影，如图 3-4 所示。

3. 两表面相切

相切是指两基本体表面光滑过渡，在相切处不存在轮廓线，作图时在相切处不应画线，如图 3-5 所示。

（三）形体分析法与线面分析法

1. 形体分析法

大多数机器零件都可以看作是一些基本形体经过叠加、切割、穿孔等方式组合而成的组合体。这些基本形体可以是一个完整的基本几何体（如棱柱、棱锥、圆柱、圆锥等），也可以是一个不完整的基本几何体或是它们的简单组合。形体分析法就是把物体分解成一些简单的基本形体以及确定它们之间组合形式的一种思维方法。

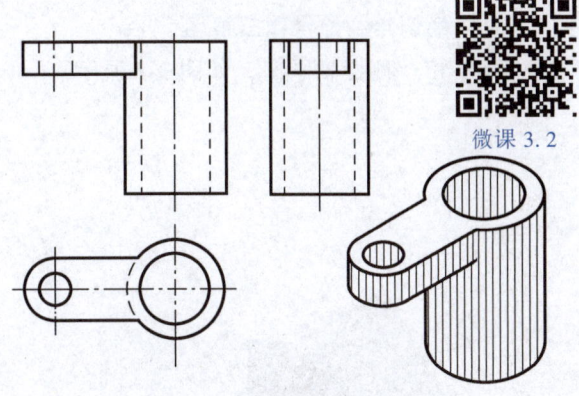

微课 3.2

图 3-4 两表面相交的画法

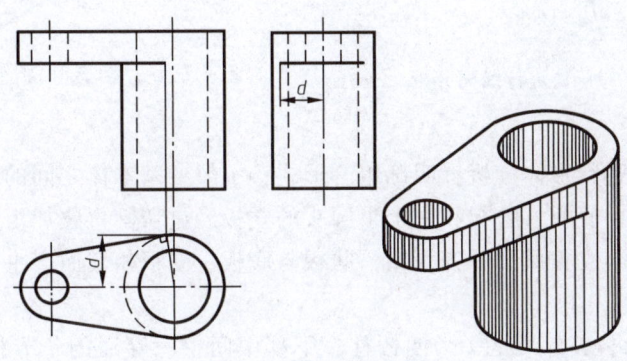

图 3-5 两表面相切的画法

如图 3-6 所示，用形体分析法可把轴承座分解成四部分。

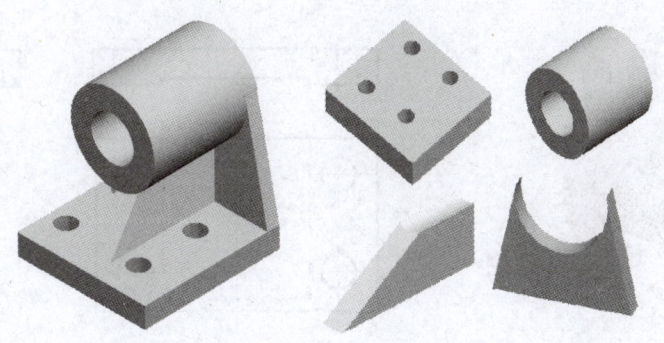

图 3-6 对轴承座形体分析

2. 线面分析法

线面分析法主要用来分析组合体各表面及棱线、外形素线等与投影面的相对位置，以明确其投影特征；分析表面之间的连接关系及表面交线的形成和画法，以便于画图和读图的方法。可运用投影特征，分析线、线框含义；运用投影特征，分析线、线框空间位置。

如图 3-7 所示，用线面分析法可知。压块 A 面为正垂面，而 B 面为铅垂面。

(四) 举例绘制组合体三视图

[例 3-1] 测绘轴承座，如图 3-8 所示。

微课 3.3

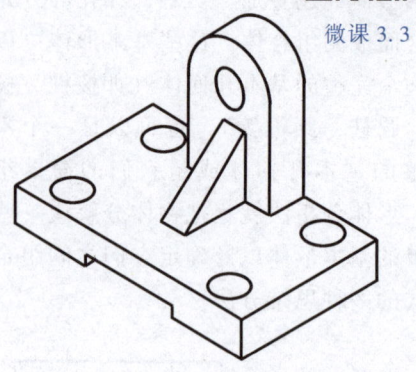

图 3-7 对压块进行线面分析　　　　　图 3-8 轴承座

1. 形体分析

首先对轴承座进行形体分析，明确组合形式，了解各基本体之间的表面连接关系。由图可将轴承座看成由底板、肋板和一个半圆头的立板经过切割再叠加组合而成。轴承座的下方是底板，底板与立板后面平齐叠加，肋板与底板、立板相交而产生交线。

（1）底板

如图 3-9a 所示，其外形是一个四棱柱，下部中间挖一穿通的长方槽，在四个角上挖四个圆柱孔，测绘时先测量底板的长、宽、高，板上的四孔直径，相对位置，长方槽的长与高。

绘其三视图如图 3-9b 所示。

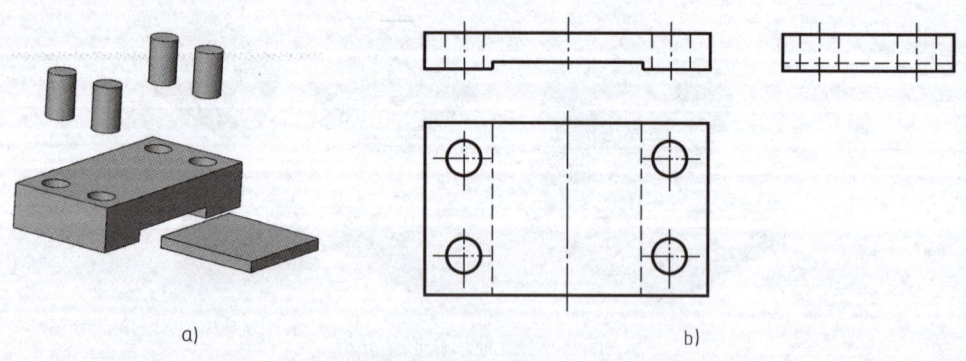

图 3-9 底板

a）底板的形体分析　b）底板的三视图

（2）半圆头立板

如图 3-10a 所示，其下部是一个四棱柱，上部与半个圆柱叠加，中间挖一圆柱孔。测绘时测量圆柱孔的直径与立板的长和宽，立板的高度测量是先测量立板顶部到底板的下平面高度（即总高），再减去底板的高度。其三视图如图 3-10b 所示。

(3) 肋板

如图 3-11a 所示，肋板为一个三棱柱，测量时可直接测量其长、宽、高三个尺寸，其三视图如图 3-11b 所示。

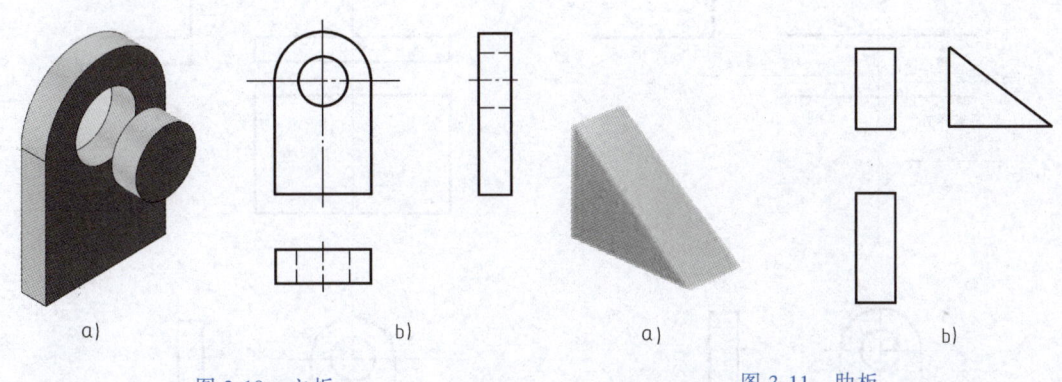

图 3-10　立板
a) 立板的形体分析　b) 立板的三视图

图 3-11　肋板
a) 肋板的形体分析　b) 肋板的三视图

2. 选视图

在三视图中，主视图是最主要的视图，因此，首先要确定主视图。这需要解决两个问题：一是组合体的安放位置，通常选组合体的自然安放位置。二是组合体的投影方向，通常要求主视图能够较多地表达物体的结构特征和形状特征，即尽可能地把各组成部分的形状及相对位置关系在主视图上显示出来，并使物体的主要表面、轴线等平行或垂直投影面，还要使物体的其他两个视图的虚线越少越好。

主视图确定后，俯视图和左视图也随之确定。

3. 确定比例和图幅

视图确定后，便可根据组合体的大小和复杂程度，按国家标准规定选择作图比例和图幅。

4. 布图、画底稿

布置视图的位置，确定各视图主要中心线或基准线的位置，如组合体的底面、端面、对称中心线等，注意将视图匀称地布置在幅面上。

轴承座的画图步骤如图 3-12 所示。

(五) 叠加型组合体的绘图步骤及有关注意事项

1) 选定比例后画出各视图的对称线、回转体的轴线、圆的中心线及主要形体的端面线，并把它们作为基准线来布置图幅。

2) 运用形体分析法，从主要的形体着手，按各基本形体之间的相对位置，逐个画出各组成部分的视图。

3) 一般先画较大的、主要的组成部分（如轴承架的长方形底板），后画次要部分；先画主要轮廓，再画细节。

4) 画每一基本几何体时，先从反映实形或有特征的视图（椭圆、三角形、六角形）开始，再按投影关系画出其他视图。对于回转体，先画圆或圆弧，后画直线。

55

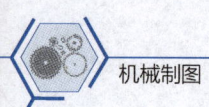

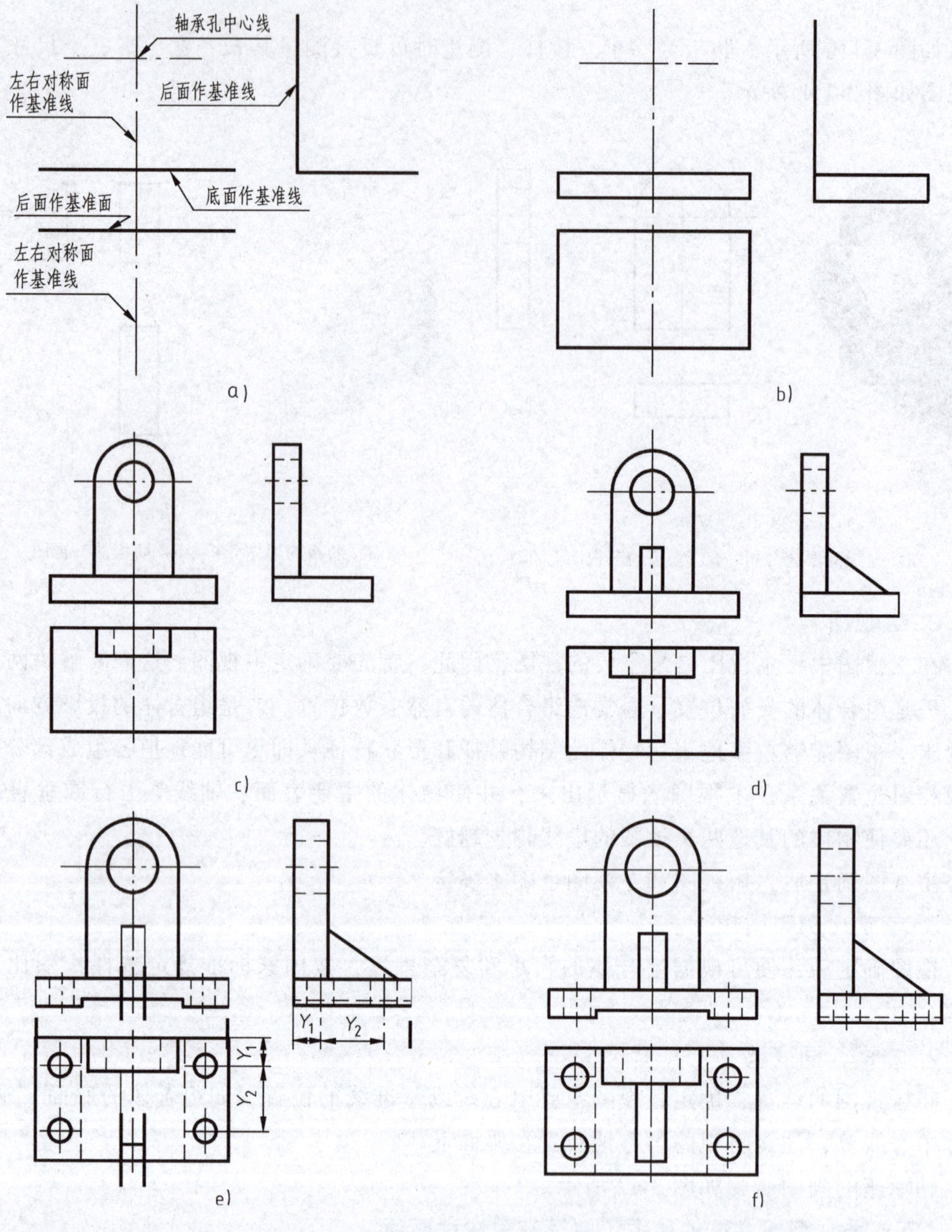

图 3-12 轴承座的画图步骤

a）布置视图，画作图基准线　b）画底板　c）画半圆端立板　d）画肋板
e）画底板上的凹槽及圆孔　f）校对、擦去作图线、加深

5）画图过程中，应按"长对正、高平齐、宽相等"的投影规律，几个视图对应着画，以保持正确的投影关系。

三、小试身手

按要求绘制组合体模型三视图。

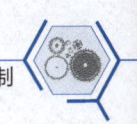

四、作品展示与评价

要求分析正确,标记规范,绘图准确,图线规范,布图合理。

五、课外拓展

完成配套习题集中对应相关作业。

六、任务小结

通过学习组合体的形成方式、相邻表面的连接画法、组合体的分析方法等,掌握绘制组合体三视图的方法,能绘制较复杂的组合体三视图。

任务 3.2 组合体三视图的尺寸标注

微课 3.4

 学习目标

掌握组合体尺寸标注的方法,能根据组合体尺寸标注的基本要求完成组合体的尺寸标注,要求尺寸标注完整、清晰,合理。培养学生分析问题和解决问题的能力,并养成细心、认真的学习态度。

 任务载体

完成下列轴承座的尺寸标注,轴承座立体模型如图 3-13 所示。

 任务实施与要求

在前面完成的轴承座三视图的基础上,完整、清晰、合理地完成三视图的尺寸标注。

 任务实施

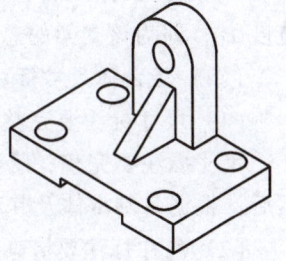

图 3-13 轴承座立体模型

一、任务分析

要完成组合体视图的尺寸标注,需要掌握组合体尺寸的类型、组合体尺寸标注的基本要求、组合体尺寸标注的方法和步骤。

二、知识链接

(一)组合体尺寸标注的类型

在组合体视图上,应标注下列几类尺寸。

（1）定形尺寸

定形尺寸是确定组合体各组成部分的形状大小的尺寸。

如图 3-14 所示，组合体由底板和后立板组成，底板的定形尺寸有 35、18、5，立板的定形尺寸有 6、φ8。

（2）定位尺寸

定位尺寸是确定形成组合体的各基本形体间相对位置的尺寸。

标注组合体定位尺寸时，首先必须在长、宽、高三个方向分别选定尺寸基准。所谓尺寸基准，就是标注尺寸时所确定的起点。通常选择组合体（或基本形体）的对称面、回转体轴线和较大的底面、端面作为尺寸基准。如图 3-14 所示的支架，长度方向的尺寸基准为左右对称面，宽度方向尺寸基准为后端面，高度方向尺寸基准为底面。

如图 3-14 所示，尺寸 27、14 是确定底板上直径为 φ5 的两圆孔中心位置的定位尺寸；26 是确定后立板 φ8 圆孔的轴线到底板底面距离的定位尺寸。

（3）总体尺寸

总体尺寸是确定组合体总长、总宽、总高的尺寸。当组合体的一端为回转面时，该方向的总体尺寸不能直接标注，而由确定回转面轴线的定位尺寸加上回转面的半径来间接确定。如图 3-14 所示的支架的总高可由 26 和 R8 确定；长方形底板的长度 35 和宽度 18，即为该支架的总长和总宽。

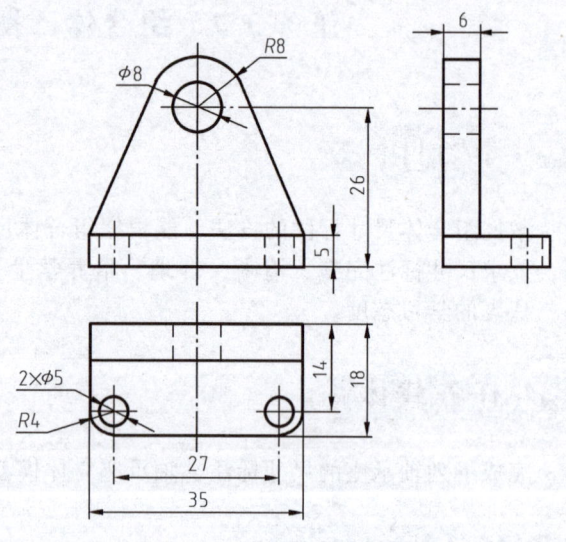

图 3-14 支架

（二）组合体尺寸标注的基本要求

（1）尺寸标注要完整

尺寸标注要完整，既无遗漏，又不重复或多余。因此首先应对组合体进行形体分析，然后，根据各基本体及其相对位置分别标注定形尺寸、定位尺寸及总体尺寸。

（2）尺寸标注要清晰

标注尺寸不仅要完整，还要注意清晰明了。为此，除了严格遵守制图标准中标注尺寸的基本规则外，还必须注意以下几点：

① 尺寸应尽可能标注在形状特征最明显的视图上，半径尺寸应标注在反映圆弧的视图上，如图 3-14 中的 R4。要尽量避免从虚线引出尺寸。

② 同一个基本形体的尺寸，应尽量集中标注，如图 3-15 主视图中的 34 和 2。

③ 尺寸尽可能标注在视图外部，但为了避免尺寸界线过长或与其他图线相交，必要时也可注在视图内部，如图 3-15 中肋板的定形尺寸 8、16。

④ 尺寸布置要齐整，避免过分分散和杂乱。在标明同一方向的尺寸时，应该小尺寸在内，大尺寸在外，以免尺寸线与尺寸界线相交。

(三) 组合体尺寸标注的方法和步骤

以图 3-15 所示轴承座为例说明组合体尺寸标注的方法和步骤。

1) 形体分析。轴承座由底板、立板、肋板组合而成。

2) 选择基准。标注尺寸时，应先选定尺寸基准。这里选定轴承座的左、右对称平面及后端面、底面作为长、宽、高三个方向的尺寸基准。

3) 标注各基本形体的定形尺寸。图 3-15 中的 70、38、10 是长方形底板的定形尺寸；底板下部中央切割出的长方板的定形尺寸为 34 和 2；其他各形体的定形尺寸请读者自行分析。

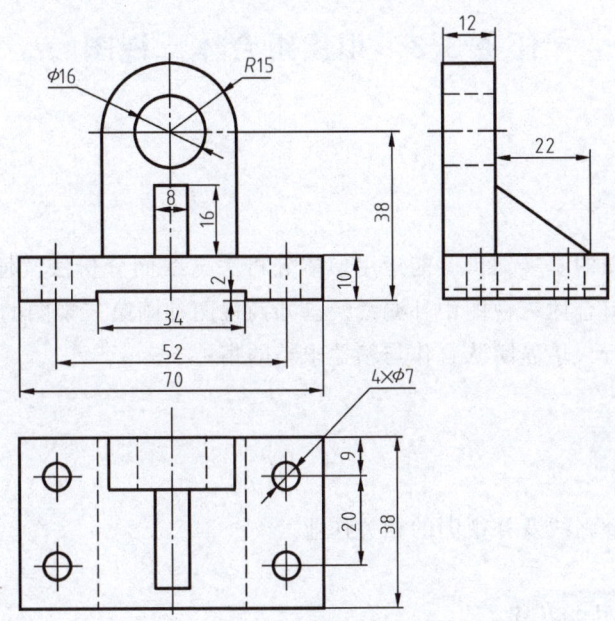

图 3-15　轴承座的尺寸标注

4) 标注定位尺寸。底板、切割的长方板、三角块肋板、半圆头立板都处在此选定的基准上，不需要标注定位尺寸；立板上切割去的 $\phi16$ 的圆柱，长度方向的定位尺寸为零，不必标注，轴线方向（宽）同半圆头立板，高度方向应注出定位尺寸 38；底板上切割形成四圆孔，和底板同高，故高度方向不必标注定位尺寸，长和宽方向应分别注出定位尺寸 52、9 和 20。

5) 标注总体尺寸。尺寸 38 和 $R15$ 确定轴承架的总高，底板的长和宽决定它的总长和总宽，故不必另行标注总体尺寸。应当指出，由于组合体的定形尺寸和定位尺寸已标注完整，如再加注总体尺寸会出现多余尺寸。为保持尺寸数量的恒定，在加注一个总体尺寸的同时，就应减少一个同方向的定形尺寸，以避免尺寸注成封闭的尺寸链。

三、小试身手

按要求完成轴承座组合体三视图的尺寸标注。

四、作品展示与评价

要求分析正确，尺寸标注完整、清晰、合理。

五、课外拓展

完成配套习题集中对应相关作业。

六、任务小结

通过学习组合体视图尺寸标注的基本要求和步骤，掌握组合体视图尺寸标注的方法，能完成较复杂组合体视图的尺寸标注。

任务3.3　识读组合体三视图

　**学习目标**

掌握组合体读图的基本知识，能运用形体分析法与线面分析法读懂较复杂的组合体，从而完成习题集中组合体三视图中补漏线及已知两视图补画第三视图的相关作业。任务完成采用小组讨论进行，培养团队合作与精益求精的精神。

　任务载体

完成习题集中补漏线及补视图的相关作业。

　任务实施与要求

正确完成习题集中补漏线及补视图的相关作业。

　任务实施

一、任务分析

要完成组合体视图中补漏线和补视图的任务，需要读懂组合体结构及视图。应掌握组合体读图的基本知识，掌握用形体分析法与线面分析法读组合体的方法。

二、知识链接

（一）读图的基本知识

读图是画图的逆过程，画图是把空间物体用正投影法表达在平面上，而读图则是根据物体的视图想象出被表达物体的空间形状。读图时，除必须熟练掌握各种位置直线、平面以及基本体的投影特性外，还需要注意以下几点。

1. 要把几个视图联系起来识读

在机械图样中，零件的形状一般是通过几个视图来表达的，每个视图只能反映零件某一方面的形状。因此，仅由一个或两个视图往往不能唯一的确定零件的形状。如图 3-16 所示物体的主、俯视图均相同，但左视图不同，他们表达了三种空间不同形状的物体。

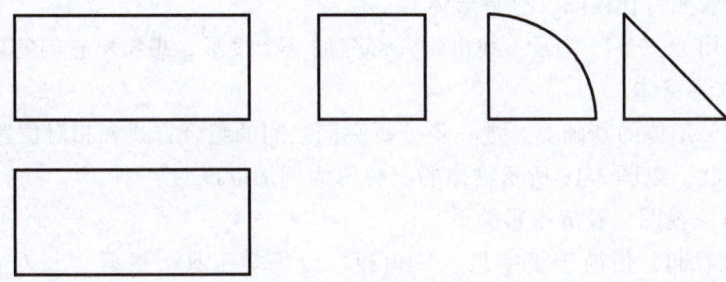

图 3-16　几个视图配合看图示例

2. 要从最能反映物体形状特征的视图看起
3. 要善于理解视图中的线和线框的含义

视图中的一条粗实线或虚线可表示：面与面交线的投影、物体表面的积聚性投影、轮廓线的投影等；视图中的一个封闭线框，一般表示物体上一个平面或曲面的投影；视图中的两相邻线框表示不在同一平面的两个面，如图 3-17 所示。

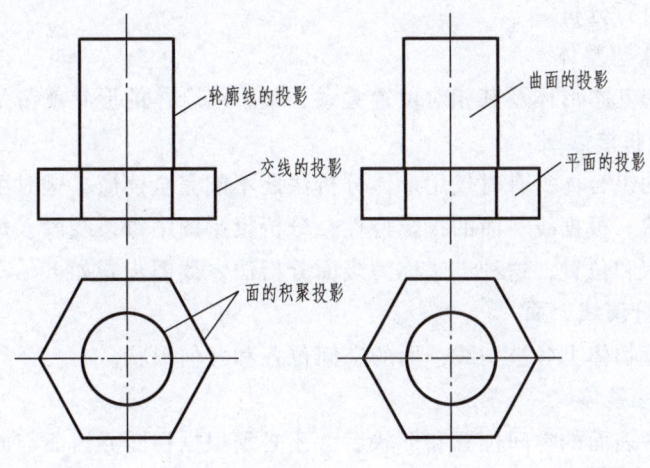

图 3-17　视图中线与线框的含义

（二）形体分析法读图

形体分析法是读组合体视图的最基本方法。通常从最能反映物体形状特征的主视图看起，分析该物体由哪些基本体组成及组成形式；然后用投影规律，逐个找出每个形体在其他视图上的投影，从而想象出各个基本体的形状及各形体之间的相对位置关系，最后想象出物体整体结构形状。读图的步骤如下：

1. 看视图抓特征

看视图：以主视图为主，配合其他视图，进行初步的投影分析和空间分析。

抓特征：找出反映物体特征较多的视图，在较短时间里，对物体有个大概的了解。

2. 分解形体对投影

分解形体：参照特征视图，分解形体。

对投影：利用"三等"关系，找出每一部分的三个投影，想象出它们的形状。

3. 综合起来想整体

在看懂每部分形体的基础上，进一步分析它们之间的组合方式和相对位置关系，从而想象出整体的形状。以图 3-18 所示物体的三视图为例加以说明。

（1）联系有关视图，看清投影关系

先从主视图看起，借助于丁字尺、三角板、分规等工具，根据"长对正、高平齐、宽相等"的规律，把几个视图联系起来看投影关系。

（2）把一个视图分成几个独立部分加以考虑

一般把主视图中的封闭线框（实线框、虚线框或实线与虚线框）作为独立部分，例如图 3-18b 的主视图分成 5 个独立部分：Ⅰ、Ⅱ、Ⅲ、Ⅳ、Ⅴ。

（3）识别形体，定位置

根据各部分三视图（或两视图）的投影特点想象出形体，并确定它们之间的相对位置。在图 3-18b 中，Ⅰ为四棱柱与倒 U 形柱的组合；Ⅱ为倒 U 形柱（槽），前后各切割出一个 U 形柱；Ⅲ、Ⅳ都是横 U 形柱（缺口）；Ⅴ为圆柱（切割形成圆孔）。它们之间的位置关系，请读者自行分析。

（4）综合起来想整体

综合考虑各个基本形体及其相对位置关系，整个组合体的形状就清楚了。

（三）线面分析法读图

对一些复杂的组合体，有时仅用形体分析法还不能完全读懂，这时可从线和面的角度去分析物体的形状。根据线、面的投影特性，分析投影图中每条线段、每一个封闭线框的含义，判断其形状和位置，这种方法称为线面分析法。读图步骤如下。

1. 抓住特征分清线、面

抓特征：看懂物体上各被切线、面的空间位置和几何形状。

2. 综合起来想整体

在看懂物体各表面的空间位置和形状后，还必须根据视图弄清面与面的相对位置，进而想象出物体的整体形状。

下面以图 3-19 所示物体的三视图为例，说明线面分析法读图的具体步骤和方法。

第一步：分析整体形状，由于压块的三个视图的轮廓基本上都是长方形（只缺掉了几个角），所以它的基本形体是一个长方块。

第二步：分析细节形状，从主、俯视图可以看出，压块右方从上到下有一阶梯孔。主视图的长方形缺个角，说明在长方块的左上方切掉一角。俯视图的长方形缺两个角，说明长方块左端切掉前、后两角。左视图也缺两个角，说明前后两边各切去一块。

通过形体分析法，压块的基本形状就大致有数了。但是，究竟是被什么样的平面切

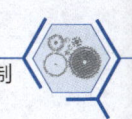

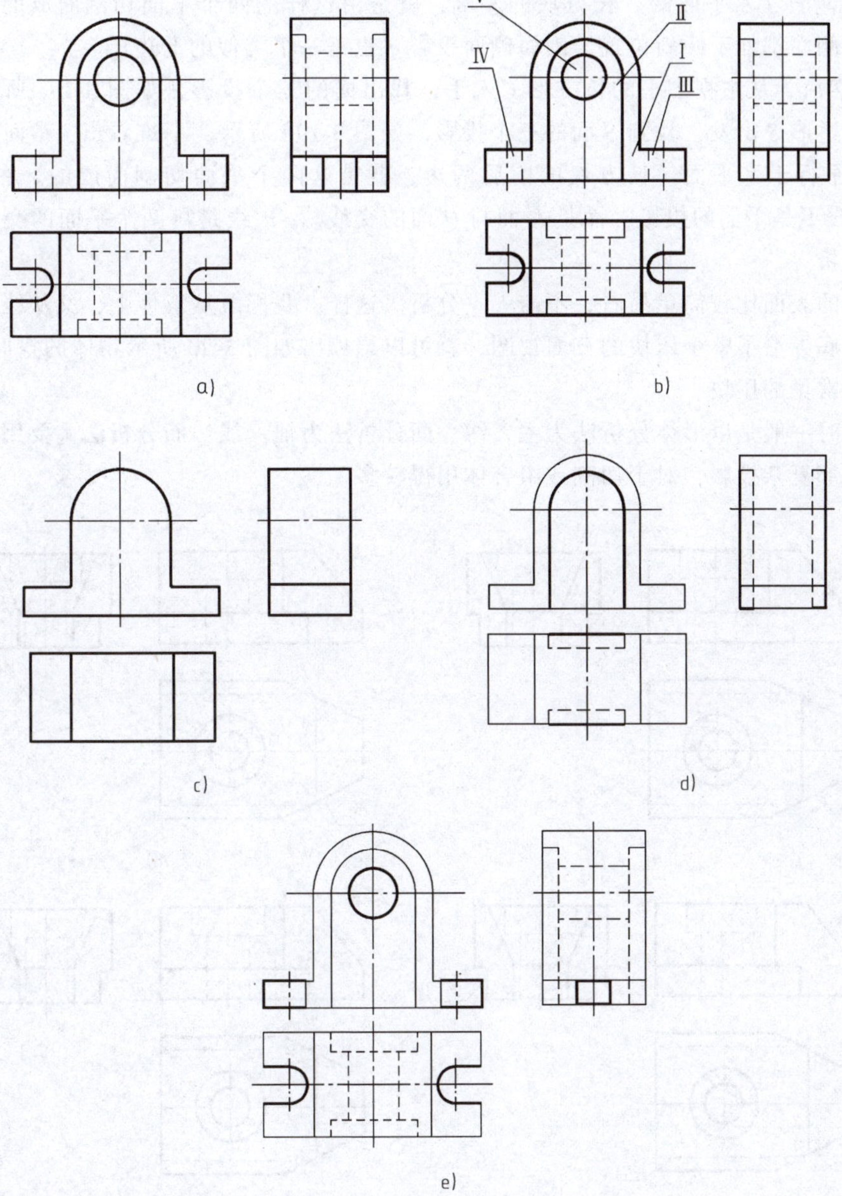

图 3-18 用形体分析法读图

的？截切以后的投影为什么会是这个样子？还需要用线、面分析法进行分析。

下面我们应用三视图的投影规律，找出每个表面的三个投影。

1）先看图 3-19a，从俯视图中的梯形线框出发，在主视图中找出与它对应的斜线 p'，可知 P 面是垂直于正面的梯形平面，长方块的左上角就是由这个平面切割而成的。平面 P 对侧面和水平面都处于倾斜位置，所以它的侧面投影 p'' 和水平投影 p 是类似图形，不反映 P 面的真实形状。

2）再看图 3-19b。由主视图的七边形 q' 出发，在俯视图上找出与它对应的斜线 q，可知 Q 面是垂直于水平面的。长方块的左端，就是由这样的两个平面切割而成的。平面 Q 对正面和侧面都处于倾斜位置，因而侧面投影 q'' 也是一个类似的七边形。

3）然后，从主视图上的长方形 r' 入手，找出面的三个投影，如图 3-19c 所示；从俯视图的四边形 S 出发，找到 S 面的三个投影，如图 3-19d 所示。不难看出，R 面平行于正面，S 面平行于水平面。长方块的前后两边，就是这两个平面切割而成的。在图 3-19d 中，$a'b'$ 线不是平面的投影，而是 R 面与 Q 面的交线。$c'd'$ 线是哪两个平面的交线？请读者自行分析。

其余的表面比较简单易看，不需一一分析。这样，我们既从形体上，又从线、面的投影上，彻底弄清了整个压块的三面视图，就可以想象出如图 3-20 所示物体的空间形状了，它是一个常见的压块。

看图时一般是以形体分析法为主，线、面分析法为辅。线、面分析法主要用来分析视图中的局部复杂投影，对于切割式组合体用得较多。

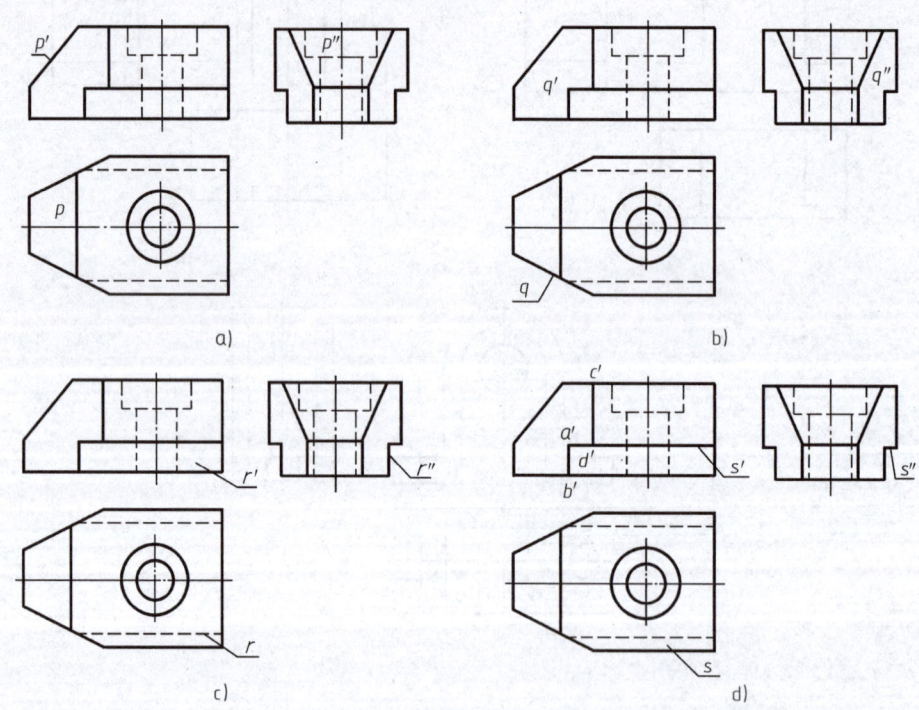

图 3-19 压块的看图方法

三、小试身手

按要求完成习题集中补漏线及补视图相关的题目。

四、作品展示与评价

要求分析正确，绘图准确，图线规范，无遗漏。

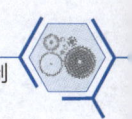

五、课外拓展

完成配套习题集中对应的其他相关作业。

六、任务小结

通过学习组合体读图的基本知识，掌握用形体分析法与线面分析法读组合体的方法，能完成补漏线及补视图等相关的作业。

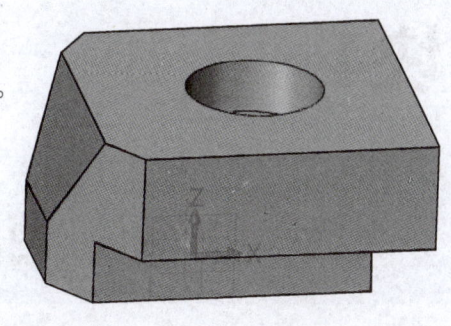

图 3-20　压块

 素质养成点

由投影法与三视图到组合体的读图与表达，要严格按照"三等"关系进行由物到图、由图到物的学习与训练，从而掌握本课程的学习方法，形成辩证的思维观、认识观和方法论，提升空间想象能力，会抽象思维，会设计，逐步形成注重细节、追求完美的工匠精神。具备良好的职业素养，将奠定未来人生成功的基石。

 榜样的力量

工匠榜样乔素凯是我国第一代核燃料师。他与核燃料打了20多年交道，全国一半以上核电机组的核燃料都由他来操作，他的团队是国内唯一能对破损核燃料进行水下修复的。20多年来，乔素凯核燃料操作保持零失误。4米长杆、56000步的连续操作零失误让人惊叹！是责任，是经验，更是他心里的"安全大于天"！

模块 4

轴测图的绘制

任务　正等轴测图的绘制

 学习目标

掌握正等轴测图的绘制方法，能根据基本三视图绘制正等轴测图。养成细致、耐心、不畏困难的学习态度与习惯。

 任务载体

常见简单平面（曲面）基本体、平面（曲面）截切体等。

 任务实施与要求

按合适的比例在 A4 图纸上绘制图 4-1 中模型的正等轴测图。

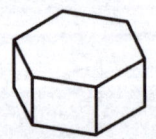 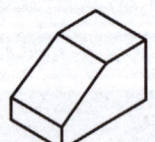 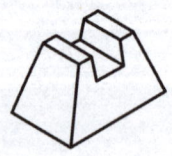 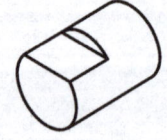

图 4-1　常见模型

 任务实施

一、任务分析

要完成正等轴测图的绘制，需学习正等轴测图的绘制方法，先根据模型完成基本形体的三视图，再根据三视图尺寸完成相应的正等轴测图。

二、知识链接

（一）轴测投影图的形成

轴测投影图（简称轴测图）通常称为立体图，直观性强，是生产中的一种辅助图样，通过学习轴测投影图画法，可以帮助初学者提高物体的空间想象能力和空间思维能力。

如图 4-2 所示，轴测图是将物体连同其参考直角坐标系，沿不平行于任一参考坐标面的方向，用平行投影法将其投射在单一投影面上所得到的图形。其中平面 P 称为轴测投影面，参考直角坐标轴 O_0X_0、O_0Y_0、O_0Z_0 在轴测投影面上的投影 OX、OY、OZ 称为轴测投影轴，简称轴测轴。每两根轴测轴之间的夹角 $\angle XOY$、$\angle XOZ$、$\angle YOZ$，称为轴间角。轴测轴 OX、OY、OZ 上的线段与参考直角坐标轴 O_0X_0、O_0Y_0、O_0Z_0 上对应线段的比值，称为轴向伸缩系数，分别用 p、q、r 表示。

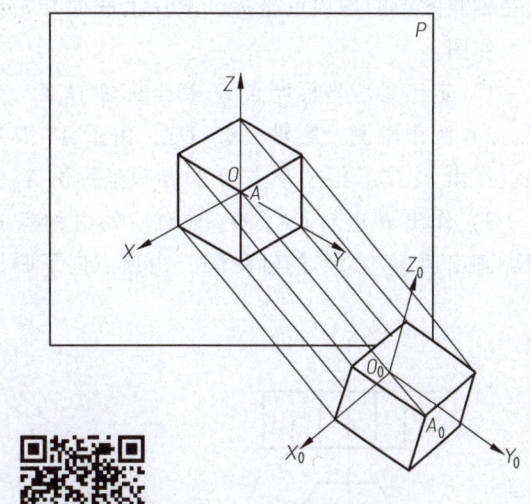

图 4-2　轴测图的形成

微课 4.1

（二）正等轴测图的特点

正等轴测图是投射方向与轴测投影面垂直而得的轴测图。

在正等轴测图中，其轴间角均为 120°，三个轴向伸缩系数均为：$p=q=r\approx0.82$。在实际画图时，为了作图方便，一般将 OZ 轴取为铅垂位置，各轴向伸缩系数采用简化系数 $p=q=r=1$。这样，沿各轴向的长度都均被放大 $1/0.82\approx1.22$ 倍，轴测图也就比实际物体大，但对形状没有影响。

图 4-3 给出了轴测轴的画法和各轴向的简化轴向伸缩系数。

由于轴测图是采用平行投影法绘制的图形，所以具有平行投影的特性：

物体上相互平行的线段，在轴测投影图中仍相互平行；物体上平行于参考坐标轴的线段，在轴测投影图中仍平行于相应的轴测轴，且同一轴向所有线段的轴向伸缩系数均相等。

物体上不平行于轴测投影面的平面图形，在轴测图上变成原形的类似形。

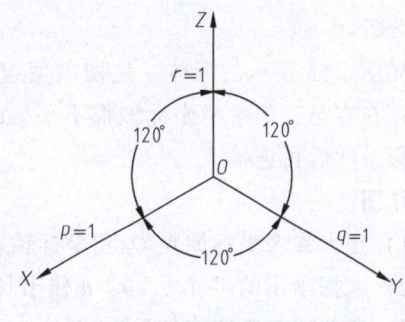

图 4-3　正等轴测图的轴间角和轴向伸缩系数

微课 4.2

（三）平面立体正等轴测图的画法

画平面立体正等轴测图的方法有：坐标法、切割法和叠加法。

使用坐标法时，先在视图上选定一个合适的参考坐标系并画出轴测图的三根轴测轴，然后根据物体表面上各顶点或线段端点在参考坐标系中的坐标，画出轴测投影，分别连接各线段，完成轴测图。

[例 4-1] 画出正六棱柱的正等轴测图。

分析：

如图 4-4a 中，正六棱柱的前后、左右对称，将参考坐标系的原点 O_0 定在正六棱柱顶面六边形的几何中心，以图示的六边形的对称线为 X_0 和 Y_0 轴方向。这样便于直接作出顶面在轴测图中的各顶点坐标，故从上底面开始作图较为方便。

作图：

1) 定出参考坐标原点 O_0 和坐标轴 O_0X_0、O_0Y_0、O_0Z_0，如图 4-4a 所示。

2) 画出轴测投影轴 OX、OY，由于 A、D 在 O_0X_0 轴上，可直接量取尺寸，并在轴测轴上作出 A、D。根据顶点 B 的参考坐标值 X_b、Y_b，画出其轴测投影 B，如图 4-4b 所示。

3) 作出 B 点与 OX、OY 轴对应的对称点 C、E、F，根据各线段依次连接各对应点，即可画出顶面六边形的轴测图，由顶点向下画出高度为 h 的可见轮廓线，如图 4-4c 所示。

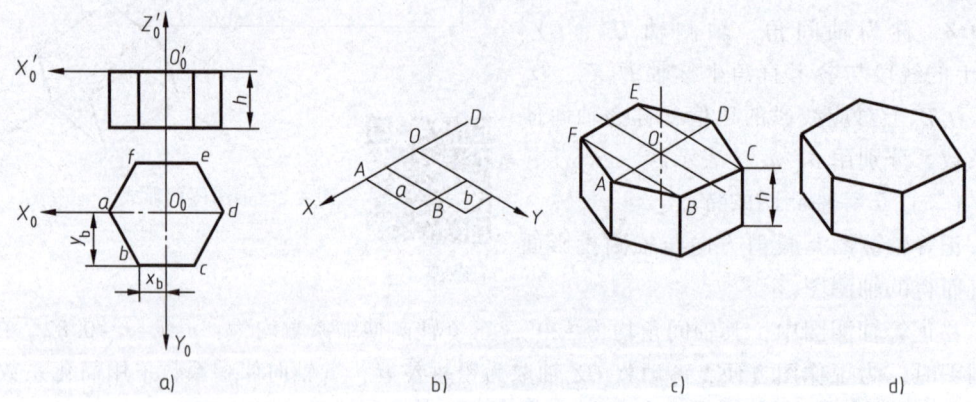

图 4-4 正六棱柱的正等轴测图

4) 连接下底面各点，擦去作图线，描深，完成轴测图，如图 4-4d 所示。

[例 4-2] 切割体正等轴测图的画法。

分析：

如图 4-5a 所示的形体，是切割型组合体，可采用切割法作轴测图。对于切割后的斜面上存在有与三根参考坐标轴都不平行的线段，必须按这些线段的端点坐标作出其端点轴测投影，然后再连接。

作图：

1) 定出参考坐标原点 O_0 和坐标轴 O_0X_0、O_0Y_0、O_0Z_0，如图 4-5a 所示。

2) 根据给出的尺寸 a、b、h 作出长方体的轴测图，如图 4-5b 所示。

3) 倾斜线上不能直接量取尺寸，只能沿与轴测轴相平行的对应棱线量取 c、d，定出斜面上线段端点的位置，并连接成平行四边形，如图 4-5c 所示。

4) 最后连接下底面各点，擦去作图线，描深，完成轴测图，如图 4-5d 所示。

看图时一般是以形体分析法为主，线、面分析法为辅。线、面分析方法主要用来分析视图中的局部复杂投影，对于切割式组合体用得较多。

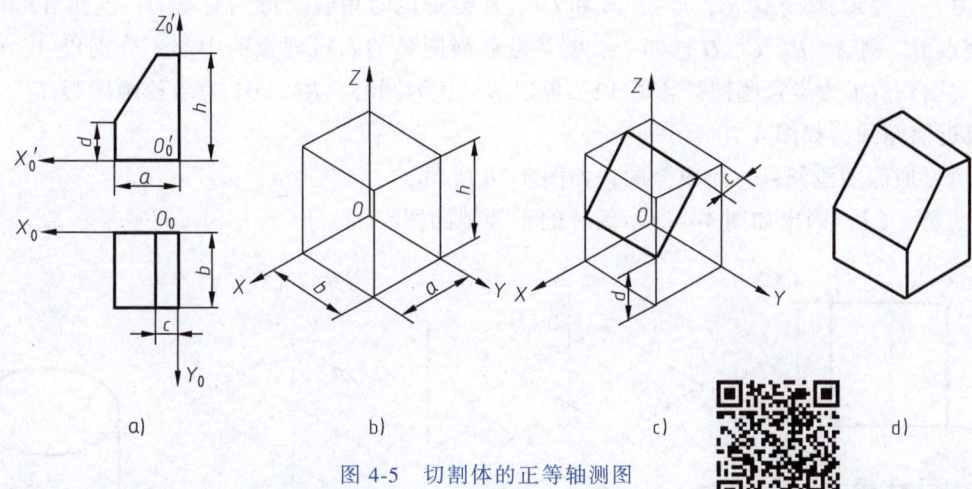

图 4-5 切割体的正等轴测图

(四) 回转体正等轴测图的画法

常见的回转体有圆柱、圆锥、圆球、圆台等。在作回转体的轴测图时，首先要作圆的轴测投影。圆的正等轴测图是椭圆，三个坐标面或其平行面上的圆的正等轴测图是大小相等、形状相同的椭圆，只是长短轴方向不同，如图 4-6 所示。

1. 平行于坐标面的圆的正等轴测图的画法

在实际作图时，一般不要求准确地画出椭圆曲线，经常采用"菱形法"进行近似作图，将椭圆用四段圆弧连接而成。下面以水平面上圆的正等轴测图为例，说明"菱形法"近似作椭圆的方法。如图 4-7 所示，其作图过程如下：

1）通过圆心 O_0 作坐标轴 O_0X_0 和 O_0Y_0，再作圆的外切正方形，切点为 1_0、2_0、3_0、4_0，如图 4-7a 所示。

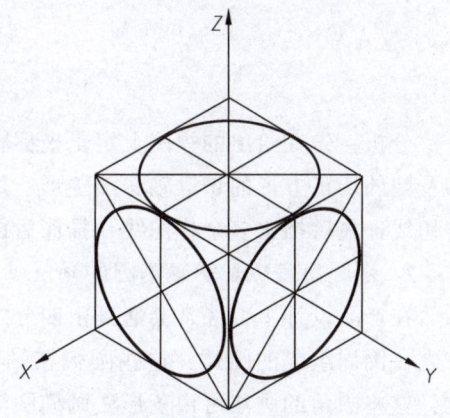

图 4-6 平行于坐标面圆的正等轴测投影

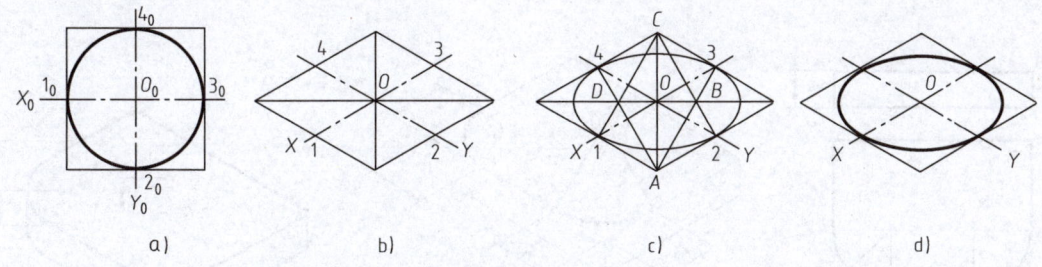

图 4-7 菱形法近似作椭圆

2）作轴测轴 OX、OY 和四个切点的轴测投影 1、2、3、4，过这四点作轴测轴的平行线，得到菱形，并作菱形的对角线，如图 4-7b 所示。

3）过菱形顶点 A、C，连接 $A4$ 和 $C1$，在菱形的对角线上得到交点 D，连接 $A3$ 和 $C2$ 得交点 B，则 A、B、C、D 这四个点就是近似椭圆弧的四段圆弧的中心。分别以 A、C 为圆心，$A4$、$C1$ 为半径画圆弧 43、12；再以 B、D 为圆心，$B3$、$D1$ 为半径画圆弧 23、14，即得近似椭圆，如图 4-7c 所示。

4）加深四段圆弧，完成全图，如图 4-7d 所示。

[例 4-3] 画出如图 4-8 所示圆柱的正等轴测图。

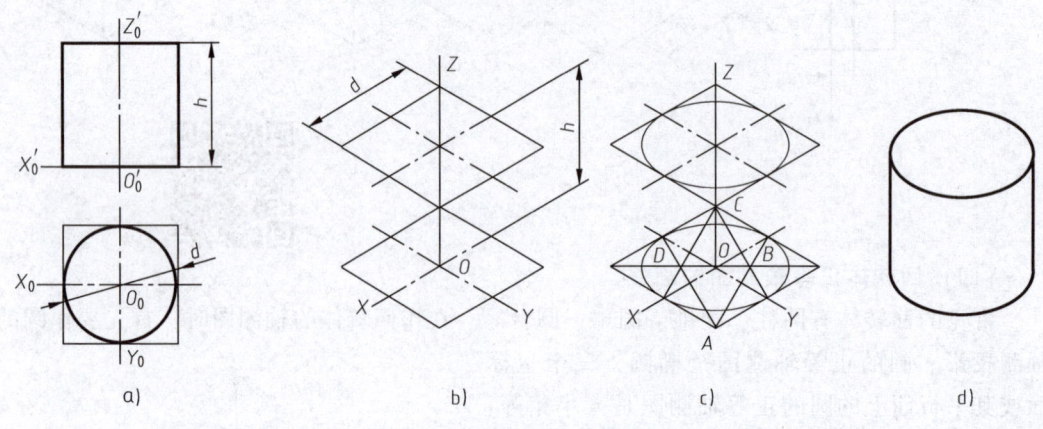

图 4-8　作圆柱的正等轴测图

分析：先在给出的视图上定出坐标轴、原点的位置，并作圆的外切正方形；再画轴测轴及圆外切正方形的正等轴测图菱形，用菱形法画顶面和底面上的椭圆；然后作两椭圆的公切线；最后擦去多余作图线，描深后即完成全图。

2. 带圆角底板正等轴测图的画法

在产品设计上，经常会遇到由四分之一圆柱面形成的圆角轮廓，画图时就需画出由四分之一圆周组成的圆弧，这些圆弧在轴测图上正好是近似椭圆的四段圆弧中的一段。因此，这些圆角的画法可由菱形法画椭圆演变而来。

如图 4-9 所示，根据已知圆角半径 R，找出切点 1_0、2_0、3_0、4_0，过切点作相应棱线的垂线，两垂线的交点 O_1、O_2 即为圆心，再以圆心到切点的距离为半径画圆弧，即得圆角的正等轴测图。顶面画好后，采用移心法将 O_1、O_2 向下移动 h，即得下底面两圆弧的

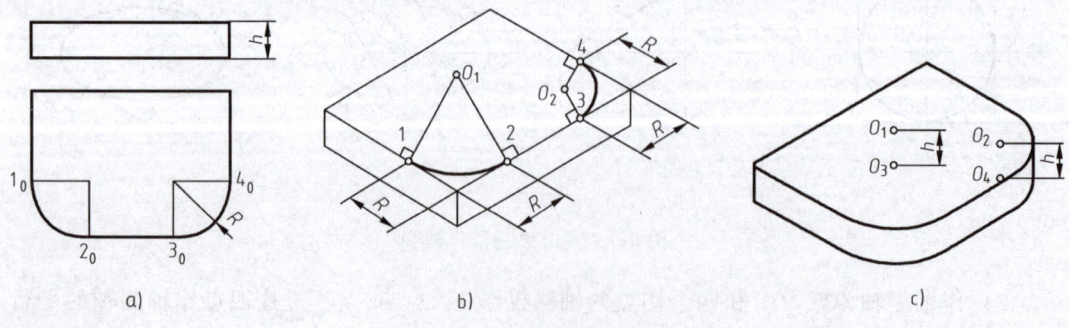

图 4-9　带圆角底板的正等轴测图

圆心 O_3、O_4，再用与上底面圆弧相同的半径分别作两圆弧，得到底板下底面圆角的轴测图。在底板的右端作上、下小圆弧的公切线，擦去作图线，描深即完成全图。

[例 4-4] 作轴承座的正等轴测图（图 4-10）。

分析：

轴承座是一种典型的组合体。组合体是由若干个基本形体以叠加、切割、相切或相贯等连接形式组合而成。因此在画正等轴测图时，应先用形体分析法，分析组合体的组成部分、连接形式和相对位置，然后逐个画出各组成部分的正等轴测图，最后按照它们的连接形式，完成全图。

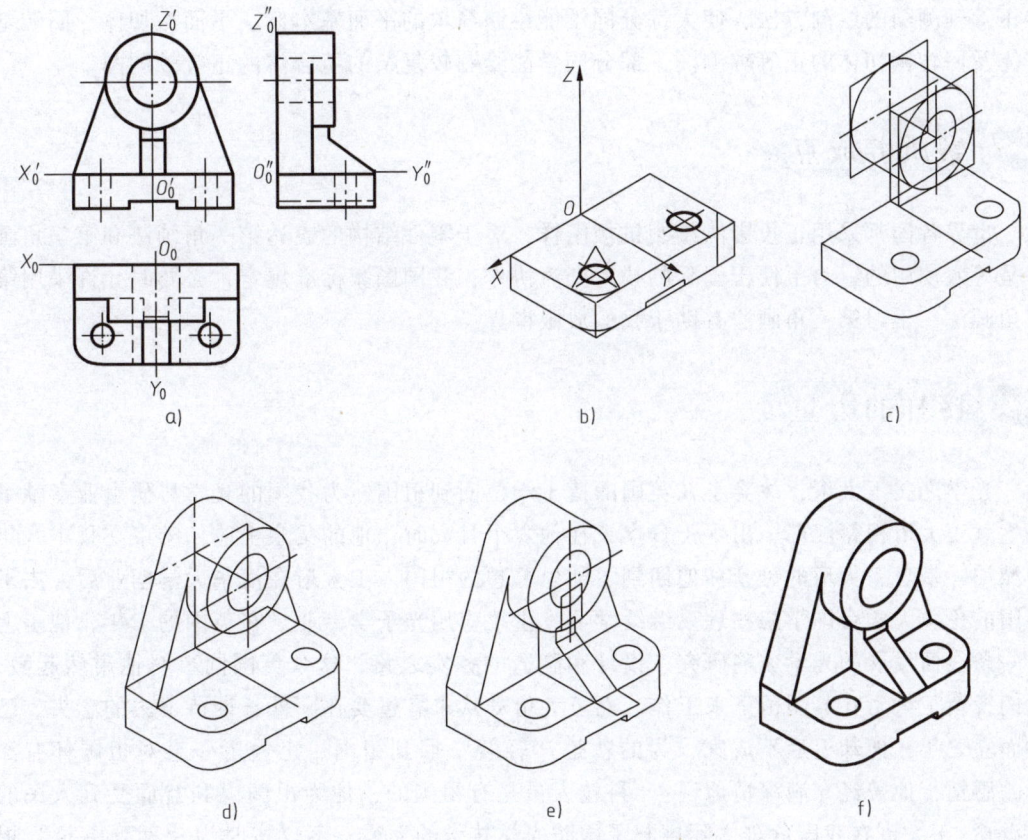

图 4-10 轴承座的正等轴测图

作图：

1）选取参考坐标系，确定参考坐标原点和坐标轴。先画出底板轴测轮廓，然后作底板上的小圆孔及两个圆角的轴测投影。

2）根据平行于正平面的圆柱正等轴测图的画法，作圆柱筒的轴测投影。

3）最后在底板与圆筒间作出竖板与肋板的轴测投影，擦去作图线，描深，完成作图。

三、小试身手

按要求分组完成所给模型的正等轴测图，并按作图步骤完成轴承座的正等轴测图。

四、作品展示与评价

评价学生所作的轴测图是否正确、形象、逼真、富有立体感。

五、课外拓展

完成配套习题集中对应作业。

六、任务小结

本任务通过学习正等轴测图的绘制方法，掌握平面立体正等轴测图的绘制方法和回转体正等轴测图的绘制方法，使大部分同学能绘制简单的平面基本体、平面截切体、回转基本体及回转截切体的正等轴测图，部分同学能绘制较复杂的组合体的正等轴测图。

 素质养成点

世界各国都采用正投影法绘制机械图样，对于零件结构的表达第一角画法和第三角画法是等效使用的，为了便于国际的技术交流协作，我国国家标准规定，必要时允许采用第三角画法。学习第三角画法有助于我们放眼世界。

 榜样的力量

光学之父王大珩，放弃了在英国的博士学位回到祖国，为我国的光学科研事业奉献了一生。王大珩祖籍江苏，出生于日本，在他六个月大时，他的父亲王应伟结束在日本八年的漂泊，带着王大珩的母亲和他回到了朝思暮想的祖国。王大珩在清华大学毕业后，去了英国的伦敦大学帝国学院物理系继续学习，主攻应用光子学专业。在英国的十年，他走上了一条全面发展的光学玻璃研究、设计和制造的务实之路，这令英国同事对他肃然起敬，他们挽留王大珩在英国留下来工作。而王大珩却从未有过要在国外长期待下去的念头。已过而立之年，他却迟迟不成家，为的就是"轻装"回到祖国。王大珩一直对祖国怀有深厚的感情，他曾经充满深情地说："科技人员是有祖国的，他为祖国谋利益而受到人民的尊重！"王大珩在我国危难之际挑起了国防光学技术的大梁，不仅按时为"两弹一星"提供了高质量的光学设备，而且开创了我国自行研制大型精密光测设备的历史。

模块5

零件外形的表达方法

任务　视图的表达方法

 **学习目标**

掌握基本视图、局部视图、向视图和斜视图的表达方法，能运用这些表达方法表达特定的机械结构形体，要求表达合理，养成精益求精、务实创新、认真思考的学习态度。

 任务载体

向视图和局部视图的绘制。

 任务实施与要求

按要求完成图 5-1 中模型的向视图、局部视图。

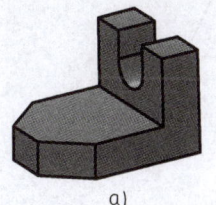 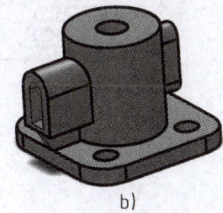 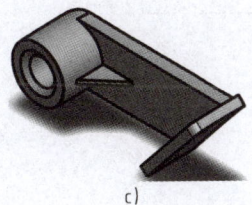

a)　　　　　　　　　b)　　　　　　　　　c)

图 5-1　向视图、局部视图模型

 任务实施

一、任务分析

工程实际中，有些零件如果只用三视图，往往不能表达清楚和完整，而应补充其他的视图进行表达，如基本视图、向视图和局部视图。

二、知识链接

（一）基本视图

零件在基本投影面上的投影称为基本视图，即将零件置于一正六面体内，向该六面投影所得的视图为基本视图。

微课 5.1

1. 视图名称和投射方向

主视图——由前向后投影所得的视图；
俯视图——由上向下投影所得的视图；
左视图——由左向右投影所得的视图；
右视图——由右向左投影所得的视图；
仰视图——由下向上投影所得的视图；
后视图——由后向前投影所得的视图。

各基本投影面的展开方式如图 5-2 所示，即保持正投影面不动，其余各投影面按图中箭头所指的方向旋转展开，展开后各视图的配置如图 5-3 所示。六个基本视图按规定位置配置时，一律不标注视图名称，基本视图具有"长对正、高平齐、宽相等"的投影规律。

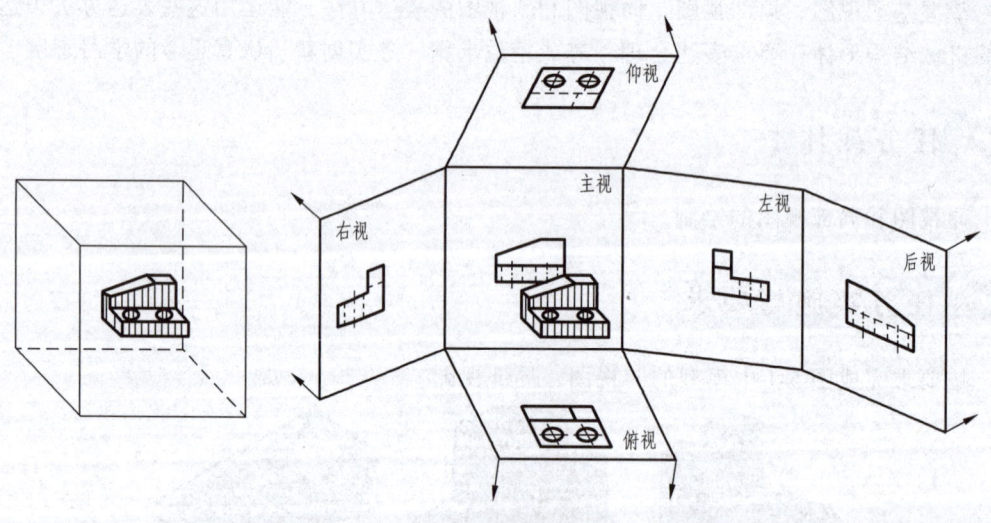

图 5-2　基本视图的形成

2. 投影口诀

主视、俯视、仰视、后视图长对正；
主视、左视、右视、后视图高平齐；
俯视、左视、仰视、右视图宽相等。

（二）向视图

微课 5.2

向视图是可自由配置的视图。如果视图不能按图 5-3 配置时，可采用向视图自由地配置在图幅中，此时则应在向视图的上方标注视图名称"×"（"×"为大写的拉丁字母），在相应的视图附近用箭头指明投射方向，并注上相同的字母，如图 5-4 所示。在图中，图

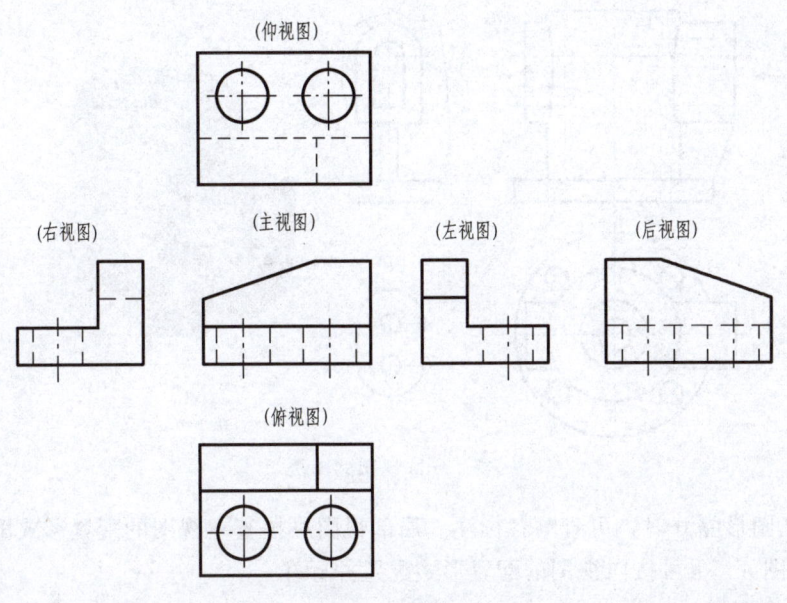

图 5-3　基本视图的配置

5-3 中的右视图、仰视图和后视图改变了配置位置。

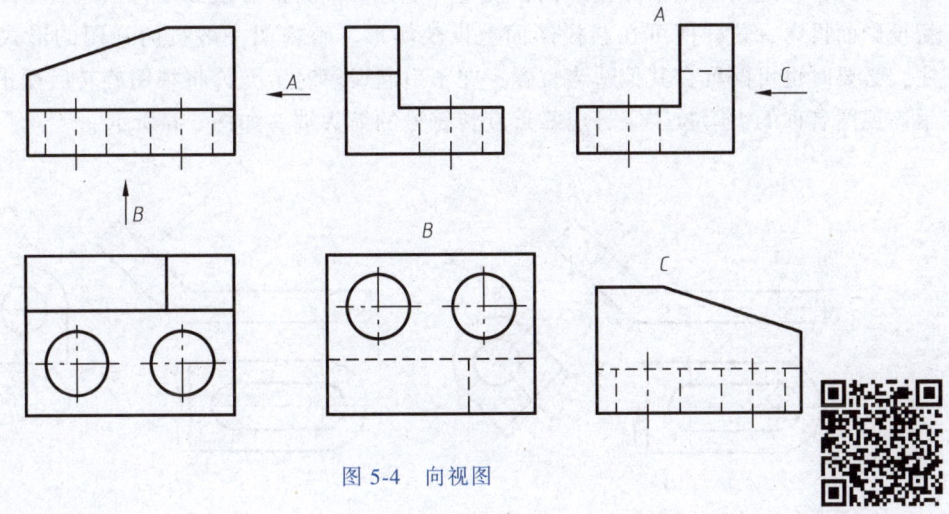

图 5-4　向视图

（三）局部视图

微课 5.3

将零件的某一部分向基本投影面投影，所得到的视图叫作局部视图。画局部视图的主要目的是为了减少作图工作量。图 5-5 所示零件，当画出其主俯视图后，仍有两侧的凸台没有表达清楚。因此，需要画出表达该部分的局部左视图和局部右视图。局部视图的断裂边界用波浪线画出如图 5-5 的局部视图 A；当所表达的局部结构是完整的，且外轮廓又成封闭时，波浪线可以省略，如图 5-5 的局部视图 B。

画图时，一般应在局部视图上方标上视图的名称 "×"（"×" 为大写拉丁字母），在相应的视图附近用箭头指明投射方向，并注上同样的字母。当局部视图按投射关系配置，

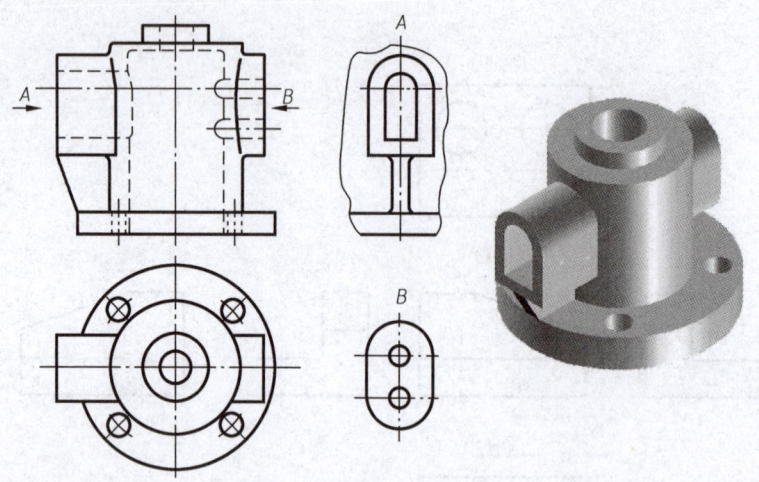

图 5-5　局部视图的画法

中间又无其他图形隔开时,可省略各标注。局部视图可按基本视图的配置形式配置,如图 5-5 的局部视图 A,也可按向视图的配置形式配置并标注。

（四）斜视图

零件向不平行于任何基本投影面的平面投射所得的视图称斜视图。斜视图主要用于表达零件上倾斜部分的实形。图 5-6 所示的连接弯板,其倾斜部分在基本视图上不能反映实形,为此,可选用一个新的投影面,使它与零件的倾斜部分表面平行,然后将倾斜部分向新投影面投影,这样便可在新投影面上反映实形。斜视图一般按向视图的形式配置并标注,必要时也可配置在其他适当位置,在不引起误解时,允许将视图旋转后摆正配置,表示该视图名称的大写拉丁字母应靠近旋转符号的箭头端,如图 5-6 所示。

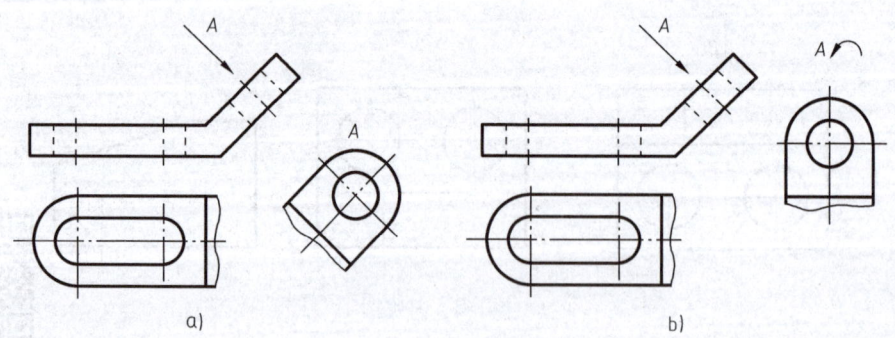

图 5-6　斜视图及其标注

三、小试身手

完成图 5-1a 的向视图,图 5-1b、图 5-1c 的局部视图。

四、作品展示与评价

评价学生所做出的视图是否表达方式正确,表达清楚完整。

五、课外拓展

完成配套习题集中对应作业。

六、任务小结

通过学习六面基本视图、向视图、局部视图等相关知识点,掌握零件的辅助视图表达方法,能用向视图、局部视图来表达某些特定的零件结构。

 素质养成点

学会选择合适的表达方案有助于提升发现问题、分析问题、解决问题的能力,树立全面的审美观,提升图样表达能力,应用新技术展演能力,从而形成创新意识。在追求精益求精的同时,也要努力务实创新。

 榜样的力量

工匠榜样朱恒银——最美奋斗者。朱恒银拥有大专学历,从事地质钻探工作40余年,由普通钻探工人成长为钻探专家。地质钻探的水平,体现着一个国家的综合实力。朱恒银的定向钻探技术彻底颠覆传统,取芯时间由30多个小时缩短到了40分钟;在全国50多个矿区推广应用后,产生的经济效益高达数千亿,填补七项国内技术空白。从地表向地心,他让探宝"银针"不断挺进。一腔热血,融入千米厚土;一缕微光,射穿岩层深处。他让钻头行走的深度,矗立为行业的高度!

模块 6

第三角画法

任务　了解第三角画法

 学习目标

掌握第三角画法的用处，能用第三角画法绘制简单的零件图，要求线型规范、布图合理，养成细致、耐心、严谨、不畏困难的学习态度与习惯，做到眼中有世界、心中有国家。

 任务载体

用第三角画法表达简单几何体模型。

 任务实施与要求

按要求用第三角画法完成简单模型的三视图。

 任务实施

一、任务分析

世界各国都采用正投影法来绘制机械图样。ISO 国际标准规定，在表达零件结构时，第一角画法和第三角画法等效使用。我国一直沿用第一角画法。俄罗斯、英国、德国、法国等较多国家也都采用第一角画法。美国、日本、加拿大和澳大利亚等国家采用第三角画法。为了便于国际的技术交流和协作，我国在国家标准《技术制图投影法》（GB/T 14692—2008）中规定：必要时（如按合同规定等），允许使用第三角画法。为此，我们要掌握第三角画法的特点。

二、知识链接

（一）第三角投影法的概念

如图 6-1 所示，由水平和铅垂的两投影面组成的投影体系，把空间分

微课 6.1

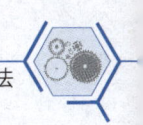

成了四个部分，每一部分为一个分角，依次为Ⅰ、Ⅱ、Ⅲ、Ⅳ分角。将零件放在第一分角进行投影，称为第一角画法；而将零件放在第三分角进行投影，称为第三角画法。

（二）第三角画法与第一角画法的区别

在于人（观察者）、物（零件）、图（投影面）的位置关系不同。

采用第一角画法时，是把物体放在观察者与投影面之间，从投射方向看是"人、物、图"的关系，如图6-2所示。

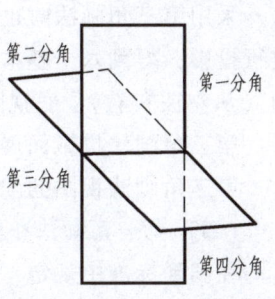

图6-1　空间的四个分角

采用第三角画法时，是把投影面放在观察者与物体之间，从投射方向看是"人、图、物"的关系，如图6-3所示。投影时就好像隔着"玻璃"看物体，将物体的轮廓形状印在"玻璃"（投影面）上。

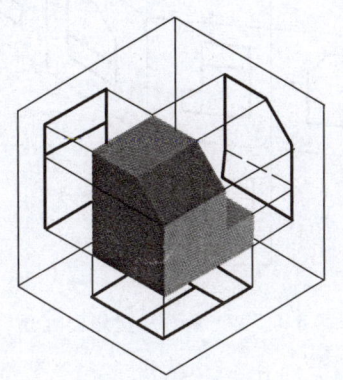

图6-2　第一角画法

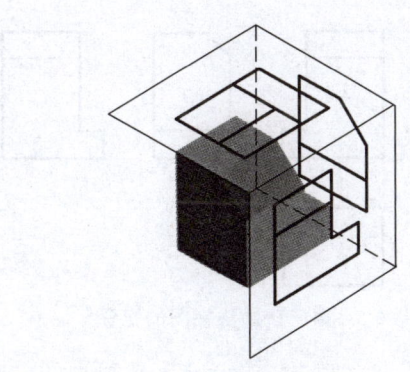

图6-3　第三角画法

（三）第三角投影图的形成

采用第三角画法时，从前面观察物体在 V 面上得到的视图称为前视图；从上面观察物体在 H 面上得到的视图称为顶视图；从右面观察物体在 W 面上得到的视图称为右视图。各投影面的展开方法是：V 面不动，H 面向上旋转 $90°$，W 面向右旋转 $90°$，使三投影面处于同一平面内。

采用第三角画法时也可以将物体放在正六面体中，分别从物体的六个方向向各投影面进行投影，得到六个基本视图，即在三视图的基础上增加了后视图（从后往前看）、左视图（从左往右看）、底视图（从下往上看）。

第三角画法投影面展开如图 6-4 所示。

第三角画法视图的配置如图 6-5 所示。

（四）第一角画法和第三角画法的识别符号

在国际标准中规定，可以采用第一角画法，也可以采用第三角画法。为了区别这两种画法，规定在标题栏中专设的格内用规定的识别符号表示，如图 6-6 所示。

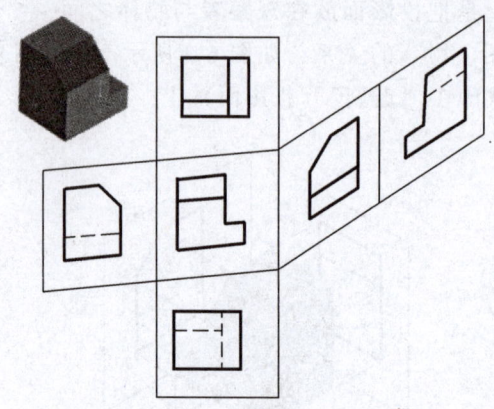

图 6-4　第三角画法投影面展开

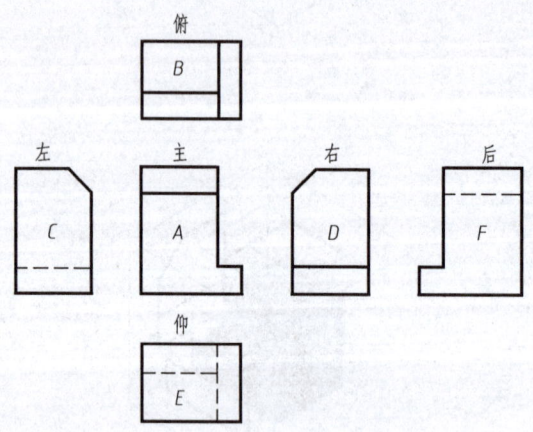

图 6-5　第三角画法视图的配置

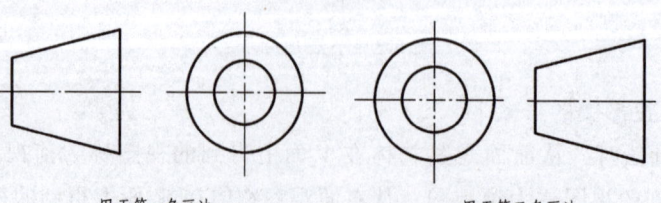

图 6-6　第一角和第三角画法的识别符号

三、小试身手

学生分组测绘模型,用第三角画法画三视图。

四、作品展示与评价

评价学生测绘方法与步骤是否正确,动作是否熟练,表达是否正确合理,尺寸标注是否正确,图线是否规范。

五、课外拓展

完成配套习题集中对应作业。

六、任务小结

通过学习第三角画法的相关知识点,掌握第三角画法的方法,能进行简单模型的第三角画法,能读懂第三角画法的图纸,能区分第一角画法和第三角画法的不同。

素质养成点

由三视图绘制正等轴测图,可以帮助我们将物体在图纸上以立体的形式呈现,具有很强的直观性,是生产中的一种辅助图样,对提高机械制图初学者对物体的空间想象能力起到了很大的作用。而绘图的过程需要有足够的耐心与细心,就像在人的一生中,无论是生活还是工作,很多事情都能体现出细节决定成败。养成注重细节的习惯,有助于我们的学习和工作。

榜样的力量

工匠榜样黄孟虎,数控维修领域的领军人物,有"设备神医"之称。黄孟虎的"神"来自于他对细节的重视,而这也是他对"工匠精神"的理解。"数控设备是一个复杂的系统,设备维修的难点就在原因的排查,而这个过程就像医生看病一样,要'望闻问切、重在细节',往往一个大家都容易忽略的细节恰恰就是问题所在"黄孟虎这样说到。

模块 7

减速器的绘制

 学习目标

掌握装配示意图的画法，轴类、盘类零件图的绘制方法，装配图的绘制方法，以及图样的识读方法；能绘制轴类零件（如减速器输出轴、输入轴）、盘类零件（如齿轮、端盖）的零件图，减速器装配图；能识读中等偏难的零件图和装配图。要求所绘图样布局合理，表达方案正确，尺寸标注完整，技术要求齐全，基本达到生产实践要求，并养成细致、耐心、严谨、不畏困难的学习态度与习惯，具有良好的质量意识和团队合作的集体精神。

 任务载体

一级圆柱齿轮减速器模型，如图 7-1 所示。

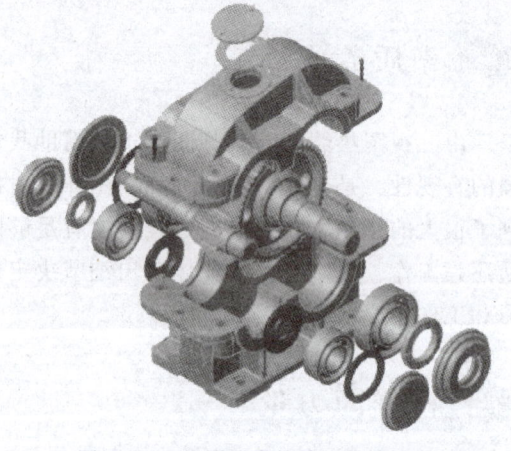

图 7-1　一级圆柱齿轮减速器结构图

 任务实施与要求

按要求完成减速器装配示意图、输出轴零件图、齿轮轴（输入轴）零件图、齿轮零件图、端盖零件图、箱体零件图及减速器装配图等的绘制。

任务 7.1　减速器装配示意图的绘制

 任务实施

一、任务分析

装配示意图是用规定符号和简单图线画出组成装配体各零件的大致轮廓，用以说明装配体的工作原理及零件之间的装配关系和相对位置。需要学生了解减速器的工作原理；拆装减速器，了解减速器各零件及零件之间的相对位置关系。

二、知识链接

（一）拆卸装配体

第一步，将联接螺栓拆下，使箱盖与箱体分离，即可画装配示意图，此时不必全部拆散；

第二步，将看不清楚的内部结构逐步拆开，边拆边画，完成装配示意图。

注意：在拆卸过程中，零件应妥善保管。

（二）了解减速器工作原理、装配关系

一级圆柱齿轮减速器是通过装在箱体内的一对啮合齿轮的传动，将动力从一轴传至另一轴，实现减速的，如图7-2一级圆柱齿轮减速器装配示意图所示。动力由电动机通过带轮（图中未画出）传送到齿轮轴，然后通过两啮合齿轮（小齿轮带动大齿轮）传送到轴，从而实现减速之目的。由于传动比 $i = n_1/n_2$，则从动轴的转速 $n_2 = \dfrac{z_1}{z_2} \times n_1$。减速器的两根轴分别由滚动轴承支承在箱体上，采用过渡配合，有较高的同轴度，从而保证齿轮啮合的稳定性。端盖可嵌入箱体内，从而确定轴和轴上零件的轴向位置。装配时只要修磨调整环的厚度，就可使轴向间隙达到设计要求。

箱体采用分离式结构，沿两轴线所在平面分为箱座和箱盖，二者采用螺栓联接，以便拆装。为了保证箱体上用于安装轴承和端盖的孔的形状正确，箱体和箱盖上的孔是合在一起加工的。装配时，它们之间采用两圆锥销定位，销孔钻成通孔，便于拔销。

箱座下部形成油池，内装润滑油，供齿轮润滑。齿轮采用飞溅润滑方式，油面高度通过油标结构观察。通气螺塞用于排放箱体内的挥发气体，拆去视孔盖可观察齿轮磨损情况或加油。油池底部应有斜度，放油螺塞用于清洗放油，其螺孔应低于油池底面，以便放尽润滑油。

箱体前后对称，两啮合齿轮安置在对称面上，轴承和端盖对称分布在齿轮的两侧。箱体的左右两边有四个成钩状的加强肋板，用于起吊运输。

（三）拆卸零、部件

拆卸零、部件时应注意以下几个问题：

1) 在拆卸之前应测量必要的原始尺寸，比如零件之间的相对位置等。

2) 要制订周密的拆卸计划，合理选用工具，采用正确的拆卸方法，按照一定的拆卸顺序依次拆卸，严禁胡乱敲打，避免损坏零件。

3) 对于有较高精度的配合或过盈配合，应尽量少拆或不拆，避免降低原有配合精度或损坏零件。

4) 减速器的拆卸方法：箱体和箱盖通过6个螺栓联接，拆下6个螺栓即可将箱盖取下；对于两组轴系零件，将整个轴取下，即可一一拆下各零件。其他各部分拆卸比较简单（略）。

(四) 画减速器的装配示意图

装配示意图是通过目测，徒手或用绘图工具运用简单的线条绘制出装配体的轮廓、装配关系、工作原理及传动路线的图样，是绘制装配图和重新进行装配的依据。

在全面了解后，可以画出部分装配示意图。由于只有在完全拆卸之后，才能显示出所有零件间的装配关系，因此应该一边拆卸，一边补充，完成装配示意图。装配示意图的画法：用简单的线条画出零件的大致轮廓，对零件的表达一般不受前后层次的限制，可以从主要零件着手，按装配顺序把其他零件逐个画出。装配示意图画好后，将各个零件编上序号并列表登记。应注意图、表、零件标签上的序号、名称要一致。图7-2所示为减速器的装配示意图，可供参考。零件序号横线上方的为零件序号和名称（或标准件规格尺寸）。

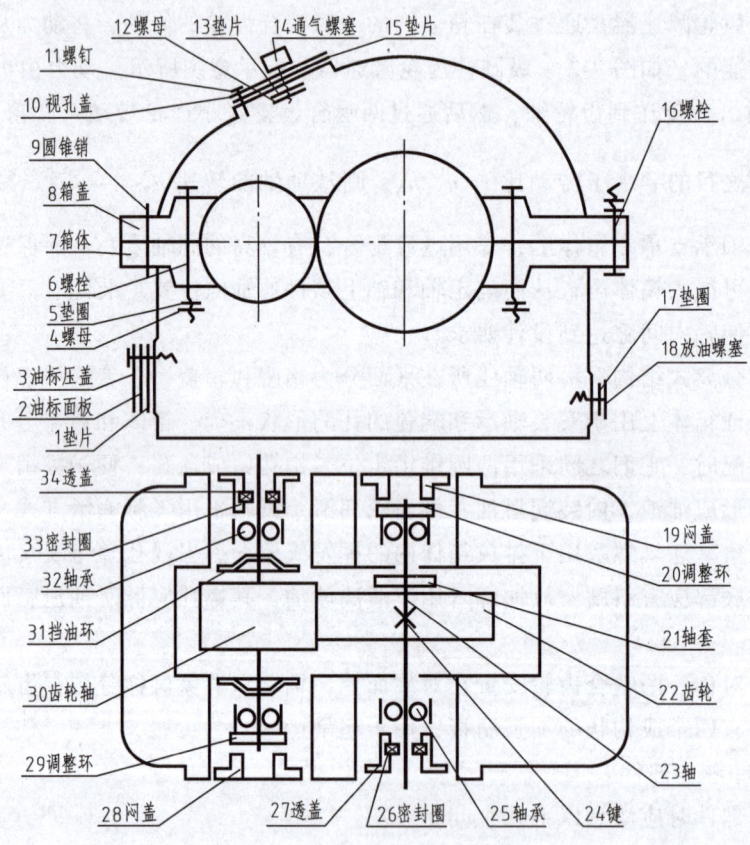

图7-2 一级圆柱齿轮减速器装配示意图

三、小试身手

学生分组拆装减速器，完成一级圆柱齿轮减速器装配示意图。

四、作品展示与评价

评价学生拆装减速器的顺序是否正确，动作是否熟练，装配示意图表达是否合理。

五、课外拓展

完成配套习题集中对应作业。

六、任务小结

通过此次任务学习与减速器的拆装,了解减速器基本结构与工作原理,掌握装配示意图的基本画法,绘制完整的减速器装配示意图。

任务 7.2 输出轴零件图的绘制

任务实施

一、任务分析

要绘制如图 7-3 所示输出轴的零件图,需了解输出轴的形体结构及表达方法,同时要学习相关技术要求和标注的基本知识。

二、知识链接

轴类零件形体结构具有的特征:由位于同一轴线上数段直径不同的回转体组成,轴向尺寸比径向尺寸大,其上常有键槽、销孔、螺纹、油槽,同时有一些如退刀槽、砂轮越程槽、中心孔、倒角、倒圆、圆锥等的工艺结构。

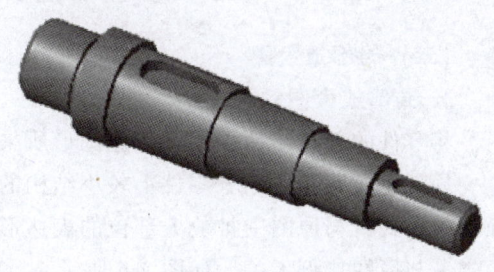

图 7-3 输出轴

结合轴类零件的形体结构特征,常采用局部放大图、局部剖视图、移出断面图等表达方法。

我们将按轴的形体结构引入所需的表达方法与相关知识点。

（一）轴类零件的工艺结构和标注

1. 倒角和倒圆

微课 7.1

为了去除零件的毛刺、锐边,便于装配和操作安全,常将轴和孔的端部加工出倒角;为了避免应力集中而产生裂纹,轴肩根部一般加工成圆角过渡,称为倒圆。倒角的画法和标注如图 7-4 所示。在不致引起误解时倒角可省略不画,倒角一般为 45°,也允许为 30° 或 60°。

2. 退刀槽和砂轮越程槽

切削过程中,为了便于退出刀具,以及使相关零件在装配时易于靠紧,加工零件时要预先加工出退刀槽和砂轮越程槽。退刀槽一般可按"槽宽×直径"或"槽宽×槽深"的形式标注,具体结构和尺寸标注形式如图 7-5 所示。

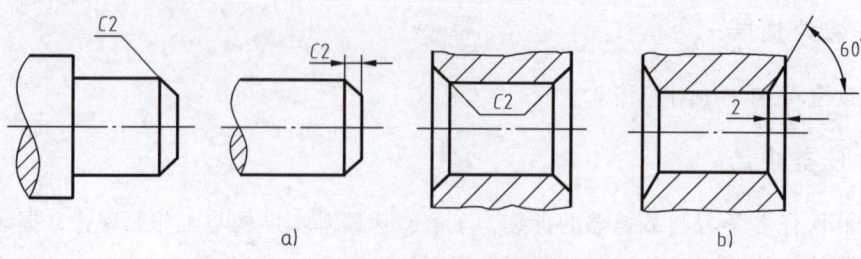

图 7-4 倒角

a）45°倒角的注法 b）非45°倒角的注法

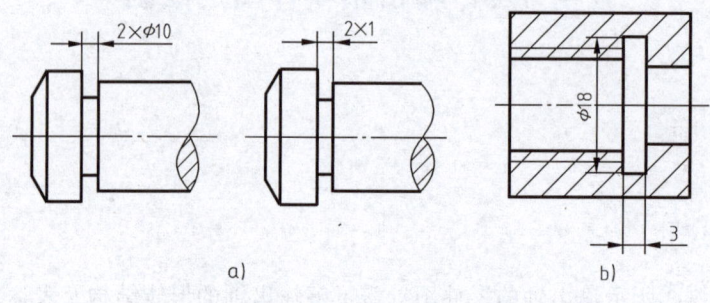

图 7-5 退刀槽和砂轮越程槽

a）退刀槽的注法 b）砂轮越程槽的注法

微课 7.2

（二）局部放大图

1. 局部放大图的画法

将零件的部分结构，用大于原图形所采用的比例画出的图形称为局部放大图。

局部放大图主要用于零件上较小结构的表达和尺寸标注，可以画成视图、剖视图、断面图等形式，与原图中被放大部位的表达形式无关。图形所用的放大比例应根据结构需要而定，与原图比例无关，如图 7-6 所示。

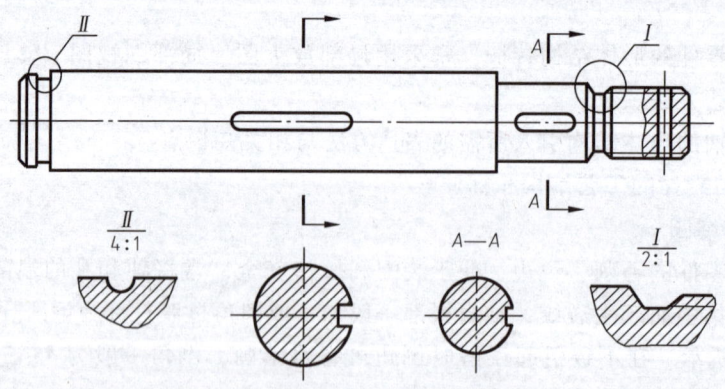

图 7-6 局部放大图

2. 局部放大图标注内容

（1）被放大部分用细实线圈出，用细实线依次注上罗马数字。

（2）在局部放大图上方用分子分母的形式标注出放大比例和相应放大部位的代号。

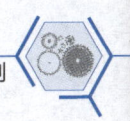

（三）轴类零件上有关键槽的表达方法

为了较好地表达轴类零件上的键槽，我们一般采用移出断面图的画法。

1. 断面图的基本概念

当轴上的键槽、径向孔等结构用虚线表达不够清楚时，便用断面图的方法表达。假想用垂直于轴的轴线的截面（剖切平面）将轴截断后绘出的截断面的图形，称为断面图。按照国家标准《机械制图 图样画法 剖视图和断面图》（GB/T 4458.6—2002）的规定，在断面图上要画出剖面符号，各种材料的剖面符号国家标准都有规定，金属材料的剖面符号称为剖面线，一般画成与主要轮廓或剖面区域的对称线成45°角的等距离细实线，剖面线向左或向右倾斜均可，但同一个零件在各个剖视图中的剖面线的倾斜方向应相同，间距应相等。

2. 断面图的画法

对于轴上的键槽、径向孔等结构常用断面图表达，如图7-7所示。

在图7-7中，假想用一个剖切平面垂直于轴线方向将键槽处切断，然后画出断面的实形，就能清楚地表达出断面的形状、键槽的深度。画在视图外的断面图，称为移出断面图，图7-7所示的断面图都是移出断面图。

微课7.3

1）移出断面图的轮廓线用粗实线画出，并尽量画在剖切符号的延长线上，如图7-7a所示，必要时也可配置在其他适当位置，如图7-7b所示。

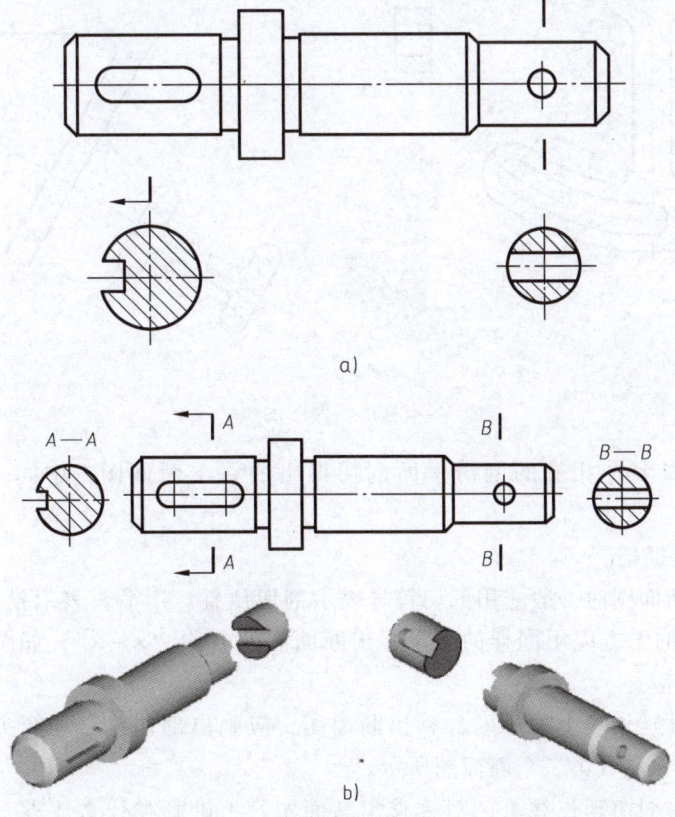

图7-7 移出断面图画法一

2）剖切平面通过由回转面形成的孔或凹坑的轴线时，应画为剖视图，如图 7-7a 中的 B—B 与图 7-8 中的 A—A、B—B 所示。

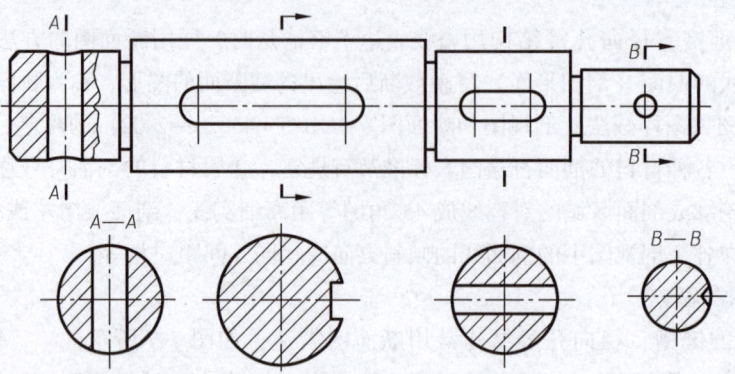

图 7-8　移出断面图的画法二

3）当剖切平面通过非圆孔，会导致完全分离的两个断面时，这些结构应按剖视图绘制，如图 7-9a 所示。

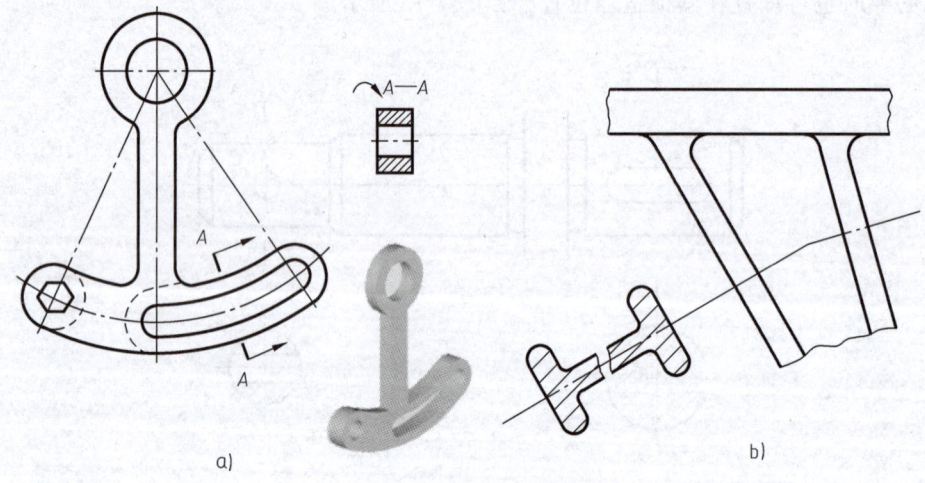

图 7-9　移出断面图的画法三

4）由两个或多个相交的剖切平面剖切得出的移出断面图，中间一般应断开，如图 7-9b 所示。

3. 断面图的标记

1）作移出断面图时一般应用剖切符号表示剖切位置，用箭头表示投射方向，并注上字母，在断面图的上方应用同样的字母标出断面图的名称"×—×"，如图 7-7 中的"A—A"和"B—B"。

2）剖切符号延长线上的不对称移出断面图，应画出剖切符号和箭头，但省略字母，如图 7-7b 与图 7-8 左数第二个断面图所示。

3）没配置在剖切延长线上的对称移出断面图，不论画在什么地方，均可省略箭头，如图 7-7a、图 7-7b 中右边的断面图和图 7-8 中左数第一个与右数第二个断面图所示。

4）配置在剖切符号延长线上的对称移出断面图，不必标注剖切符号。

4. 键槽的画法和标注

键的种类很多，常用键的型式有普通平键、半圆键、钩头楔键等，如图 7-10 所示，其中普通平键最为常见。键是标准件，其结构型式、规格尺寸及键槽都有标准可查。

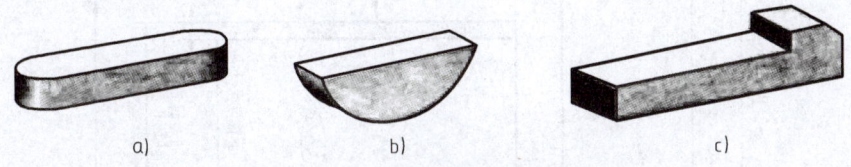

图 7-10 键的种类

a）普通平键　b）半圆键　c）钩头楔键

轴上键槽的画法及标注如图 7-11 所示。t 为轴上键槽深度，b、t、L 可按轴径 d 从标准中查出。

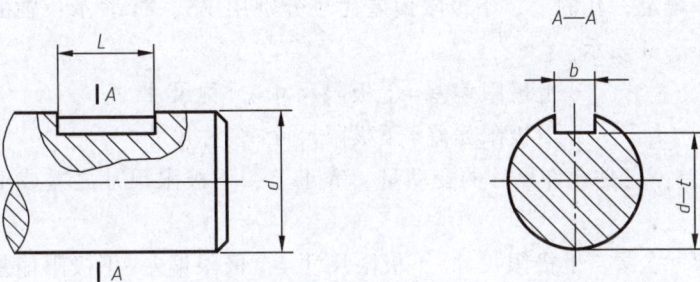

图 7-11 键槽画法

（四）极限与配合

1. 互换性的概念

在批量生产、装配机器时，要求一批相配合的零件只要按图样加工出来，不经选择而装配，就能达到设计要求和使用要求。零件间的这种性质称为互换性。零件具有互换性后，大大简化了零部件的制造和维修工作，使产品的生产周期缩短，生产率提高，成本降低。

2. 公差的有关术语

要保证零件间具有互换性，应使互相配合的零件尺寸有一定的精确程度。但在制造零件的过程中，由于机床精度、刀具磨损、测量误差等因素的影响，零件的尺寸实际上不可能达到一个绝对理想的固定数值。为了保证互换性，必须将零件的加工误差限制在一定的范围内，即对零件的尺寸规定一个允许的最大变动量，这个允许的尺寸变动量就叫作尺寸公差（简称公差）。

下面介绍公差的有关术语，如图 7-12 所示。

1）公称尺寸：根据零件设计要求所确定的尺寸。

2）实际尺寸：通过测量得到的尺寸。

3）极限尺寸：允许尺寸变动的两个界限值。

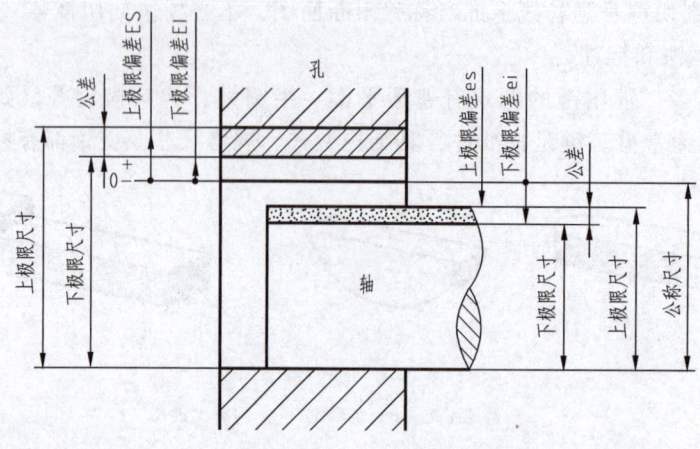

图 7-12 公差相关名词的图形解释

4）上、下极限偏差：上、下极限尺寸与公称尺寸的代数差分别称为上极限偏差、下极限偏差。国标规定，孔的上、下极限偏差代号分别用 ES、EI 表示；轴的上、下极限偏差代号分别用 es、ei 表示。

$$上极限偏差 = 上极限尺寸 - 公称尺寸$$

$$下极限偏差 = 下极限尺寸 - 公称尺寸$$

5）尺寸公差：它是允许尺寸的变动量，等于上、下极限尺寸之差或上、下极限偏差之差。

$$尺寸公差 = 上极限尺寸 - 下极限尺寸 = 上极限偏差 - 下极限偏差$$

6）公差带和公差带图。用零线表示公称尺寸，公差带是表示公差大小和相对于零线位置的一个区域。为了表达的需要，将尺寸公差与公称尺寸的关系，按一定比例放大画成的简图，称为公差带图。在公差带图解中，方框的上边代表上极限偏差，下边代表下极限偏差；方框的左右长度无实际意义，可根据需要任意确定。孔、轴公差带图解如图 7-13 所示。

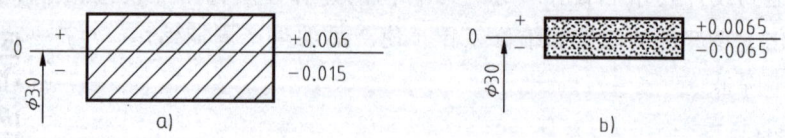

图 7-13 孔、轴公差带图解

a）孔公差带　b）轴公差带

3. 标准公差与基本偏差

在生产实际中，尺寸偏差由公差大小和公差带相对零线的位置确定，公差的大小由标准公差决定，公差带相对零线的位置由基本偏差决定。

（1）标准公差

确定尺寸的精确度（即公差的大小）不能随意，要根据国家标准规定的标准公差确定。标准公差是国家标准规定的确定尺寸精度的等级，分为 20 级：IT01、IT0、IT1～IT18。"IT"表示标准公差，公差等级的代号用阿拉伯数字表示，从 IT01 至 IT18 等级依次降低。

（2）基本偏差

基本偏差是用来确定公差带相对于零线位置的上偏差或下偏差，一般指靠近零线的那个偏差。根据实际需要，国家标准分别对孔和轴各规定了 28 个不同的基本偏差，如图 7-14 所示。

4. 轴、孔的公差带表示

公差带由基本偏差字母和公差等级数字组成。

[例 7-1] 已知轴的公称尺寸为 $\phi50$，公差等级为 7 级，基本偏差字母为 f，写出公差带代号，并查出极限偏差值。

解：公差带代号为 f7，由轴的极限偏差数值表（GB/T 1800.1—2009）查得：上极限偏差为 -0.025mm，下极限偏差为 -0.050mm，轴的尺寸可写为 $\phi50^{-0.025}_{-0.050}$。

[例 7-2] 说明 $\phi50\text{H7}$ 的含义。

解：$\phi50$ 表示公称尺寸。H7 表示孔的公差带代号，其中 H 指孔的基本偏差代号（位置要素），7 是公差等级代号（大小要素）。

此公差带的全称是：公称尺寸为 50mm，公差等级为 7 级，基本偏差代号为 H 的孔的公差带。

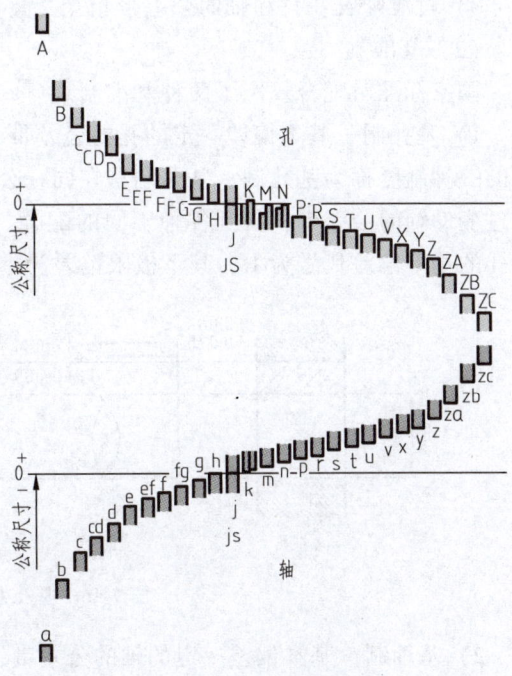

图 7-14 基本偏差系列

5. 配合

配合是指公称尺寸相同的、相互结合的孔和轴公差带之间的关系。由于孔和轴的实际尺寸不同，装配后可以产生三种配合形式，如图 7-15 所示。

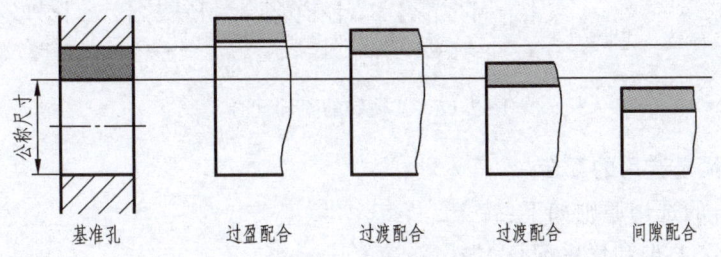

图 7-15 基准孔与轴之间的三种配合

（1）配合种类

1）间隙配合：孔的公差带在轴的公差带之上，孔与轴装配时，具有间隙（包括最小间隙为零）的配合。

2）过盈配合：孔的公差带在轴的公差带之下，孔与轴装配时，具有过盈（包括最小过盈为零）的配合。

3）过渡配合：孔和轴的公差带相互交叠。

（2）基准制

国家标准对配合规定了两种基准制。

1）基孔制　基本偏差一定的孔的公差带，与不同基本偏差的轴的公差带形成各种配合的一种制度称为基孔制。基孔制是在同一公称尺寸的配合中，将孔的公差带位置固定，通过变动轴的公差带，得到各种不同的配合，如图7-16所示。基孔制的孔为基准孔，基准孔的基本偏差代号为H，其下极限偏差为零。

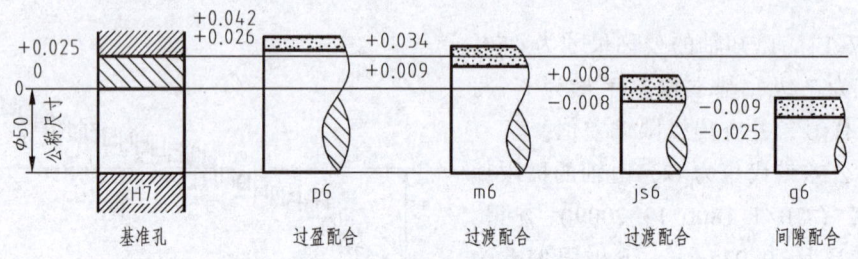

图7-16　基孔制的不同配合

2）基轴制　基本偏差一定的轴的公差带，与不同基本偏差的孔的公差带形成各种配合的一种制度称为基轴制。基轴制是在同一公称尺寸的配合中，将轴的公差带位置固定，通过变动孔的公差带位置，得到各种不同的配合，如图7-17所示。基轴制的轴称为基准轴，基准轴的基本偏差代号为h，其上极限偏差为零。

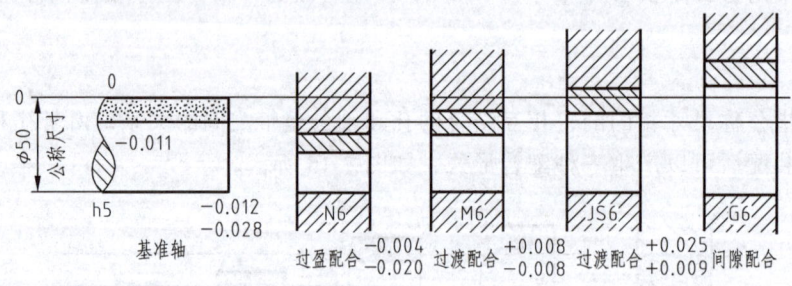

图7-17　基轴制的不同配合

6. 常用及优先选用的配合

极限和配合的选用原则如下：

1）用优先公差带和优先配合。

2）选用基孔制。一般情况下，优先选用基孔制，这样可以限制定值刀具、量具的规格数量。基轴制通常仅用于具有明显经济效果的场合和结构设计要求不适合基孔制的场合。

3）孔的公差等级比轴低一级。为降低加工工作量，在保证使用要求的前提下，应当使选用的公差值最大。加工孔较困难，一般在配合中孔的公差等级比轴低一级。

国家标准规定了20个公差等级和28个基本偏差，但经过组合得到的公差带还是很多。为便于零件的设计和制造，国家标准对优先和常用的公差带也做了明确的规定。

一般、常用和优先的孔公差带，如图7-18所示。

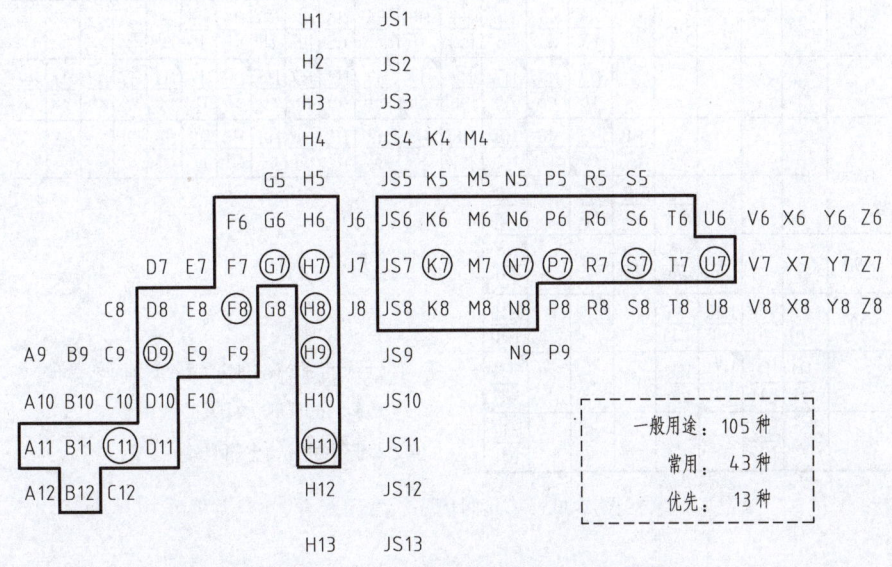

图7-18　一般、常用和优先的孔公差带

一般、常用和优先的轴公差带，如图7-19所示。

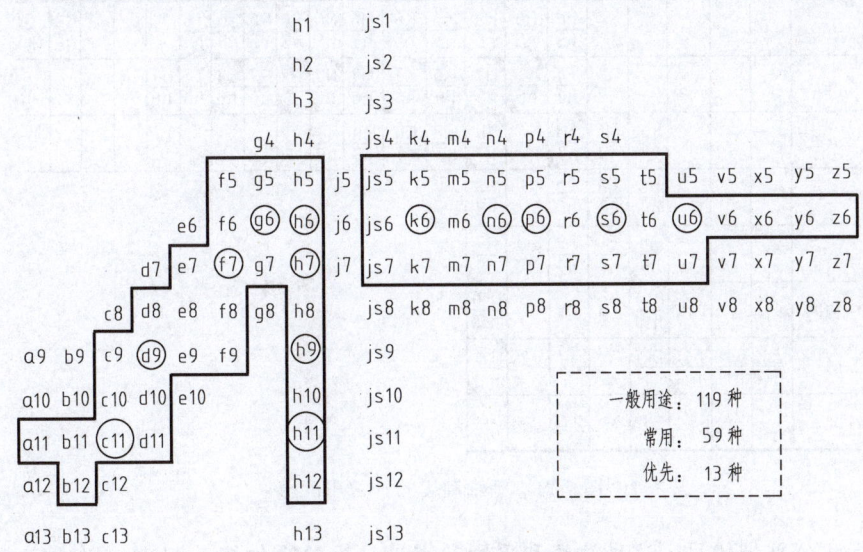

图7-19　一般、常用和优先的轴公差带

基孔制优先、常用配合，见图7-20所示。

基轴制优先、常用配合，见图7-21所示。

7. 公差与配合的标注方法

（1）零件图中三种标注公差的方法

基准孔	a	b	c	d	e	f	g	h	js	k	m	n	p	r	s	t	u	v	x	y	z
														轴							
		间	隙	配	合				过渡配合			过	盈	配	合						
H6						H6/f5	H6/g5	H6/h5	H6/js5	H6/k5	H6/m5	H6/n5	H6/p5	H6/r5	H6/s5	H6/t5					
H7						H7/f6	H7/g6	H7/h6	H7/js6	H7/k6	H7/m6	H7/n6	H7/p6	H7/r6	H7/s6	H7/t6	H7/u6	H7/v6	H7/x6	H7/y6	H7/z6
H8			H8/c7		H8/f7	H8/g7	H8/h7	H8/js7	H8/k7	H8/m7	H8/n7	H8/p7	H8/r7	H8/s7	H8/t7	H8/u7					
				H8/d8	H8/e8	H8/f8		H8/h8													
H9			H9/c9	H9/d9	H9/e9	H9/f9		H9/h9													
H10			H10/c10	H10/d10				H10/h10													
H11	H11/a11	H11/b11	H11/c11	H11/d11				H11/h11													
H12		H12/b12						H12/h12													

注：1. $\frac{H6}{n5}$、$\frac{H7}{p6}$ 在公称尺寸小于或等于 3mm 和 $\frac{H8}{r7}$ 在小于或等于 100mm 时，为过渡配合。

2. 标注▼的配合为优先配合。

图 7-20 基孔制优先、常用配合

基准轴	A	B	C	D	E	F	G	H	Js	K	M	N	P	R	S	T	U	V	X	Y	Z
														孔							
		间	隙	配	合				过渡配合			过	盈	配	合						
h5						F6/h5	G6/h5	H6/h5	Js6/h5	K6/h5	M6/h5	N6/h5	P6/h5	R6/h5	S6/h5	T6/h5					
h6						F7/h6	G7/h6	H7/h6	Js7/h6	K7/h6	M7/h6	N7/h6	P7/h6	R7/h6	S7/h6	T7/h6	U7/h6				
h7					F8/h7	E8/h7		H8/h7	Js8/h7	K8/h7	M8/h7	N8/h7									
h8				D8/h8	E8/h8	F8/h8		H8/h8													
h9				D9/h9	E9/h9	F9/h9		H9/h9													
h10				D10/h10				H10/h10													
h11	A11/h11	B11/h11	C11/h11	D11/h11				H11/h11													
h12		B12/h12						H12/h12													

注：标注▼的配合为优先配合。

图 7-21 基轴制优先、常用配合

1）标注公差带代号　这种注法和采用专用量具检验零件统一起来，以适应大批量生产的需要，因此不需标注偏差值，如图 7-22a 所示。

2）标注极限偏差值　上极限偏差注在公称尺寸的右上方，下极限偏差注在公称尺寸的右下方，偏差的数字应比公称尺寸数字小一号。如果上极限偏差或下极限偏差数值为零时，可简写为"0"，另一偏差仍标在原来的位置上。如果上、下极限偏差的数值相同时，则在公称尺寸之后标注"±"符号，再填写一个偏差数值。这时，数值的字体高度与公称

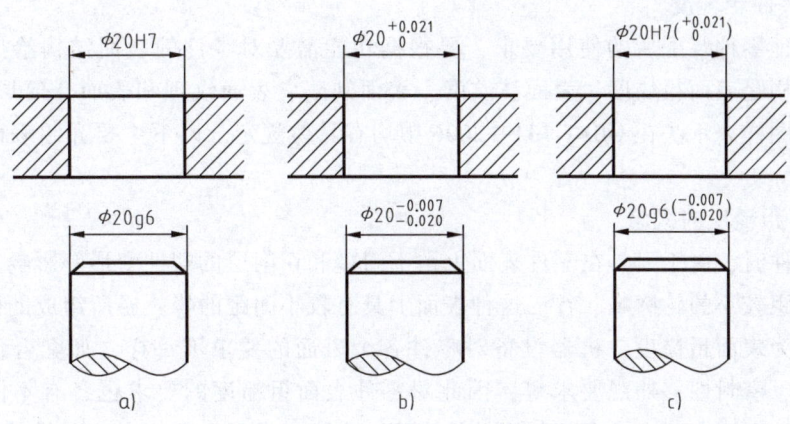

图 7-22　零件图上注公差尺寸的表示三种形式

尺寸字体的高度相同。这种注法主要用于小量或单件生产，以便加工和检验时减少辅助时间。

3）同时标注公差带和极限偏差值　如图 7-22c 所示，这种注法主要用于产量不定的场合，应注出偏差值和公差带。

（2）在装配图中的标注

在装配图中一般标注配合代号。

1）基孔制的标注形式　如下所示。

$$公称尺寸 = \frac{基准孔的基本偏差字母(H)公差等级数字}{配合轴的基本偏差字母\ 公差等级数字}$$

[例 7-3]　解释图 7-23 的标注含义。

解：表示公称尺寸为 50，基孔制，8 级基准孔与公差等级为 7 级、基本偏差代号为 f 的轴的间隙配合。

标注形式也可写成：$\phi 50H8/f7$。

2）基轴制的标注形式　如下所示。

$$公称尺寸 = \frac{配合孔的基本偏差字母\ 公差等级数字}{基准轴的基本偏差字母(h)公差等级数字}$$

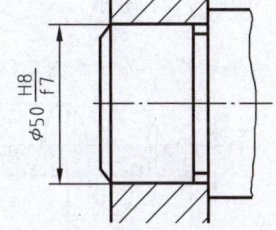

图 7-23　标注

8. 查表方法

[例 7-4]　查表求 $\phi 50H8/f7$ 的偏差数值。

$\phi 50H8/f7$ 中 H8 是基准孔的公差带代号；f7 是配合轴的公差带代号。

1）$\phi 50H8$ 基准孔的偏差，由基本偏差 H 可知其下极限偏差为 0，由标准公差数值表可查得其上极限偏差应为 0.046mm，这就是基准孔的上、下极限偏差。所以，$\phi 50H8$ 可写成 $\phi 50^{+0.046}_{\ 0}$。

2）$\phi 50f7$ 配合轴的偏差，由轴的基本偏差数值表（GB/T 1800.1—2020）可查得基本偏差 f 的上极限偏差为 -0.025mm，由标准公差数值表（GB/T 1800.1—2020）可查得 IT7 的标准公差为 0.025mm，$\phi 50f7$ 的下极限偏差应为（-0.025-0.025）mm = -0.05mm，所以 $\phi 50f7$ 可写成 $\phi 50^{-0.025}_{-0.050}$。

(五) 表面粗糙度

为了保证零件装配后的使用要求,要根据功能需要对零件的表面结构给出质量的要求。表面结构是表面粗糙度、表面波纹度、表面缺陷、表面纹理和表面几何形状的总称。表面结构的图样表示法在 GB/T 131—2006 中均有具体规定。以下主要介绍表面粗糙度表示法。

1. 表面粗糙度的概念

加工零件时,由于刀具在零件表面上留下刀痕和切削层的塑性变形等影响,使零件表面存在着间距较小的轮廓峰、谷。这种表面上具有较小间距的峰、谷所组成的微观几何形状特性,称为表面粗糙度。机器设备对零件各个表面的要求不一样,如配合性质、耐磨性、耐蚀性、密封性、外观要求等,因此对零件表面粗糙度的要求也各有不同。一般说来,凡零件上有配合要求或有相对运动的表面,表面粗糙度参数值小。因此,应在满足零件表面功能的前提下,合理选用表面粗糙度参数。

2. 评定表面结构的轮廓参数

对于零件表面结构的状况,可由三大类参数加以评定:轮廓参数(由 GB/T 3505—2009 定义)、图形参数(由 GB/T 18618—2009 定义)、支承率曲线参数(由 GB/T 18778.2—2003 和 GB/T 18778.3—2006 定义)。其中,轮廓参数是我国机械图样中目前最常用的评定参数。下面介绍评定粗糙度轮廓(R 轮廓)中的两个高度参数 Ra 和 Rz。

(1) 算术平均偏差 Ra

算术平均偏差 Ra 是指在一个取样长度内纵坐标值 $Z(x)$ 绝对值的算术平均值,如图 7-24 所示。

(2) 轮廓的最大高度 Rz

轮廓的最大高度 Rz 是指在同一取样长度内,最大轮廓峰高和最大轮廓谷深之间的高度,如图 7-24 所示。

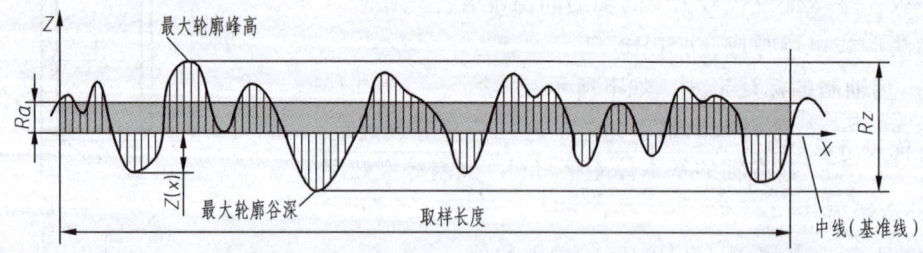

图 7-24 评定表面结构常用的轮廓参数

3. 有关检验规范的基本术语

检验评定表面结构参数值必须在特定条件下进行。国家标准规定,图样中注写参数代号及其数值要求的同时,还应明确其检验规范。有关检验规范方面的基本术语有取样长度、评定长度、滤波器、传输带,以及极限值判断规则。下面仅介绍取样长度、评定长度和极限值判断规则。

(1) 取样长度和评定长度

以粗糙度高度参数的测量为例,由于表面轮廓的不规则性,测量结果与测量段的长度

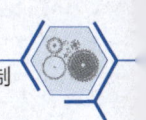

密切相关。当测量段过短,各处的测量结果会产生很大差异;但当测量段过长,则测得的高度值中将不可避免地包含了波纹度的幅值。因此,在 X 轴上选取一段适当长度进行测量,这段长度称为取样长度。但是,在每一取样长度内的测得值通常是不等的,为取得表面粗糙度最可靠的值,一般取几个连续的取样长度进行测量,并以各取样长度内测量值的平均值作为测得的参数值。这段在 X 轴方向上用于评定轮廓并包含着一个或几个取样长度的测量段称为评定长度。当参数代号后未注明时,评定长度默认为 5 个取样长度,否则应注明个数。例如:$Rz0.4$、$Ra3\ 0.8$ 和 $Rz1\ 3.2$ 分别表示评定长度为 5 个(默认)、3 个和 1 个取样长度。

(2)极限值判断规则

完工零件的表面按检验规范测得轮廓参数值后,需与图样上给定的极限比较,以判定其是否合格。极限值判断规则有两种:

1)16%规则　运用本规则时,当参数的规定值为上限值,被检表面测得的全部实测值中,超过规定值的个数不多于实测值总数的 16%时,该表面是合格的。

2)最大规则　运用本规则时,若参数的规定值为最大值,被检的整个表面上测得的参数值一个也不应超过规定值。

16%规则是所有表面结构要求标注的默认规则。即当参数代号后未注写 "max" 字样时,均默认为应用 16%规则(例如 $Ra\ 0.8$)。反之,则应用最大规则(例如 $Rz\max\ 0.8$)。

4. 标注表面结构的图形符号

标注表面结构要求时的图形符号种类、名称、尺寸及其含义如表 7-1 所示。

表 7-1　表面结构符号

符号名称	符号	含义
基本图形符号	$d' = 0.25\text{mm}$(d'—符号线宽) $H = 3.5\text{mm}$ $H_2 = 7.5\text{mm}$	未指定工艺的表面,当通过一个注释时可单独使用
扩展图形符号		用去除材料方法获得的表面,仅当其含义是"被加工表面"时可单独使用
		不去除材料的表面,也可用于表示保持上道工序形成的表面,不管这种状况是通过去除还是不去除材料形成的
完整图形符号	a)允许任何工艺　b)去除材料　c)不去除材料	在以上各种符号的长边上加一横线,以便注写对表面结构的各种要求

注:表中 d'、H_1 和 H_2 的大小是当图样中尺寸数字和字母高度 $h = 2.5\text{mm}$ 时按 GB/T 131—2006 的相应规定给定的。表中 H_2 是最小值,必要时允许加大。

5. 表面结构代号

表面结构符号中注写了具体参数代号及数值等要求后即称为表面结构代号。表面结构代号的示例及含义见表 7-2。

表 7-2　表面结构代号示例

序号	代号示例	含义/解译	补充说明
1	∇ Ra 0.8	表示不允许去除材料，单向上限值，默认传输带，R 轮廓，算术平均偏差 $0.8\mu m$，评定长度为 5 个取样长度（默认），"16% 规则"（默认）	参数符号与极限值之间应留空格（下同），本示例未标注传输带，应理解为默认传输带，此时取样长度可由 GB/T 10610 中查取
2	∇ Rz max 0.2	表示去除材料，单向上限值，默认传输带，R 轮廓，粗糙度最大高度的最大值 $0.2\mu m$，评定长度为 5 个取样长度（默认），"最大规则"	示例 1~4 均为单向极限要求，且均为单向上限值，则均可不加注"U"，若为单向下限值，则应加注"L"
3	∇ 0.008-0.8/Ra 3.2	表示去除材料，单向上限值，传输带 0.008mm-0.8mm，R 轮廓，算术平均偏差 $3.2\mu m$，评定长度为 5 个取样长度（默认），"16% 规则"（默认）	传输带"0.008-0.8"中的前后数值分别为短波和长波滤波器的截止波长（$\lambda_s-\lambda_c$），表示波长范围。此时取样长度等于 λ_c，则 $l_r = 0.8$mm
4	∇ -0.8/Ra3 3.2	表示去除材料，单向上限值，传输带：根据 GB/T 6062，取样长度 0.8mm（λ_s 默认 0.0025mm），R 轮廓，算术平均偏差 $3.2\mu m$，评定长度为 3 个取样长度，"16% 规则"（默认）	传输带仅注出一个截止波长值（本例 0.8 表示 λ_c 值）时，另一截止波长值 λ_s 应理解成默认值，由 GB/T 6062 中查知 $\lambda_s = 0.0025$mm
5	∇ U Ramax 3.2　L Ra 0.8	表示不允许去除材料，双向极限值，两极限值均使用默认传输带，R 轮廓。上限值：算术平均偏差 $3.2\mu m$，评定长度为 5 个取样长度（默认），"最大规则"。下限值：算术平均偏差 $0.8\mu m$，评定长度为 5 个取样长度（默认），"16% 规则"（默认）	本示例为双向极限要求，用"U"和"L"分别表示上限值和下限值。在不致引起歧义时，可不加注

6. 表面结构表示法在图样中的注法

表面结构要求对每一表面一般只注一次，并尽可能注在相应的尺寸及其公差的同一视图上。除非另有说明，所标注的表面结构要求是对完工零件表面的要求。表面结构表示法在图样中的注法见表 7-3。

表 7-3　表面结构表示法在图样中的注法

图例	说明
（图示：位置 a、b、c、d、e 的标注示意图）	为了表示表面结构的要求，除了标注表面结构参数和数值外，必要时应标注补充要求，包括传输带、取样长度、加工工艺、表面纹理及方向、加工余量等。这些要求在图形符号中的注写位置： 位置 a：注写表面结构的单一要求 位置 a 和 b：a 注写第一个表面结构要求，b 注写第二个表面结构要求 位置 c：注写加工方法，如"车""磨""镀"等 位置 d：注写表面纹理方向，如"＝""×""M" 位置 e：注写加工余量

（续）

图例	说明
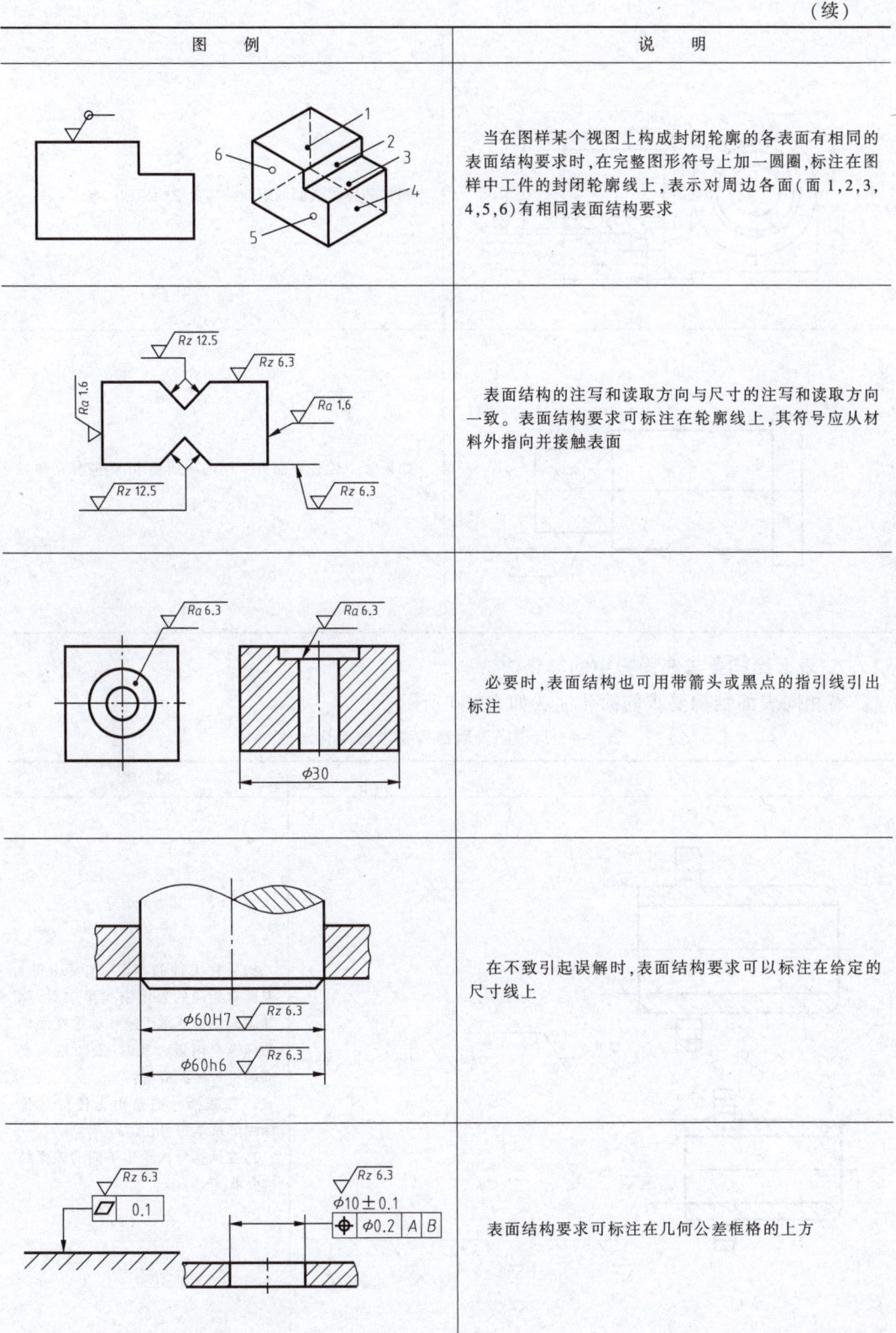	当在图样某个视图上构成封闭轮廓的各表面有相同的表面结构要求时，在完整图形符号上加一圆圈，标注在图样中工件的封闭轮廓线上，表示对周边各面(面1,2,3,4,5,6)有相同表面结构要求
	表面结构的注写和读取方向与尺寸的注写和读取方向一致。表面结构要求可标注在轮廓线上，其符号应从材料外指向并接触表面
	必要时，表面结构也可用带箭头或黑点的指引线引出标注
	在不致引起误解时，表面结构要求可以标注在给定的尺寸线上
	表面结构要求可标注在几何公差框格的上方

(续)

图 例	说 明
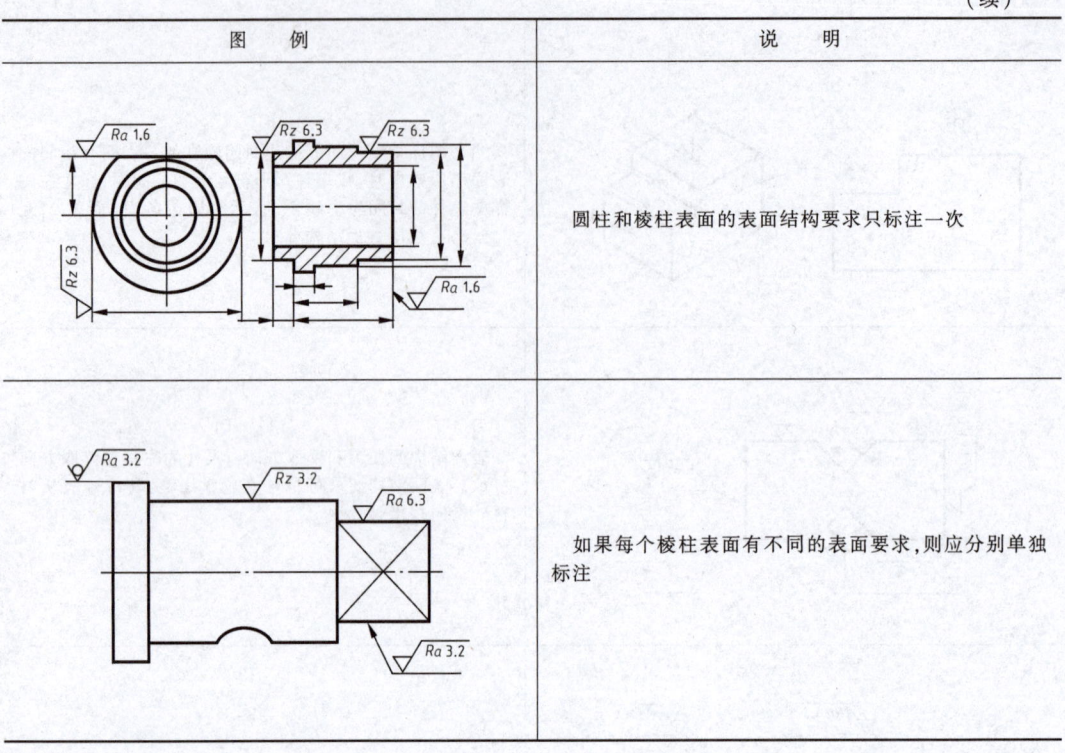	圆柱和棱柱表面的表面结构要求只标注一次
	如果每个棱柱表面有不同的表面要求,则应分别单独标注

7. 表面结构要求在图样中的简化注法

有相同表面结构要求的简化注法如表 7-4 所示。

表 7-4 有相同表面结构要求的简化注法

图 例	说 明
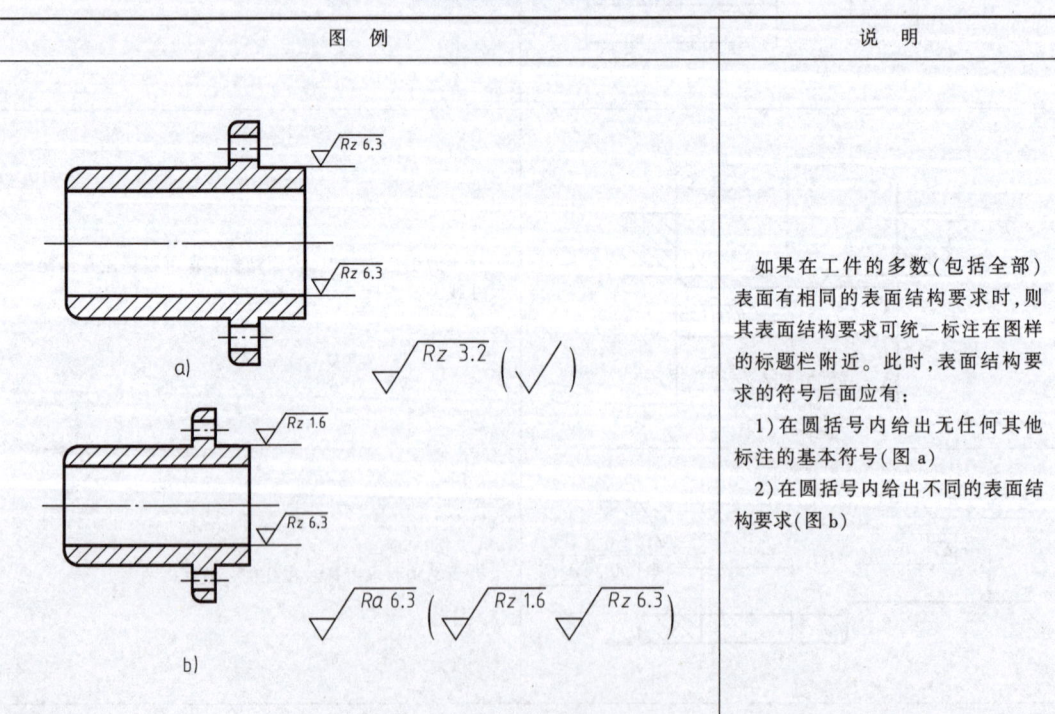	如果在工件的多数(包括全部)表面有相同的表面结构要求时,则其表面结构要求可统一标注在图样的标题栏附近。此时,表面结构要求的符号后面应有: 1)在圆括号内给出无任何其他标注的基本符号(图 a) 2)在圆括号内给出不同的表面结构要求(图 b)

(续)

图 例	说 明
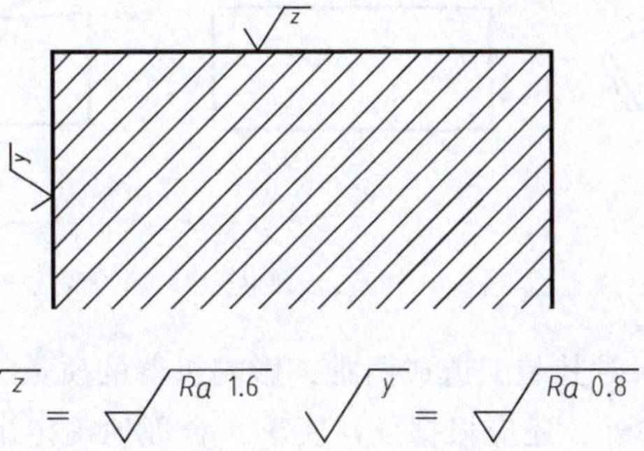	多个表面有相同的表面结构要求时,可用带字母的完整符号,以等式的形式,在图形或标题栏附近,对有相同表面结构要求的表面进行简化标注
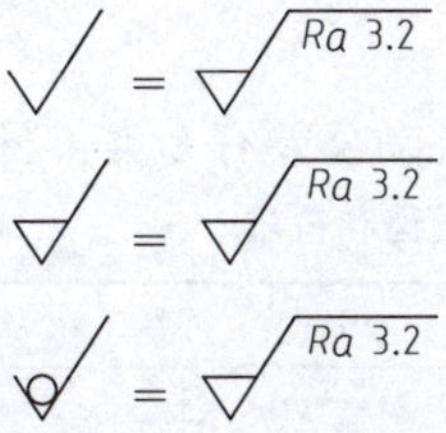	只用表面结构符号的简化注法:可用左侧图例所示的表面结构符号,以等式的形式给出对多个表面共同的表面结构要求
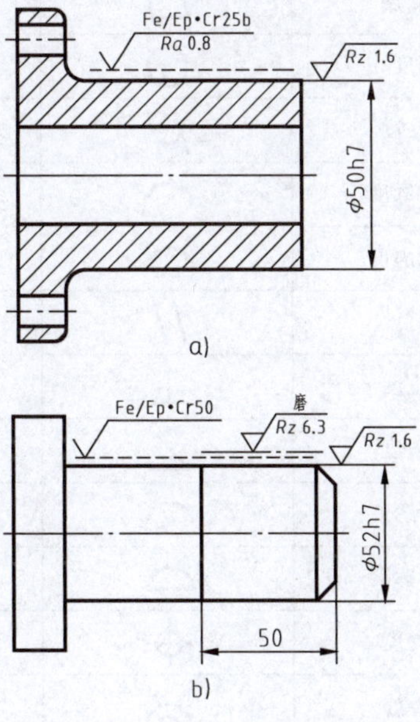	两种或多种工艺获得的同一表面的注法:由几种不同的工艺方法获得的同一表面,当需要明确每种工艺方法的表面结构要求时,可按图 a 所示进行标注(图中 Fe 表示基体材料为钢,Ep 表示加工工艺为电镀) 图 b 所示为三个连续的加工工序的表面结构、尺寸和表面处理的标注[第一道工序:单向上限值,$Rz = 1.6\mu m$,"16% 规则"(默认),默认 5 个评定长度,默认传输带,表面纹理没有要求,去除材料的工艺;第二道工序:镀铬,无其他表面结构要求;第三道工序:一个单向上限值,仅对长为 50mm 的圆柱表面有效,$Rz = 1.6\mu m$,"16% 规则"(默认),默认 5 个评定长度,默认传输带,表面纹理没有要求,磨削加工工艺]

(六)几何公差

1. 几何公差

由于机床精度、加工方法等因素,使零件加工后的表面、轴线、中心对称面等的实际形状和位置相对理想形状产生误差。

例如,图 7-25a 所示为一理想形状的销轴,而加工后的实际形状则是轴线变"弯"了,如图 7-25b 所示,因而产生了直线度误差。

又如图 7-26a 所示为一要求严格的平板，加工后的实际位置却是上表面倾斜了，如图 7-26b 所示，因而产生了平行度误差。

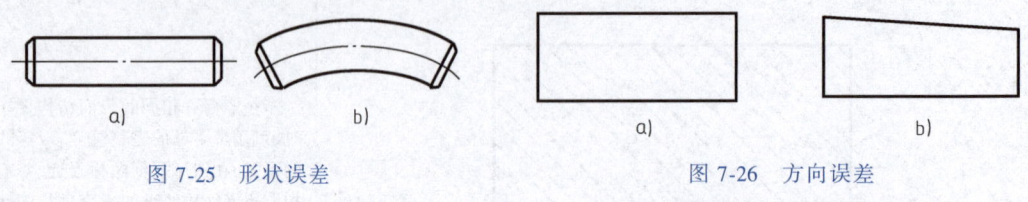

图 7-25　形状误差　　　　　　　　　　图 7-26　方向误差
a) 理想形状　b) 直线度误差　　　　　a) 理想形状　b) 平行度误差

如果零件存在严重的几何误差，将对其装配造成困难，影响机器的质量。因此，对于精度要求较高的零件，除给出尺寸公差外，还应根据设计要求，合理地确定出几何误差的最大允许值。为此，国家标准又规定了一项保证零件加工质量的技术指标——几何公差。

2. 几何公差类型和符号

形状公差有 6 类，方向公差有 5 类、位置和跳动公差有 8 类，见表 7-5。

表 7-5　几何公差的类型和符号

公差类型	几何特征	符号	有无基准
形状公差	直线度	─	无
	平面度	▱	无
	圆度	○	无
	圆柱度	⌭	无
	线轮廓度	⌒	无
	面轮廓度	⌓	无
方向公差	平行度	∥	有
	垂直度	⊥	有
	倾斜度	∠	有
	线轮廓度	⌒	有
	面轮廓度	⌓	有
位置公差	位置度	⌖	有或无
	同心度（用于中心点）	◎	有
	同轴度（用于轴线）	◎	有
	对称度	═	有
	线轮廓度	⌒	有
	面轮廓度	⌓	有

（续）

公差类型	几何特征	符号	有无基准
跳动公差	圆跳动	↗	有
	全跳动	↗↗	有

3. 概念解释

（1）要素

要素是工件上的特定部位，如点、线或面。这些要素可以是组成要素（如圆柱体的外表面），也可以是导出要素（如中心线或中心面）。

（2）被测要素

被测要素是给出几何公差的要素。

（3）基准要素

基准要素是用来确定被测要素方向或位置的要素。理想基准要素简称基准。

（4）组成要素

组成要素是构成零件外形能直接为人们所感觉到的点、线、面。

（5）导出要素

表示组成要素的对称中心的点、线、面称为导出要素。

（6）形状公差

形状公差是单一实际要素的形状所允许的变动全量。

（7）位置公差

位置公差是关联实际要素的位置对基准所允许的变动全量。

（8）公差带

公差带是由一个或几个理想的几何线或面所限定的、由线性公差值表示其大小的区域。公差带的主要形式有：一个圆内的区域；两同心圆之间的区域；两同轴圆柱面之间的区域；两等距线或两平行直线之间的区域；一个圆柱面内的区域；两等距面或两平行平面之间的区域；一个圆球面内的区域。

4. 几何公差代号和基准符号的画法

标注几何公差时，应采用代号，且以公差框格形式标注，基准符号由连接线、等边三角形、正方形框及字母组成。基准符号和几何公差代号的画法，如图7-27所示。

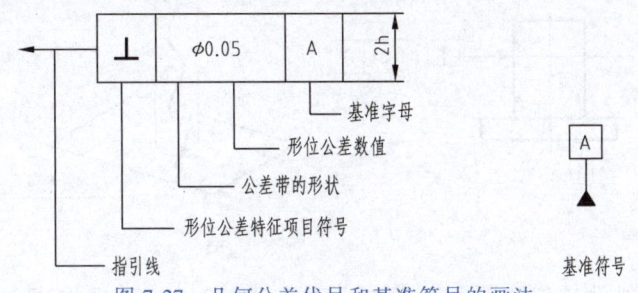

图7-27 几何公差代号和基准符号的画法

5. 几何公差标注和解释、几何公差带定义

（1）直线度公差（如图7-28）

标注和解释：被测表面的任一直线必须位于平行于图样所示投影面且距离为公差值

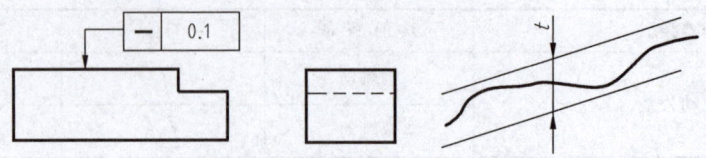

图 7-28　直线度公差

0.1mm 的两平行直线内。

公差带定义：公差带是在给定的平面内和给定方向上，间距等于公差值 t 的两平行直线所限定的区域。

（2）圆度公差（如图 7-29）

标注和解释：被测圆柱面任一正截面的圆周必须位于半径差为 0.03mm 的同心圆内。

公差带定义：公差带是在给定的横截面内，半径差为公差值 t 的两同心圆所限定的区域。

（3）圆柱度公差（如图 7-30）

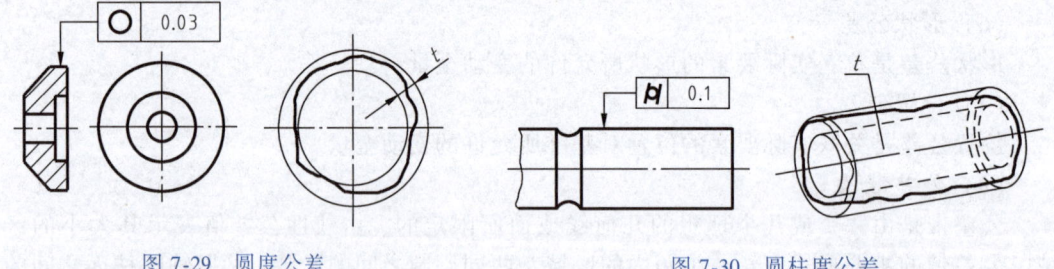

图 7-29　圆度公差　　　　　　　图 7-30　圆柱度公差

标注和解释：被测圆柱面必须位于半径差为公差值 0.1mm 的两同轴圆柱面之间。

公差带定义：公差带是半径差为公差值 t 的两同轴圆柱面所限定的区域。

（4）垂直度公差（如图 7-31）

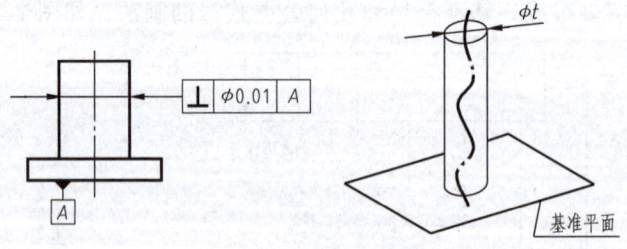

图 7-31　垂直度公差

标注和解释：被测轴线必须位于直径为公差值 $\phi 0.01$mm 且垂直于基准面 A 的圆柱面内。

公差带定义：如果公差值前加注 ϕ，则公差带是直径为公差值 t、轴线垂直于基准平面的圆柱面所限定的区域。

（5）同轴度公差（如图 7-32）

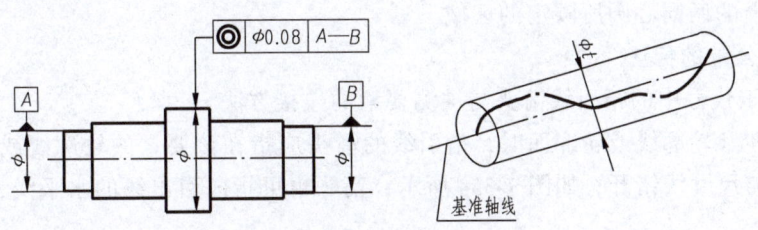

图 7-32　同轴度公差

标注和解释：圆柱面的轴线必须位于直径为公差值 $\phi0.08$mm 且与公共基准线 $A—B$ 重合的圆柱面内。

公差带定义：公差带为直径为公差值 ϕt 的圆柱面所限定的区域，该圆柱面的轴线与基准轴线重合。

（6）对称度公差（如图 7-33）

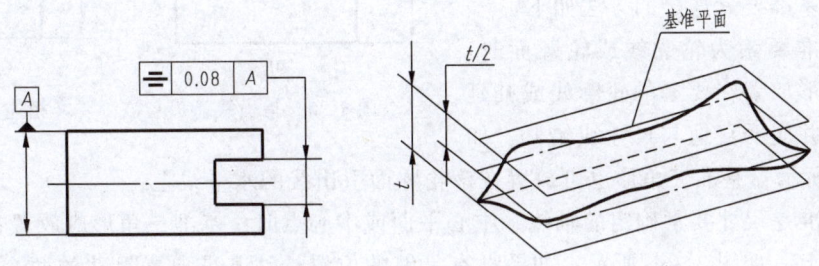

图 7-33　对称度公差

标注和解释：被测对称中心平面必须位于距离为公差值 0.08mm 且相对于基准中心平面 A 对称配置的两平行平面之间。

公差带定义：公差带是间距等于公差值 t，对称于基准中心平面的两平行平面所限定的区域。

（7）圆跳动公差（如图 7-34）

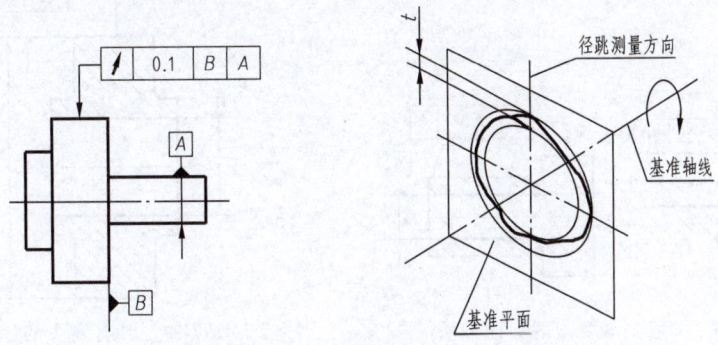

图 7-34　圆跳动公差

标注和解释：在任一平行于基准平面 B、垂直于基准轴线 A 的截面上，提取（实际）圆限定在半径差等于 0.1，圆心在基准轴线 A 上的两同心圆之间。

公差带定义：公差带是在任一垂直于基准轴线的横截面内，半径差为公差值 t、圆心在基准轴线上的两同心圆所限定的区域。

6. 几何公差的标注

（1）对于代号中的指引线箭头与被测要素的连接方法

当公差涉及轮廓线或轮廓面时，指引线的箭头应指在该要素的轮廓线或其延长线上，并应明显地与尺寸线错开，如图 7-35a 所示；箭头也可指向引出线的水平线，引出线引自被测面。

当公差涉及要素的中心线、中心面或中心点时，指引线的箭头应位于相应尺寸线的延长线上，如图 7-35b 所示。

（2）基准符号与基准要素的连接方法

对于位置公差还需要用基准符号及连线表明被测要素的基准要素，此时基准符号与基准要素连接的方法如下：

当基准要素为轮廓线或轮廓面时，基准三角形放置在要素的轮廓线或其延长线上，并应明显地与尺寸线错开，如图 7-36a 所示；基准三角形也可放置在该轮廓面引出线的水平线上；

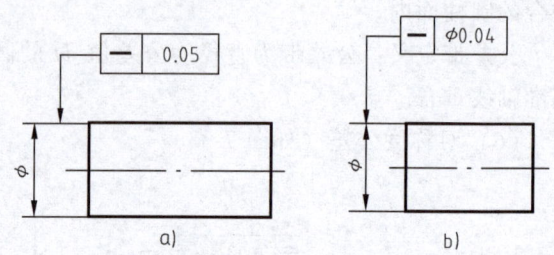

图 7-35　指引线箭头与被测要素相连方法

当基准是尺寸要素确定的轴线、中心平面或中心点时，基准三角形应放置在该尺寸线的延长线上，如图 7-36b 所示；如果没有足够的位置标注基准要素尺寸的两个尺寸箭头，则其中一个箭头可用基准三角形代替。

（3）有多项几何公差要求

当同一个被测要素有多项几何公差要求，其标注方法又是一致时，可以将这些框格画在一起，共用一根指引线箭头，如图 7-37 所示。

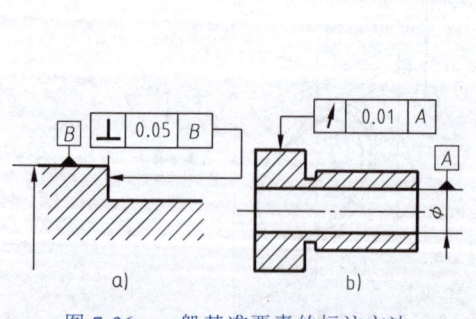

图 7-36　一般基准要素的标注方法

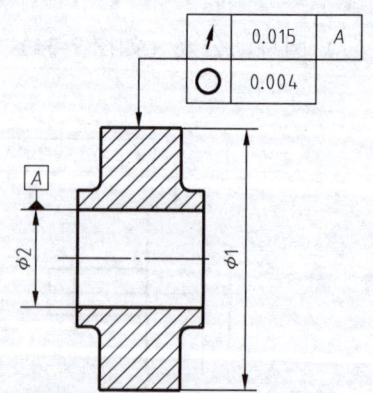

图 7-37　共有箭头的标注方法图

（4）多个被测要素有相同公差要求

若多个被测要素有相同的几何公差（单项或多项）要求时，可以在从框格引出的指引线上绘制多个箭头并分别与各被测要素相连，如图 7-38 所示。

（5）被测范围的标注方法

如需给出被测要素任一长度（或范围）的公差值时，其标注方法见图 7-39 所示。

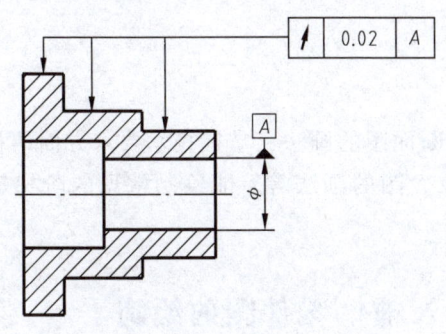

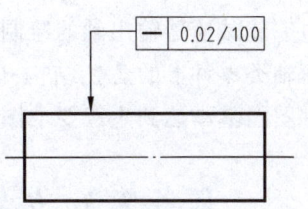

图 7-38　共用指引线的标注方法　　　　　图 7-39　被测范围的标注方法

三、小试身手

学生测绘输出轴零件，完成输出轴零件图的绘制，参考图样如图 7-40 所示。

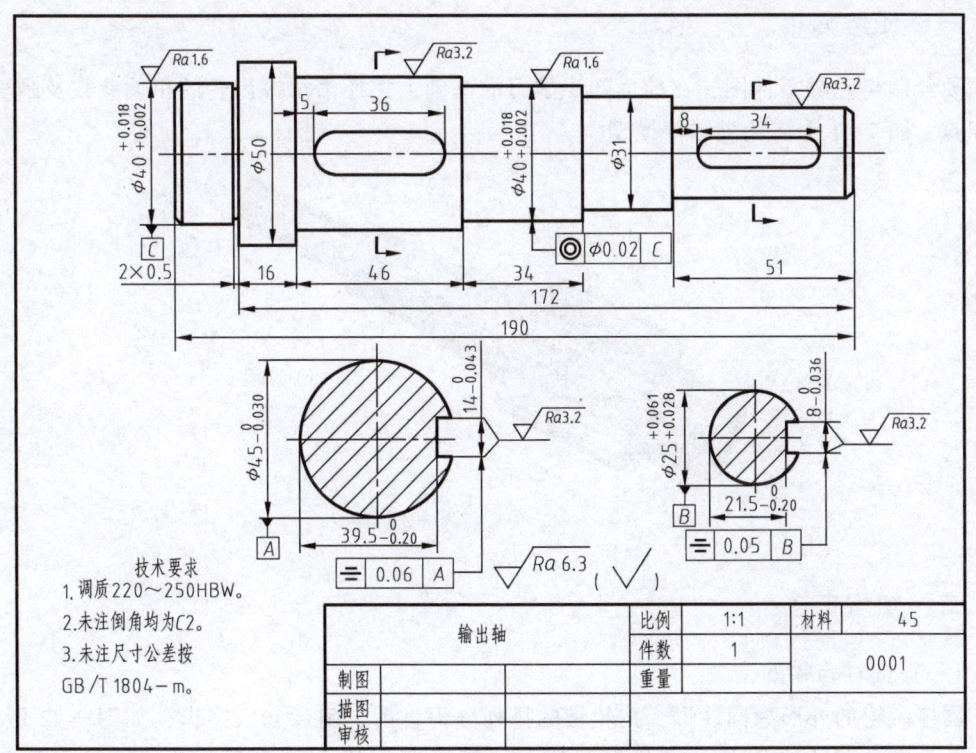

图 7-40　输出轴零件图

四、作品展示与评价

评价学生布图是否合理、尺寸标注是否齐全、技术要求是否正确、标题栏是否填写完整。

五、课外拓展

完成配套习题集中对应作业。

六、任务小结

通过完成减速器输出轴的绘制,掌握移出断面图的画法,掌握技术要求方面的相关知识,了解轴类零件上的工艺结构知识及局部放大图的画法等,能绘制常见的阶梯轴零件图,零件图能基本达到生产要求图纸水平。

任务7.3　齿轮轴(输入轴)零件图的绘制

一、任务分析

要绘制齿轮轴零件图,在前面知识学习的基础上,还需掌握齿轮的相关参数及画法等知识点。图7-41为齿轮轴零件模型。

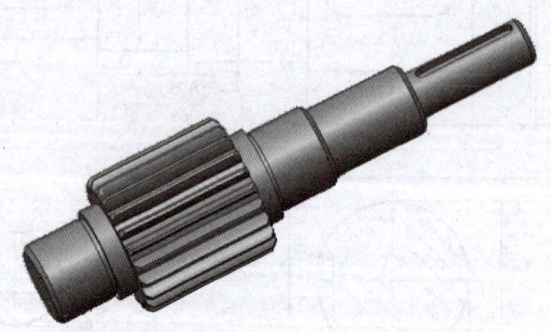

图7-41　齿轮轴零件模型

二、知识链接

(一) 圆柱齿轮的参数

圆柱齿轮的外形为圆柱形,按轮齿的排列分为直齿、斜齿和人字齿,如图7-42所示。轮齿的齿廓曲线有渐开线、摆线和圆弧,一般为渐开线。下面重点介绍一下直齿圆柱齿轮。

1. 直齿圆柱齿轮的轮齿结构、名称及代号（见图7-43）

(1) 齿顶圆和齿根圆

用一假想的圆通过齿轮各轮齿顶部,该圆称为齿顶圆,直径用 d_a 表示;用一假想的圆通过齿轮各轮齿根部,该圆称为齿根圆,直径用 d_f 表示。

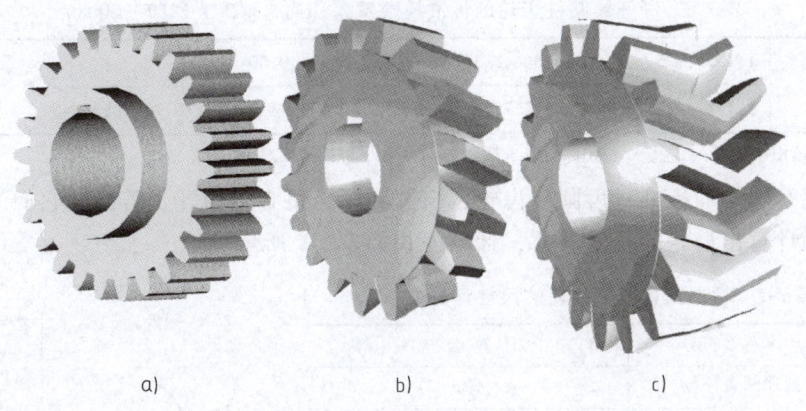

图 7-42 圆柱齿轮

a) 直齿　b) 斜齿　c) 人字齿

(2) 节圆和分度圆

在两齿轮啮合时,过齿轮中心线上的啮合点所作的两个相切的假想圆称为节圆,直径用 d' 表示。在齿顶圆与齿根圆之间,用一假想的圆切割轮齿,若切得的齿隙弧长与齿厚弧长相等,这一假想的圆称为分度圆,直径用 d 表示。加工齿轮时,分度圆作为齿轮轮齿分度基准圆使用。标准齿轮的节圆和分度圆直径相等。

(3) 齿高

齿顶圆与齿根圆之间的径向距离称为齿高,用 h 表示。齿顶圆与分度圆之间的径向距离称为齿顶高,用 h_a 表示。齿根圆与分度圆之间的径向距离称为齿根高,用 h_f 表示。

$$h = h_a + h_f$$

(4) 齿距

分度圆上相邻两齿同侧齿廓间弧长称为齿距,用 p 表示,包括齿厚 (s) 和槽宽 (e)。

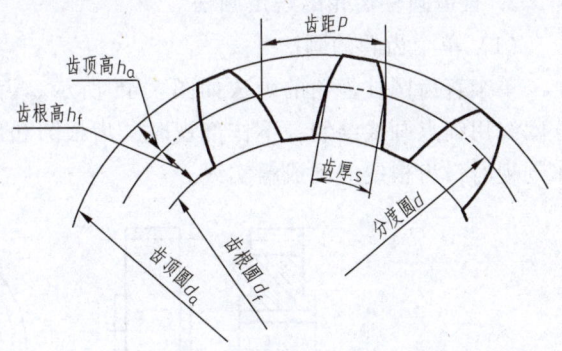

图 7-43 直齿圆柱齿轮的轮齿结构、名称

$$p = s + e$$

2. 圆柱齿轮的基本参数和尺寸关系

标准直齿圆柱齿轮的基本参数有齿数 (z)、模数 (m) 和压力角 (α),其中模数和压力角为标准参数。

(1) 模数 m

分度圆的周长 $= \pi d = pz$,$d = zp/\pi = mz$,其中 $m = p/\pi$ 称为模数,已标准化,如表 7-6 所示。

(2) 压力角 α

齿廓在节圆上啮合点处的受力方向 (法向) 与该点瞬间速度方向所夹的锐角 α 称为压力角,见图 7-44 所示,标准齿轮的压力角 $\alpha = 20°$。

表7-6 渐开线圆柱齿轮的标准模数系列（摘自 GB/T 1357—2008）

第一系列	1,1.25,1.5,2,2.5,3,4,5,6,8,10,12,16,20,25,32,40,50
第二系列	1.125,1.375,1.75,2.25,2.75,3.5,4.5,5.5,(6.5),7,9,11,14,18,22,28,36,45

注：优先选用第一系列，其次是第二系列，括号内的模数尽可能避免使用。

一对相互啮合的标准直齿圆柱齿轮，模数和压力角必须相等。若已知它们的模数和齿数，则可以计算出齿轮的其他尺寸，计算公式如表7-7所示。

表7-7 标准直齿圆柱齿轮的尺寸计算

基本参数	名称及符号	计算公式
模数 m 齿数 z	齿顶圆直径(d_a)	$d_a = m(z+2)$
	分度圆直径(d)	$d = mz$
	齿根圆直径(d_f)	$d_f = m(z-2.5)$
	齿顶高(h_a)	$h_a = m$
	齿根高(h_f)	$h_f = 1.25m$
	齿高(h)	$h = h_a + h_f = 2.25m$
	模数(m)	$m = p/\pi$
	中心距(a)	$a = (d_1+d_2)/2 = m(z_1+z_1)/2$

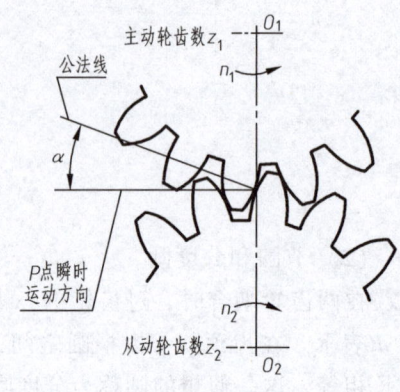

图7-44 直齿圆柱齿轮的压力角

3. 直齿圆柱齿轮的规定画法

（1）单个齿轮的画法

单个直齿圆柱齿轮的画法如图7-45所示。齿顶圆和齿顶线用粗实线绘制；分度圆和分度线用细点画线绘制；不作剖视时，齿根圆和齿根线用细实线绘制（可省略不画），但作剖视时，齿根线应画成粗实线。

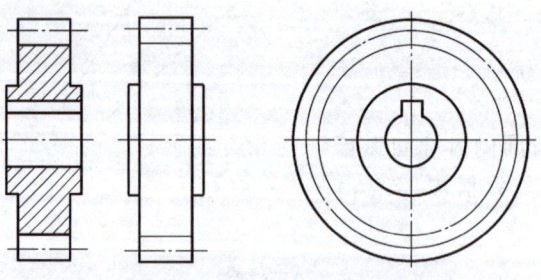

图7-45 直齿圆柱齿轮的画法

（2）直齿圆柱齿轮的参数在其零件图的标注方式

在齿轮的零件图（有关齿轮零件图的绘制参考任务7.4）上，除应有一般零件内容之外，还应该在图纸边框右上角画出参数表，填写出齿轮模数、齿数、压力角及标准公差等级等，如图7-46所示。

4. 齿轮轴（输入轴）的绘制

结合齿轮轴的知识点，在掌握单个齿轮画法的基础上，完成齿轮轴零件图的绘制，包括能表达清楚零件的一组视图、必要的尺寸标注、技术要求及标题栏等。在图纸的右上角画出齿轮的参数表。

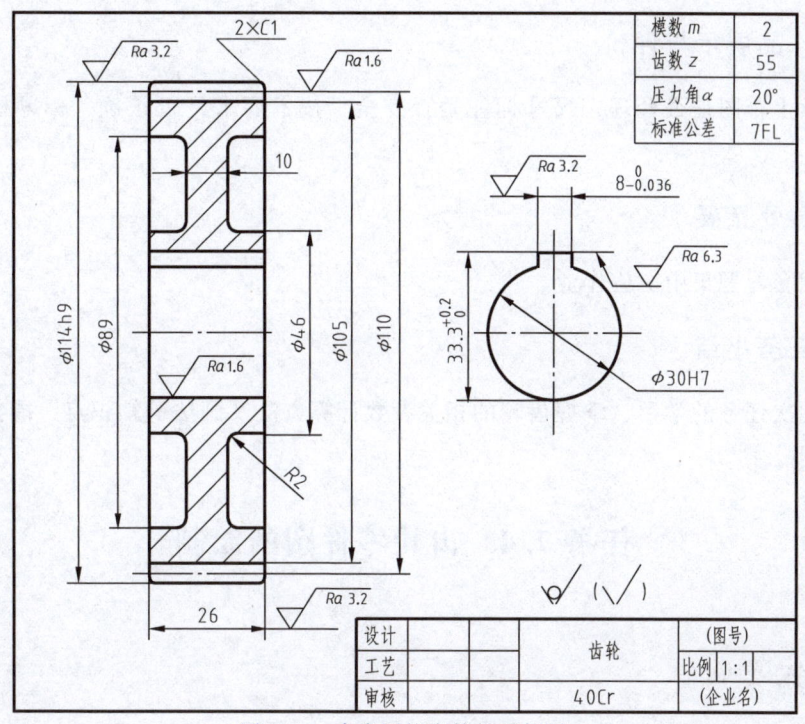

图 7-46　直齿圆柱齿轮的零件图

三、小试身手

学生测绘齿轮轴（输入轴）零件，完成齿轮轴（输入轴）零件图的绘制，参考图样如图 7-47 所示。

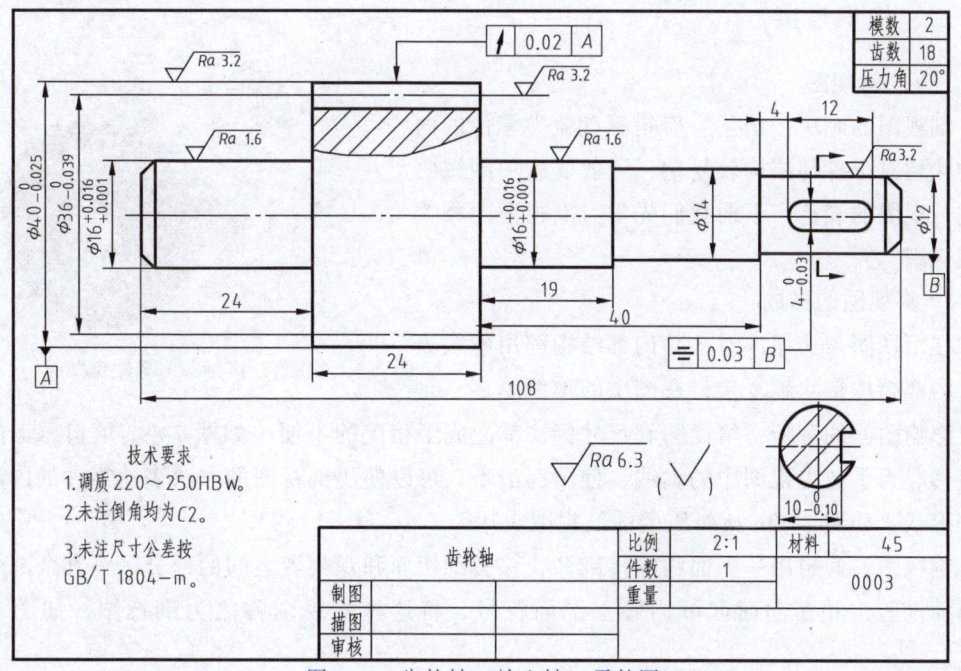

图 7-47　齿轮轴（输入轴）零件图

四、作品展示与评价

评价学生布图是否合理、尺寸标注是否齐全、技术要求是否正确、标题栏是否填写完整。

五、课外拓展

完成配套习题集中对应作业。

六、任务小结

通过此次任务的学习,掌握齿轮的相关参数计算方法及画法等知识点,能独立测绘齿轮轴零件图。

任务7.4 齿轮零件图的绘制

一、任务分析

要绘制齿轮零件图,需掌握全剖视图等知识点,也需要掌握齿轮啮合相关知识点。图7-48为齿轮零件模型。

二、知识链接

(一)剖视图

剖视图的画法:法兰、齿轮等盘盖类零件的内部结构相对于外部结构较复杂,一般要运用剖视图来进行视图的表达,下面我们先学习剖视图的相关绘图规则。

1. 剖视图的形成

在用视图表达零件时,其内部结构都用虚线表示,内部结构形状越复杂,视图中的虚线越多,这样会影响图面的清晰,给读图和尺寸标注都造成了相应的不便,如图7-49a填料压盖的视图表达。为了减少视图中的虚线,使图面清晰,可以使用剖视图的方法表达零件的内部结构和形状,如图7-49b填料压盖的剖视图表达。

图7-48 齿轮零件模型

剖视图:假想用一平面将零件剖开,移去剖切面和观察者之间的部分,将其余部分向投影面投射,并在剖面区域内画上剖面符号,将这样的视图称之为剖视图,如图7-50所示。

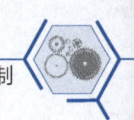

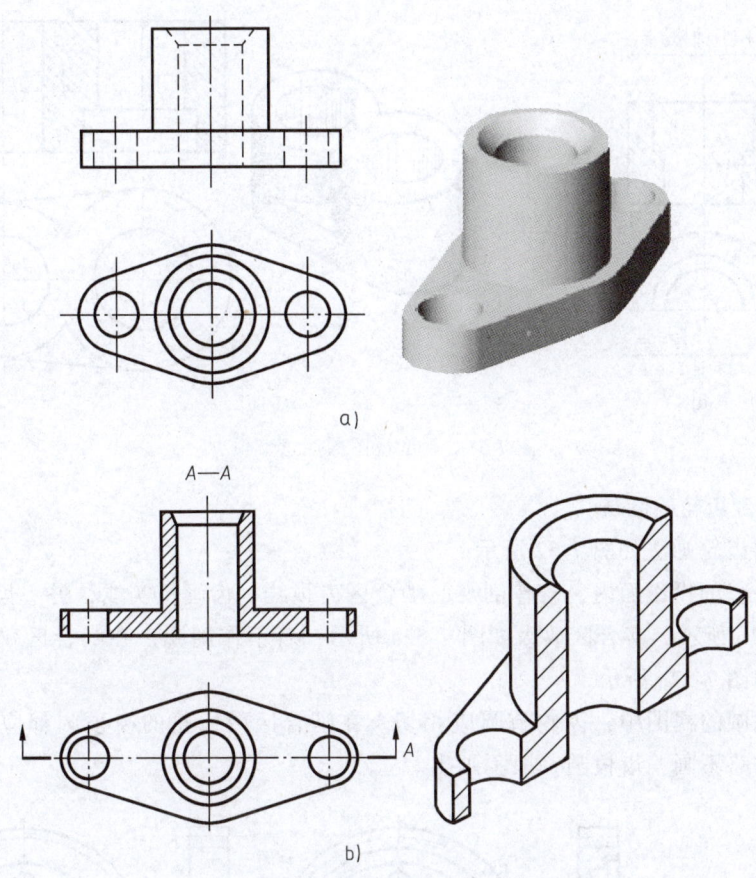

图 7-49 填料压盖视图及剖视图的画法

a）填料压盖视图　b）填料压盖剖视图的画法

2. 剖视图的画法

1) 确定剖切面的位置。

2) 将处在观察者和剖切面之间的部分移走，而将其余部分全部向投影面投影。

3) 在剖面区域划上剖面符号，剖视图中的虚线一般可省略。

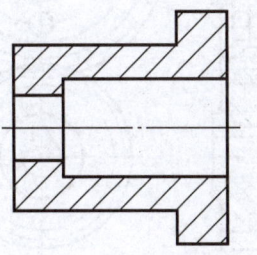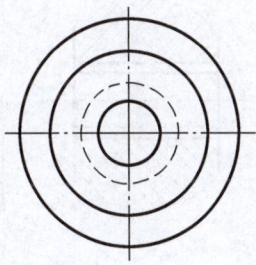

图 7-50 全剖视图

3. 画剖视图的注意事项

1) 剖切平面的选择：通过零件的对称面或轴线且平行或垂直于投影面。

2) 剖切是一种假想，其他视图仍应完整画出，并可取剖视，如图 7-51a 所示。

3) 剖切面后的可见部分要全部画出。

4) 在剖视图上已经表达清楚的结构，在其他视图上此部分结构的投影为虚线时，其虚线省略不画。但没有表示清楚的结构，允许画少量虚线，如图 7-51b 所示。

5) 不需在剖面区域中表示材料的类别时，剖面符号可采用通用剖面线表示。通用剖面线为细实线，要与水平方向成 45°；同一物体的各个剖面区域，其剖面线画法应一致。

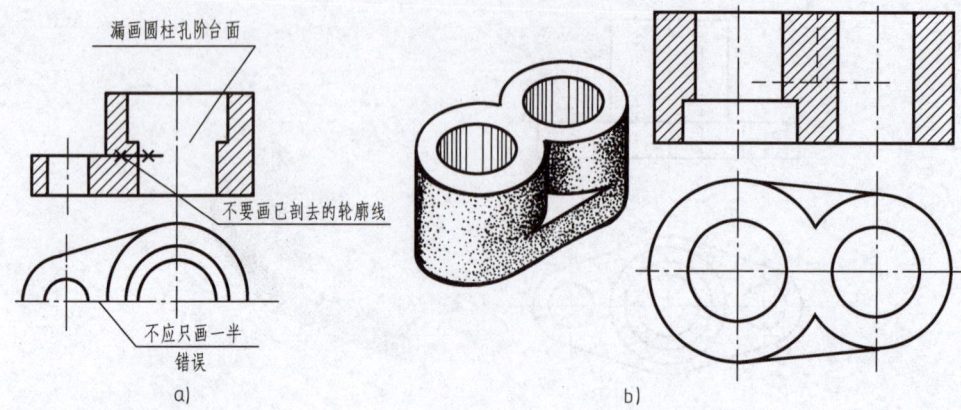

图 7-51　画剖视图的注意事项

（二）啮合齿轮的画法

两啮合的齿轮画法如图 7-52 所示。

在轴线平行的投影面内，若作剖视，啮合区齿顶线一齿画粗实线，另一齿被遮挡画虚线，如图 7-52b 所示，啮合区放大如图 7-52a 所示；若不作剖视，在啮合区仅用粗实线画出分度线，如图 7-52c 所示。

在投影成圆的视图中，齿轮节圆应相切。在啮合区两齿轮的齿顶圆都应用粗实线画出，或者都省略不画，齿根圆一般不画出。

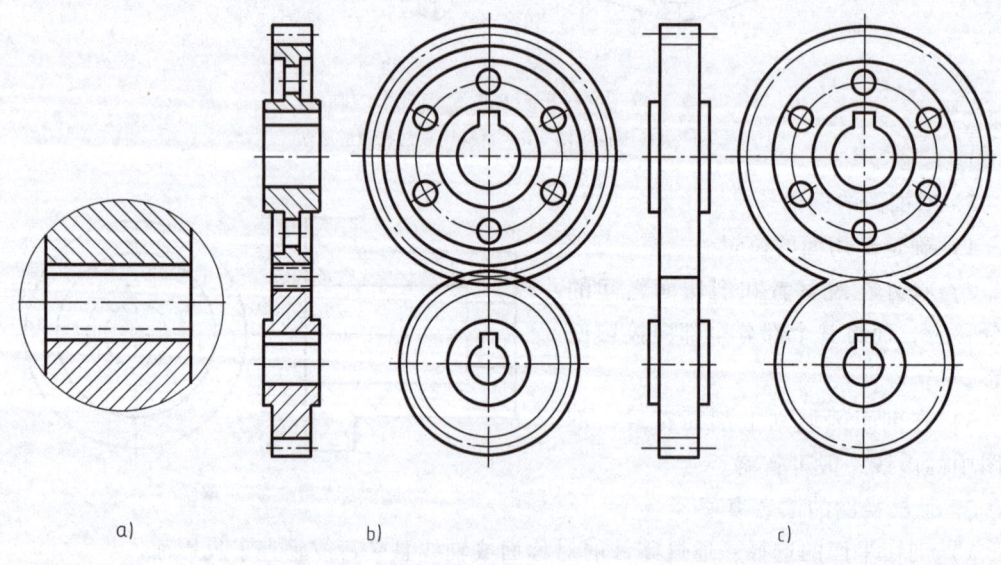

图 7-52　直齿圆柱齿轮的啮合画法

（三）齿轮的测绘，绘制其工作图

齿轮为常用件，在测量齿轮时，需要掌握一些基本规则和方法。

测绘齿轮时，除轮齿外，其余部分与一般零件的测绘方法相同，因而这里只介绍轮齿部分的测定方法。测绘齿轮牵涉到后续课的许多知识。这里所讲到的方法，只用于一些技术要求不高的齿轮，而且只限于标准齿数。

测绘直齿轮时，主要是确定模数 m 与齿数 z，然后根据表 7-7 中的计算公式算出各基本尺寸，其步骤如下：

1）数出被测齿轮的齿数 z。

2）测量出齿顶圆直径 d_a，当齿轮的齿数为偶数时，d_a 可以直接量出；若齿数为奇数时，d_a 可由 $2e+D$ 算出，如图 7-53 所示；e 是齿顶到轴孔的距离，D 为齿轮的轴孔直径。

3）根据公式 $m=d_a/(z+2)$，计算出模数 m。然后根据表 7-6，选取与其相近的标准模数。

4）根据标准模数，利用表 7-7，算出各基本尺寸 d、h、h_a、h_f、d_f 等。

5）所得尺寸要与实测的中心距 a 核对，必须符合下列公式：$a=(d_1+d_2)/2=m(z_1+z_2)/2$。

6）测量其他各部分尺寸。

7）尺寸测量结束后，根据齿轮的标准画法绘制零件工作图并进行标注。

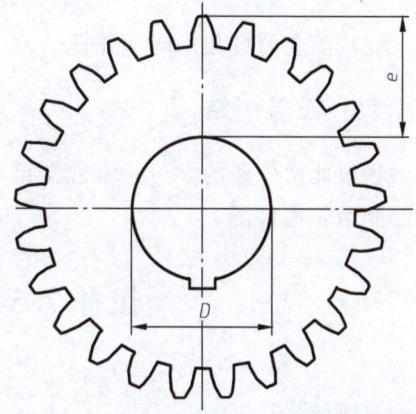

图 7-53　齿数为奇数的齿顶圆直径测量

三、小试身手

学生测绘齿轮零件，完成齿轮零件图的绘制，图 7-54 可参考。

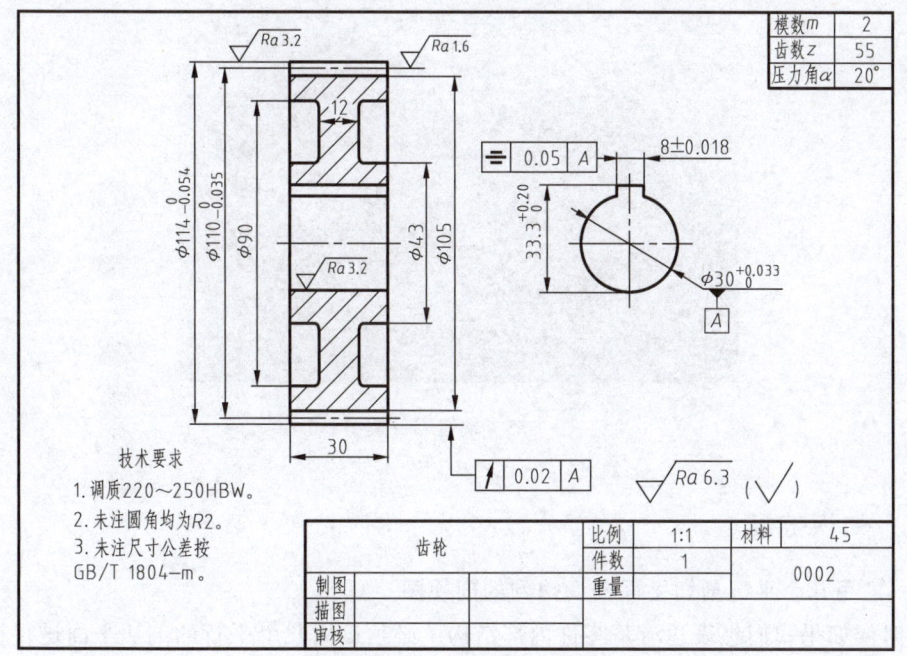

图 7-54　齿轮零件图

四、作品展示与评价

评价学生布图是否合理、尺寸标注是否齐全、技术要求是否正确、标题栏是否填写完整。

五、课外拓展

完成配套习题集中对应作业。

六、任务小结

通过此次任务的学习,掌握全剖视图、齿轮啮合相关知识点,能独立进行测量齿轮,并绘制齿轮零件图。

任务 7.5 端盖零件图的绘制

一、任务分析

要绘制端盖零件图,需进一步掌握全剖视图的画法,也需要掌握半剖视图、简化画法等相关知识点。图 7-55 为端盖零件模型。

图 7-55 端盖零件模型

二、知识链接

(一) 用几个平行剖切平面剖切得到的剖视图

有时候如果我们想表达清楚零件内部结构,必须运用几个平行的剖切平面进行视图的表达。

几个平行的剖切平面——适用于当零件上具有几种不同的结构要素(如孔、槽等),它们的中心线排列在几个互相平行的平面上时,宜采用几个平行的剖切面剖切。

采用此种表达方法应避免出现如图 7-56 所示的错误,正确的表达如图 7-57 所示。

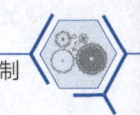

模块7 减速器的绘制

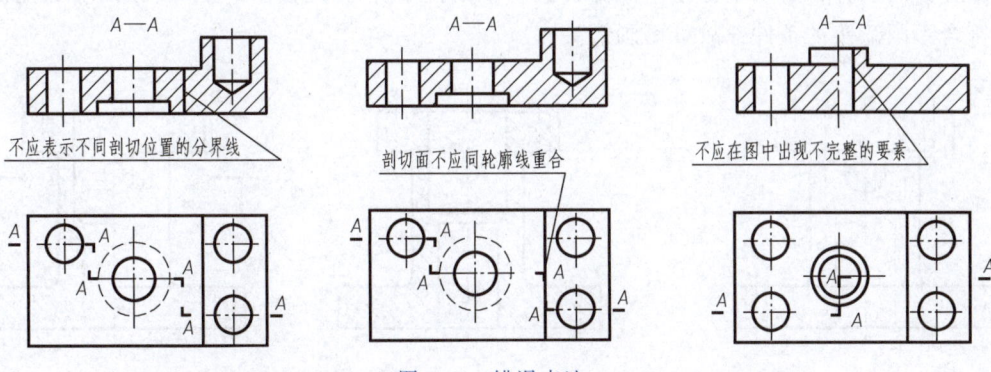

图 7-56 错误表达

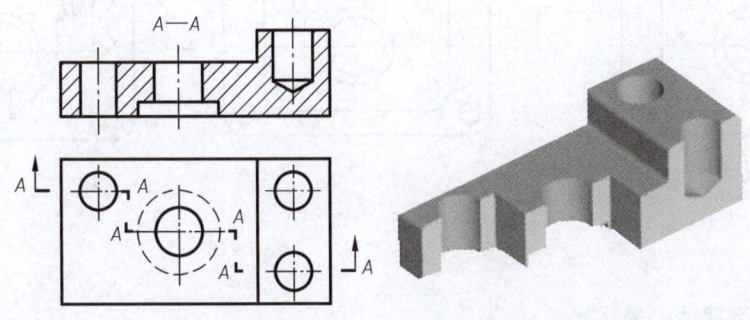

图 7-57 几个平行剖切平面的正确绘制方法

(二) 半剖视图

当零件具有对称平面时，在垂直于对称平面的投影面上的投影，可以对称中心线为界，一半画剖视，一半画视图，这样的图形叫作半剖视图，如图 7-58 所示。

半剖视图的特点是用一半剖视和一半视图分别表达零件的内形和外形。由于半剖视图的一半表达了外形，另一半表达了内形，因此在半个视图上虚线可以省略。

图 7-59a 运用了视图进行表达，可以看到主视图和俯视图中的虚线较多，图形的清晰度差并且给尺寸标注造成了一定的困难。图 7-59b 运用了前面学习的全剖视图进行表达，可以看到表达不完整，形体前方的小凸台没有表达清楚。图 7-59c 中的主、俯视图均采用半剖视图，才将模型表达清楚。主视图的半剖视图符合剖视

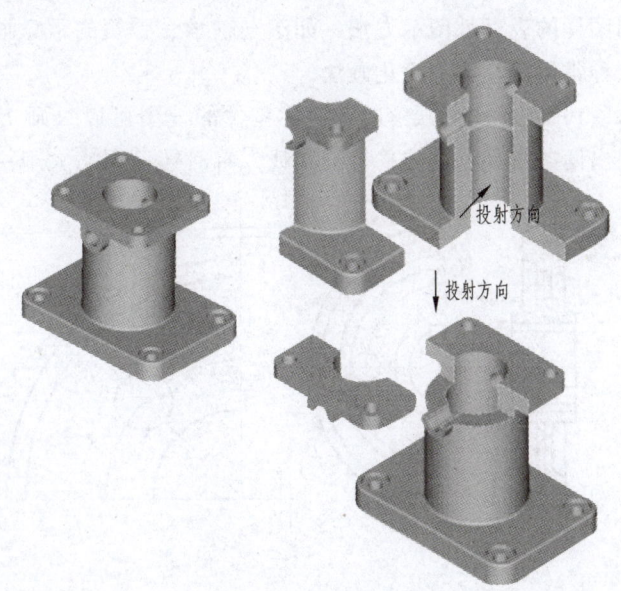

图 7-58 半剖视投影图

117

不加标注的条件，所以不标注。而俯视图的半剖视不符合不标注条件，所以需要加注；但它符合不画箭头的条件，故可不画箭头。

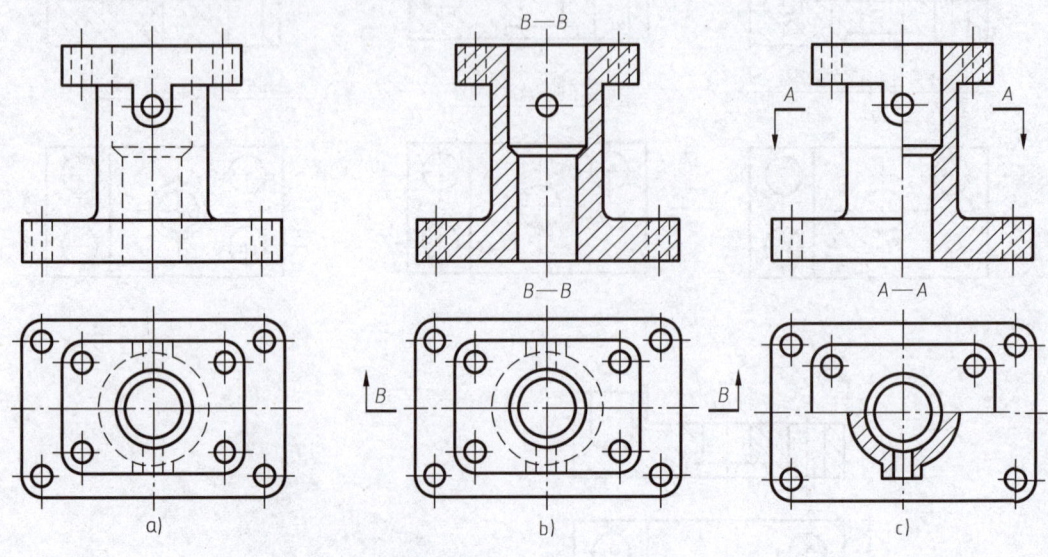

图 7-59　半剖视图

a）视图　b）全剖视图　c）半剖视图

（三）盘类零件的简化画法

简化画法是指包括规定画法、省略画法、示意画法等在内的图示方法。其中，规定画法是对标准中规定的某些特定的表达对象所采用的特殊图示方法，如机械图样中对螺纹、齿轮的表达；省略画法是通过省略重复投影、重复要素、重复图形等达到使图样简化的图示方法，本节所介绍的简化画法多为省略画法；示意画法是用规定符号、较形象的图线绘制图样的表意性图示方法，如滚动轴承、弹簧的示意画法等。下面介绍国家标准中规定的几种常用盘类零件简化画法。

1）在不引起误解时，对称零件的视图可以只画 1/2 或 1/4，并在对称中心线的两端画出两条与其垂直的平行细实线。有时还可用略大于一半画出，如图 7-60 所示。

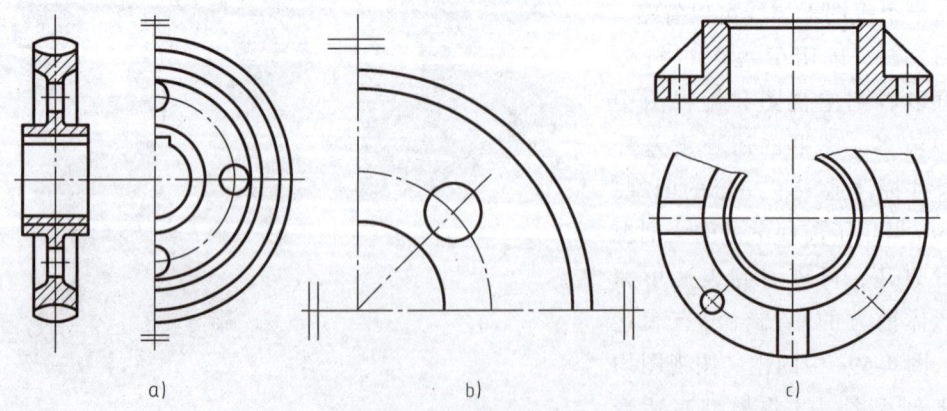

图 7-60　对称零件的省略规定画法

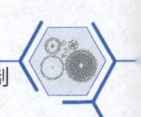

2）对于零件的肋、轮辐及薄壁等，如按纵向剖切，这些结构都不画剖面符号，而用粗实线将它们与邻接部分分开；如按横向剖切，则需画剖面符号，如图 7-61 所示。

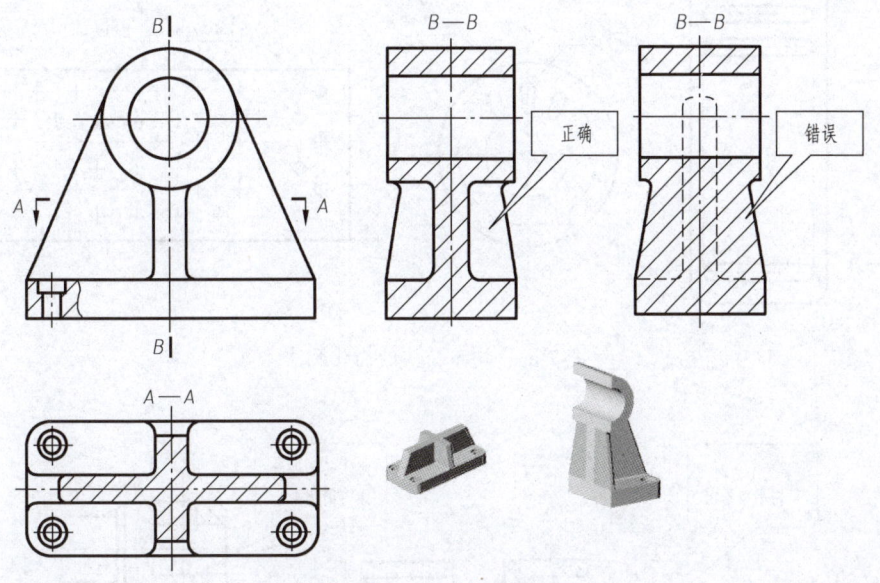

图 7-61　肋板的简化画法

3）当需要表达零件回转体结构上均匀分布的肋、轮辐和孔时，而这些结构又不处于剖切平面上时，可将这些结构旋转到剖切平面上画出，不需加任何标注，如图 7-62 所示。

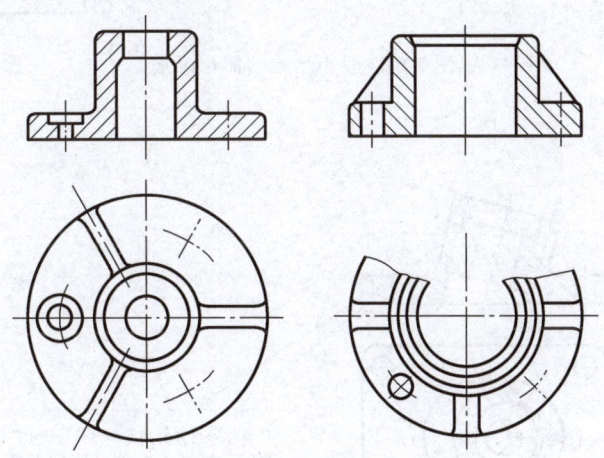

图 7-62　均布孔的简化画法

4）零件上若干相同结构（齿、槽、孔等），按一定规律分布时，只需画出几个完整的结构，其余用细实线连接或画出中心线位置，但在图上应注明该结构的总数，如图 7-63 所示。

5）当零件上有较小结构时，如斜度，相贯线等可按图 7-64 简化画法绘制。

6）当零件上的圆平面和投影面夹角小于 30°时，可按照图 7-65 中的简化画法绘制。

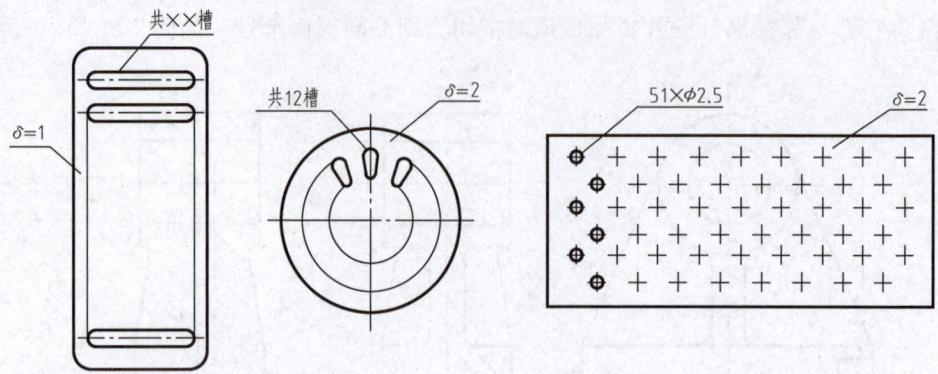

图 7-63　均布结构的简化画法

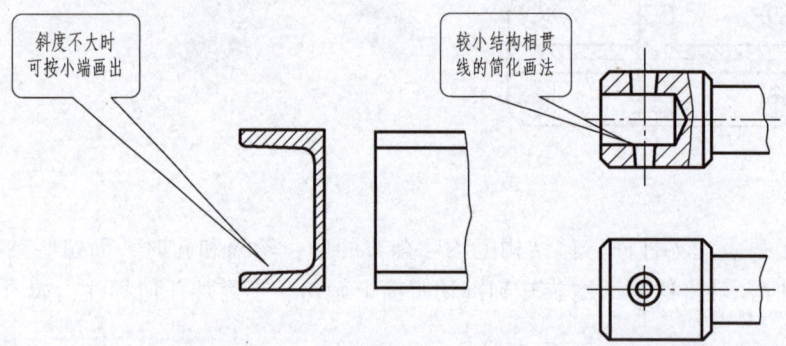

图 7-64　较小结构的简化画法

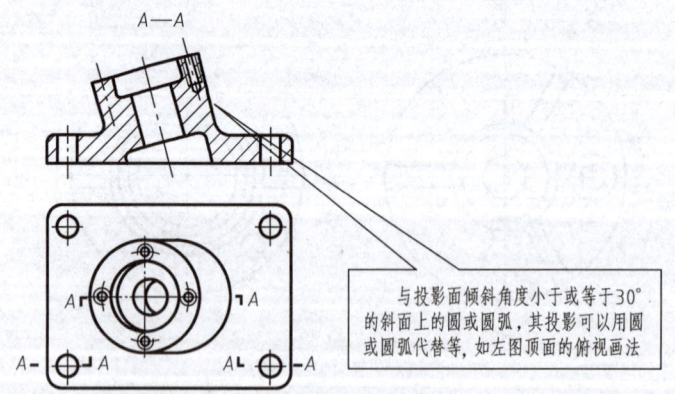

图 7-65　斜面的简化画法

三、小试身手

学生测绘端盖零件，完成端盖零件图的绘制，参考图样如图 7-66、图 7-67 所示。

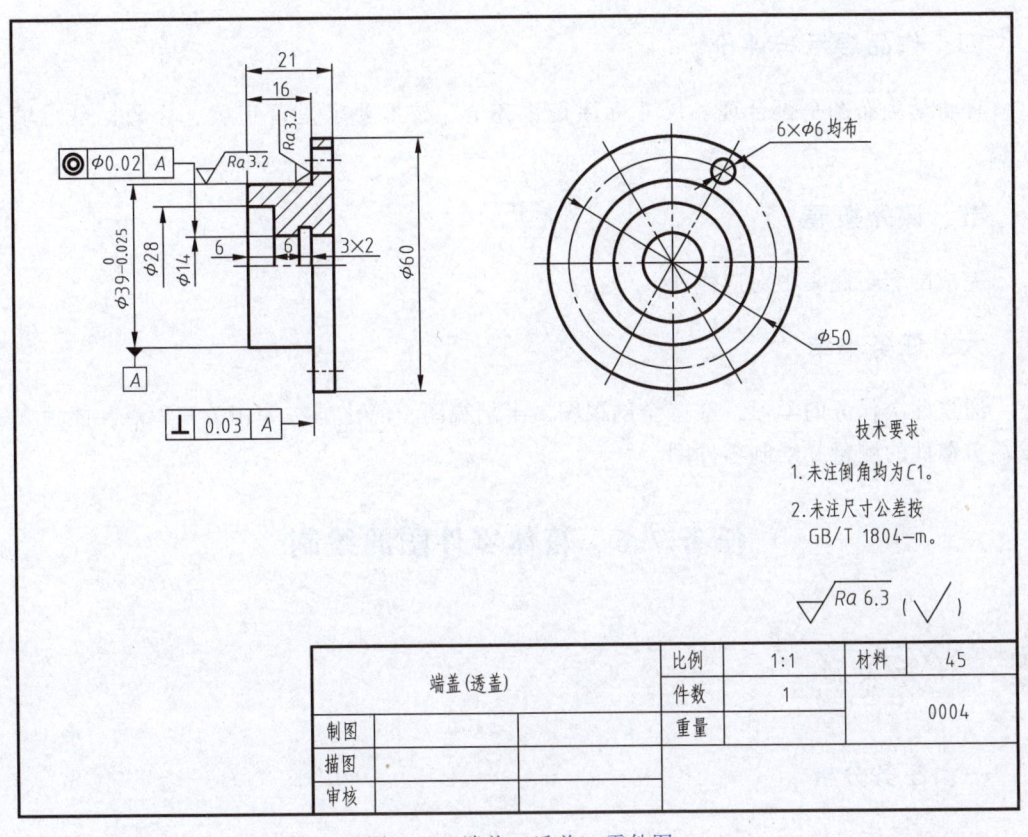

图 7-66　端盖（透盖）零件图

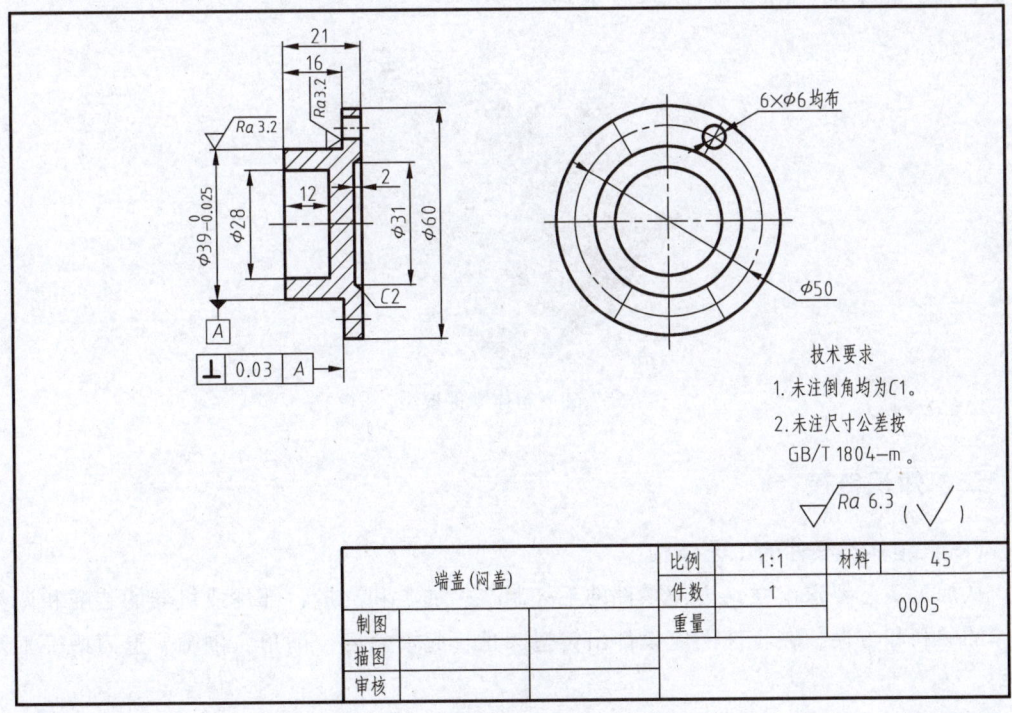

图 7-67　端盖（闷盖）零件图

四、作品展示与评价

评价学生布图是否合理、尺寸标注是否齐全、技术要求是否正确、标题栏是否填写完整。

五、课外拓展

完成配套习题集中对应作业。

六、任务小结

通过此次任务的学习,掌握全剖视图、半剖视图、简化画法等相关知识点,能独立完成端盖零件的测量并绘制零件图。

任务 7.6　箱体零件图的绘制

一、任务分析

要绘制箱体零件图,需掌握箱体零件的工艺结构,也需要掌握局部剖视图的画法等相关知识点。图 7-68 为箱体零件模型。

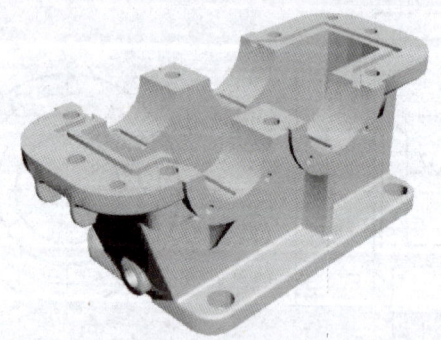

图 7-68　箱体零件模型

二、知识链接

(一) 箱体类零件的工艺结构

从加工工艺要求出发,为使零件的毛坯制造、加工和测量,部件或机器的装配和调整工作的顺利和方便,在零件上应设计出铸造圆角、起模斜度、倒角、倒圆、退刀槽等工艺结构。

零件上工艺结构很多,在这里主要介绍铸造和机械加工工艺结构。

1. 铸造工艺结构

(1) 拔模斜度

在铸造时为了便于把木模从砂型中取出，在铸件的内外壁沿起模方向应设计出一定的斜度，这个斜度称为拔模斜度，如图7-69、图7-70所示，其斜度一般在1∶10~1∶20之间。当斜度较小时，在图上可不画出，若斜度大则应画出。

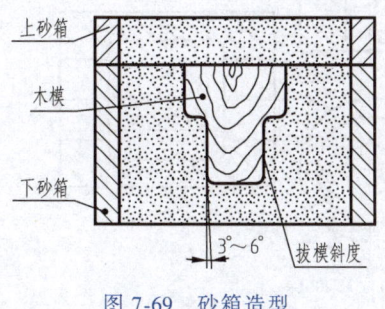

图7-69 砂箱造型

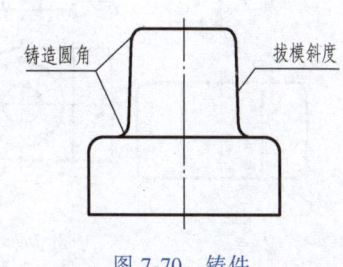

图7-70 铸件

(2) 铸造圆角

在铸件表面相交拐角处应有圆角，如图7-71a所示。否则脱模时会有砂型落砂，同时铸件冷却时产生裂纹或缩孔的现象，如图7-71b所示。

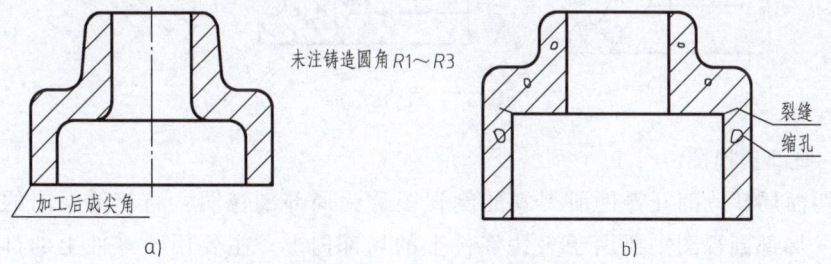

图7-71 铸造圆角

(3) 壁厚均匀

若铸件壁厚不均匀，由于金属熔液冷却的速度不一样，容易产生缩孔或裂纹，如图7-71b所示。所以在设计时，铸件的壁厚要均匀或逐渐变化，应避免突然变厚，如图7-72所示。

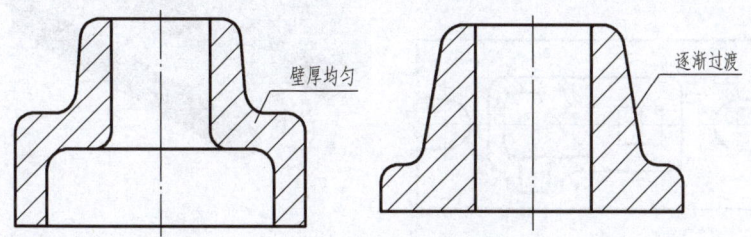

图7-72 壁厚均匀或逐渐过渡

2. 机械加工工艺结构

箱体类零件中凡与其他零件接触的表面一般都要加工。为了减少机械加工量及保证两表面接触良好，应尽量减少加工面积和接触面积，常用的方法是把零件接触表面做成凸台、凹坑和凹槽，其结构形状如图 7-73 所示。钻孔时，被钻孔的端面应与钻头垂直，以避免钻孔偏斜或钻头折断，其结构形状如图 7-74 所示。

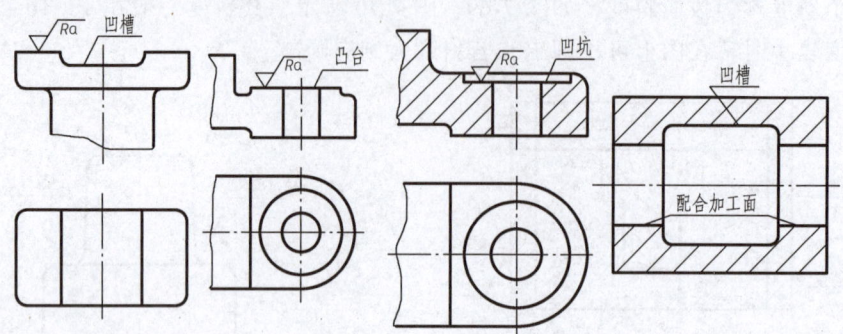

图 7-73　减少加工面积和接触面积

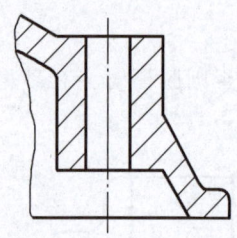 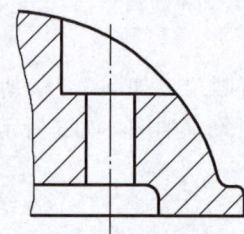 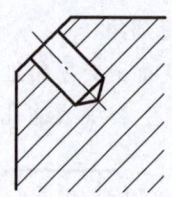

图 7-74　钻孔端面

（二）局部剖视图

用剖切面局部地剖开零件所得到的剖视图称为局部剖视图，局部剖视图的应用如图 7-75 所示。局部剖视图主要用于表达零件上的局部内形。主要用于零件上的部分内部结构形状未表达清楚，但又没有必要作全剖视或不适合作半剖视的情况。

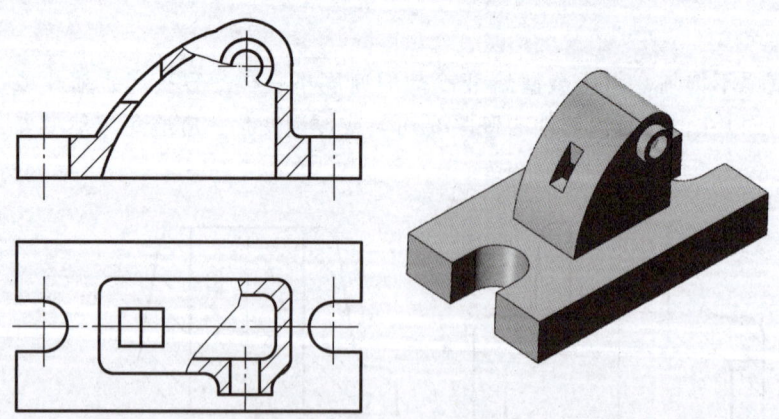

图 7-75　局部剖视的应用

局部剖视的范围可大可小，非常灵活。但对于同一零件的表达，局部剖视不宜用得过多，否则会使零件表达得过于零乱，影响图形的清晰。

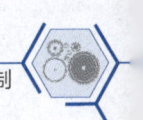

当被剖结构为回转体时,允许将该结构的中心线作为局部剖视与视图的分界线,如图 7-76 所示。

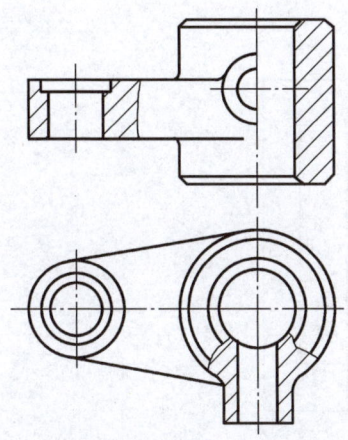

图 7-76　中心线作为分界线

对于那些不对称零件需要表达内外形状或对称零件不宜作半剖时,也可采用局部剖视图来表达,如图 7-77 所示。

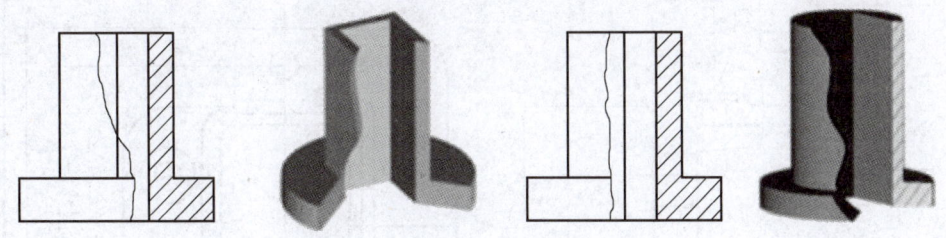

图 7-77　不宜作半剖视图的零件

三、小试身手

学生测绘箱体零件,完成箱体零件图的绘制,参考图样如图 7-78 所示。

四、作品展示与评价

评价学生布图是否合理、尺寸标注是否齐全、技术要求是否正确、标题栏是否填写完整。

五、课外拓展

完成配套习题集中对应作业。

六、任务小结

通过此次任务的学习,掌握箱体零件的工艺结构、局部剖视图的画法等相关知识点,能独立测绘箱体零件图。

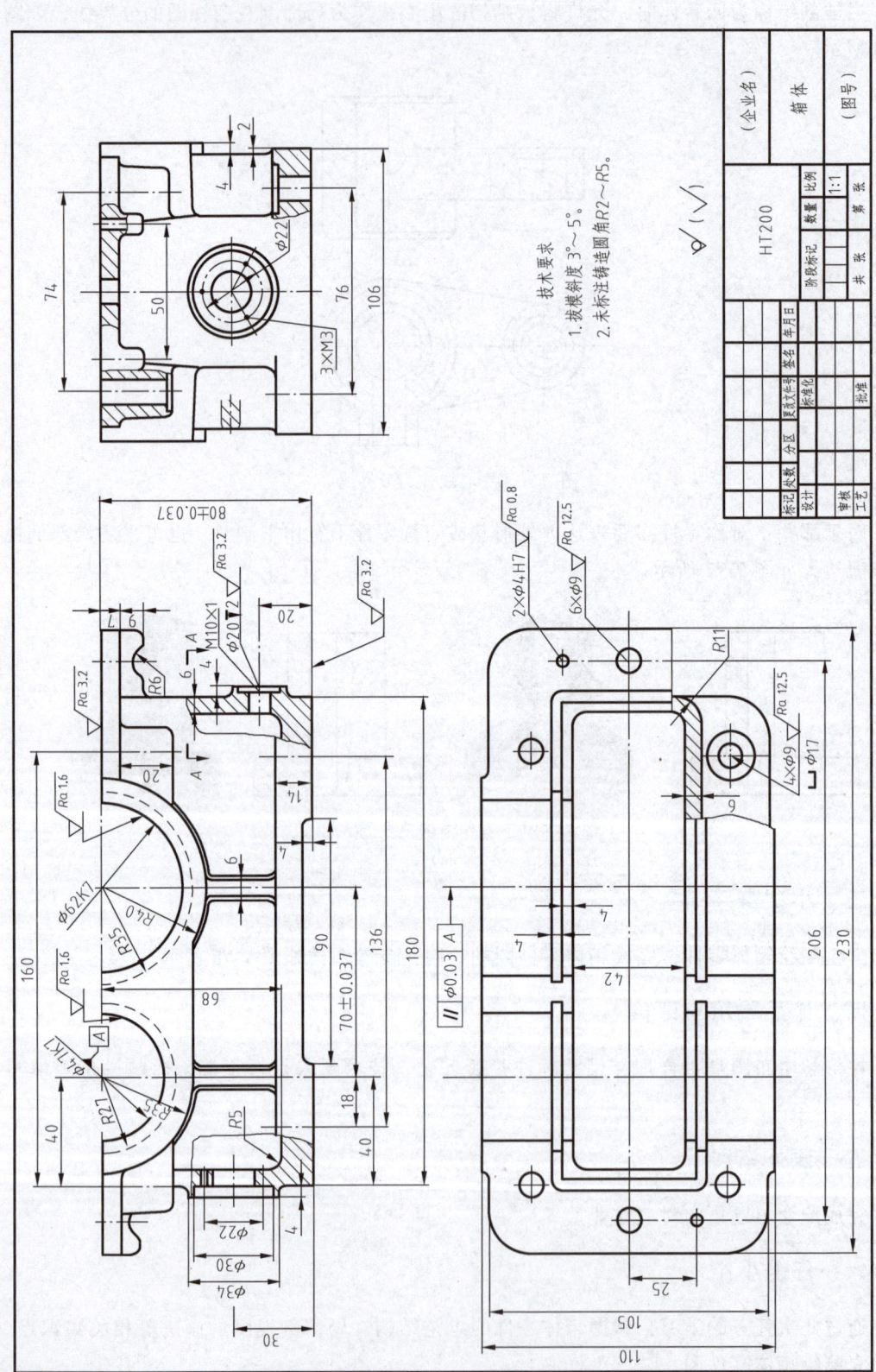

图 7-78 箱体零件图

任务7.7　减速器装配图的绘制

一、任务分析

要绘制减速器装配图，需掌握装配图的内容、装配图的表达方法、装配图的尺寸标注及技术要求等，也需要掌握滚动轴承、键联接、销联接、螺纹联接等相关知识点和装配图的零件序号、明细栏相关内容。图7-79为一级圆柱齿轮减速器直观图。

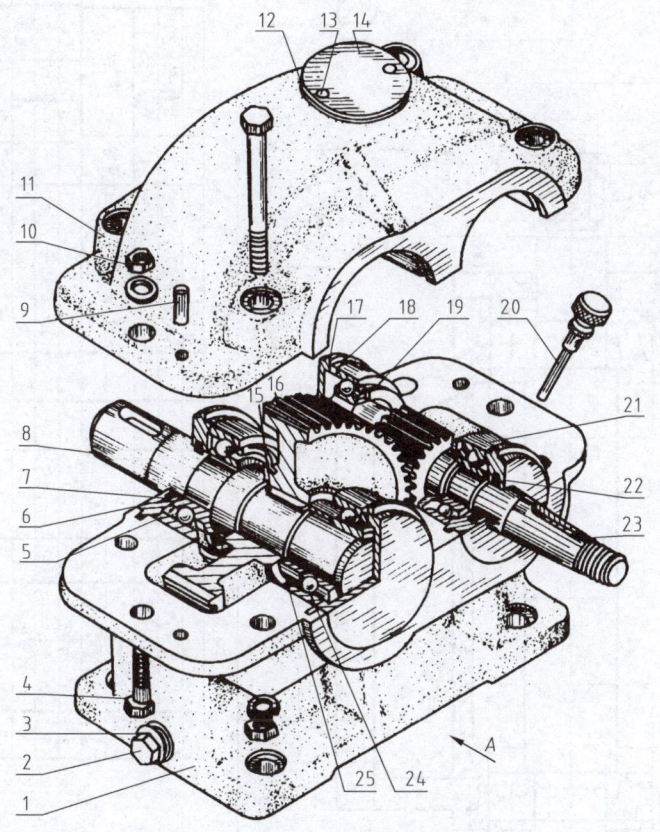

图7-79　一级圆柱齿轮减速器直观图

1—箱体　2—螺塞　3—垫圈　4—螺栓　5、21—轴承　6—油封　7—可通端盖　8—轴　9—销　10—螺母
11—箱盖　12—垫片　13—螺钉　14—视孔盖　15—键　16—齿轮　17—端盖　18—调整环
19—挡油环　20—油尺　22—油封　23—齿轮轴　24—调整环　25—支撑环

二、知识链接

（一）装配图的内容

图7-80是铣刀头装配图，从中可以看出，一张完整的装配图，应包括下列基本内容。

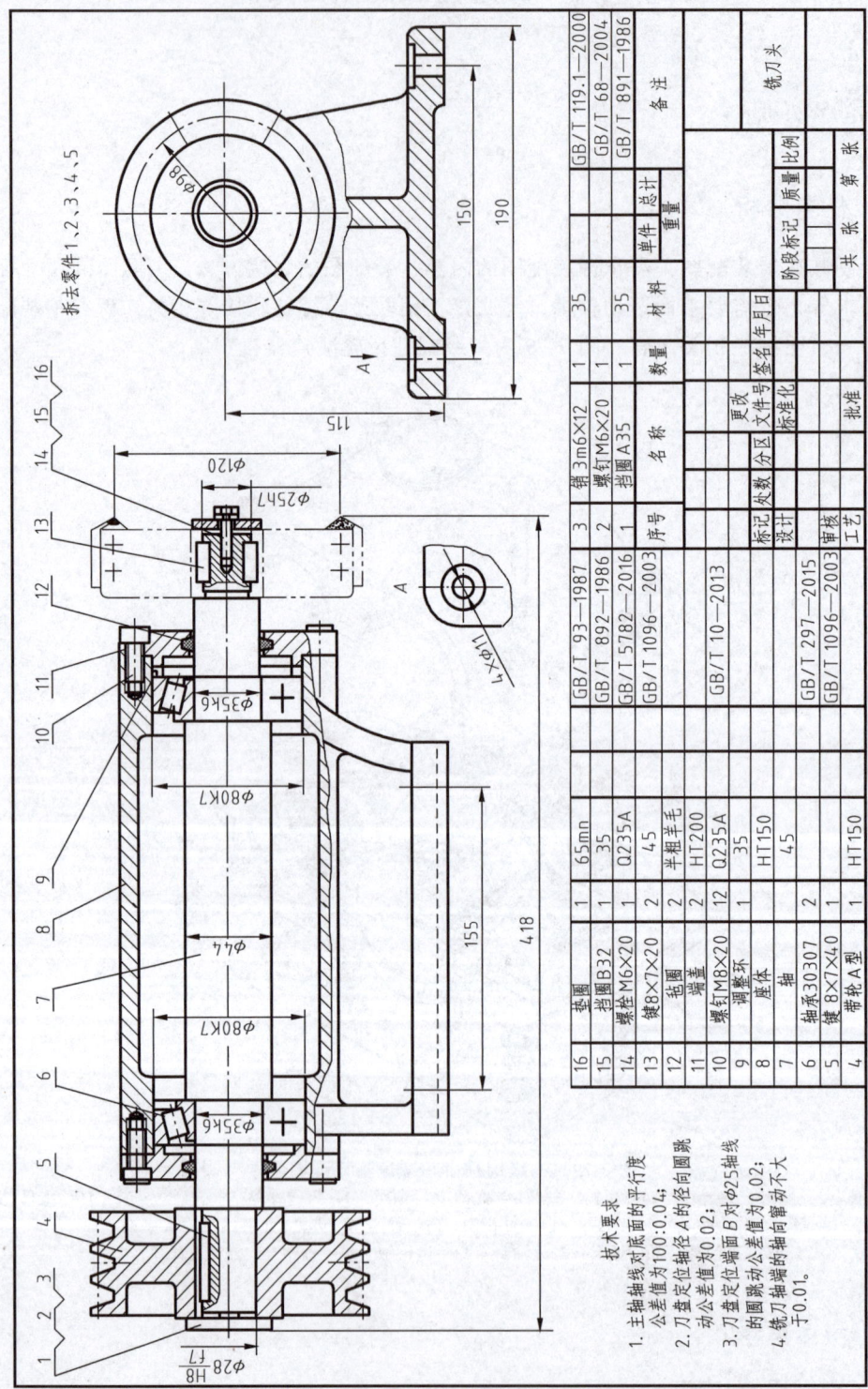

图 7-80 铣刀头装配图

1. 一组表达装配体结构的图形

运用必要的视图和各种表达方法，表达出机器或部件的装配组合情况、各零件间的相互位置、联接方式和配合性质，并能由图中分析、了解到机器或部件的工作原理、传动路线和使用性能。

2. 必要的尺寸

装配图上只需表达机器或部件规格、性能以及装配、检验、安装时所必要的尺寸。

3. 必要的技术要求

用文字说明或标注符号指明机器或部件在装配、调试、安装和使用中的技术要求。

4. 零件序号和明细栏

为便于看图、图样管理和组织生产，装配图中必须对每种零件编写序号，并相应编制零件明细栏。

5. 标题栏

包括机器或部件的名称、图号、比例以及图样的责任者签名等内容。

（二）装配图的表达方法

装配图要正确、清晰地表达装配体结构和其中主要零件的结构形状，零件图的各种表达方法和适用原则，对装配图同样适用。但是由于装配图表达的是装配体的总体情况，不同于零件图仅表达单个零件的结构形状，因此，国家标准中，对装配图表达方法又做了一些具体规定。

1. 装配图的规定画法

1）相邻两零件的接触面间只画一条线；而当相邻两零件有关部分基本尺寸不同时，即使间隙很小，也必需画两条线，如图 7-81 所示。

2）装配图中剖面线的画法：同一零件在不同视图中，剖面线的方向和间隔应该保持一致；相邻零件的剖面线，应有明显区别，方向相反或倾斜方向相同间隔不等，以便于在装配图中区分不同的零件，如图 7-81 所示剖面线的画法。

3）装配图中，对于螺栓等紧固件及实心的轴、杆、柄、球、键等零件，当剖切平面通过其基本轴线时，按未剖绘制，如图 7-81 所示轴和螺钉按未剖来绘制。

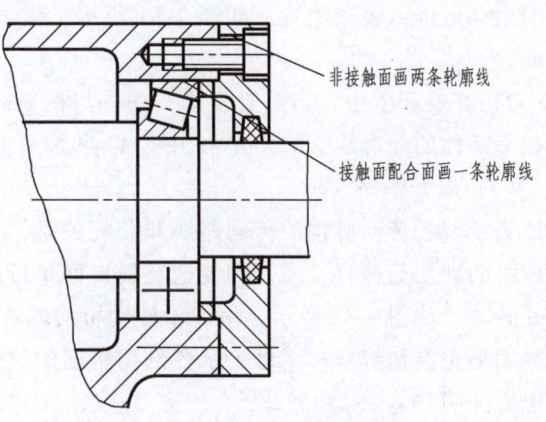

图 7-81　相邻零件的轮廓线画法

2. 装配图的特殊表达方法

零件的各种表达方法（如视图、剖视、断面图等）都可用以表达装配体的内外结构形状。但由于装配图是由若干零件装配而成的，有些零件会彼此遮盖，有些零件有一定的活动范围，还有些零件或组件属于标准件，因此为使装配图既能正确完整，而又简练地表达装配体的结构，国标中还规定了一些特殊表达方法。

(1) 沿零件结合面剖切和拆卸画法

装配图中，常有零件重叠的现象，当某些零件遮住了需要表达的结构与装配关系时，可假想将这些零件拆去后，再画出某一视图，或沿零件结合面进行剖切，相当于拆去剖切平面一侧的零件。此时结合面不画剖面线。必要时应注明"拆去××"，这种画法在装配图中应用很广泛，且形式多样。应根据图的特点假想拆去某个零件或只拆去它的一半或一部分，如图7-82中铣刀头的左视图，就是假想将某些零件拆卸后绘制。其上标明"拆去零件1、2、3、4、5"，原图见7-80所示。

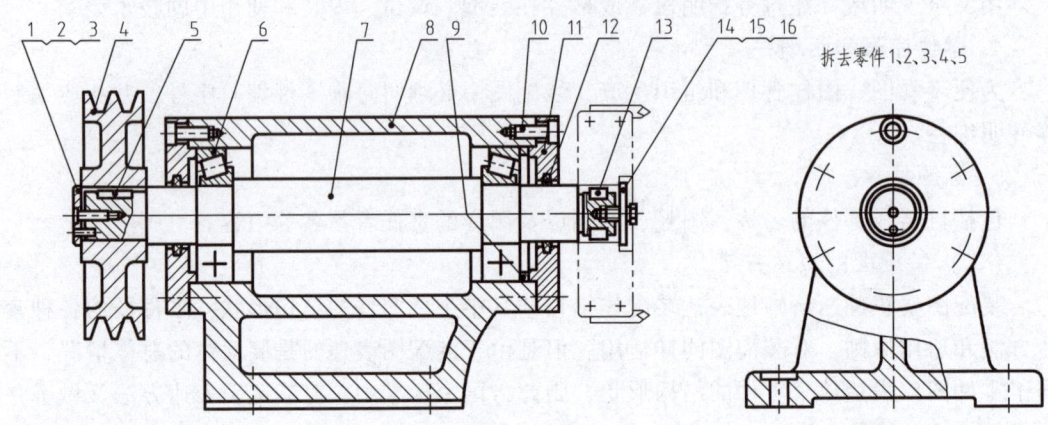

图 7-82 拆卸画法

(2) 假想画法

1) 在装配图上当需要表示某些零件运动范围和极限位置时，可用双点画线画出该零件的运动范围或极限位置。如图7-83所示，极限位置Ⅱ、Ⅲ，都是采用双点画线假想画出的。

2) 在装配图中，当需要表达本部件与相邻部件的装配关系时，可用双点画线假想画出相邻部件的轮廓线。如图7-83中，A—A展开图床头箱的画法所示。

(3) 展开画法

为了展示传动机构的传动路线和装配关系，可假想按传动顺序沿轴线剖切，然后依次将弯折的剖切面伸直，展开到与选定投影面平行的位置，再画出其剖视图，这种画法称为展开画法。如图7-83所示三星齿轮传动机构的A—A展开图。应用展开画法时，必须在相关视图上用剖切符号和字母表示各剖切平面的位置和关系，用箭头表示投射方向，在展开图上方注明"×—×展开"。

(4) 夸大画法

在装配图中，如绘制直径或厚度小于2mm的孔或薄片，以及画较小的锥度和斜度时，均允许将该部分不按原比例而夸大画出。如图7-84中的薄垫片就是按夸大厚度画出的，其剖面符号，也因轮廓小而采用完全涂黑的简化画法。

(5) 简化画法

1) 装配图中对于若干个相同的零件组，如螺栓、螺钉联接等，允许只画出一组，其余的用点画线表示其装配位置即可，如图7-84中的螺钉。

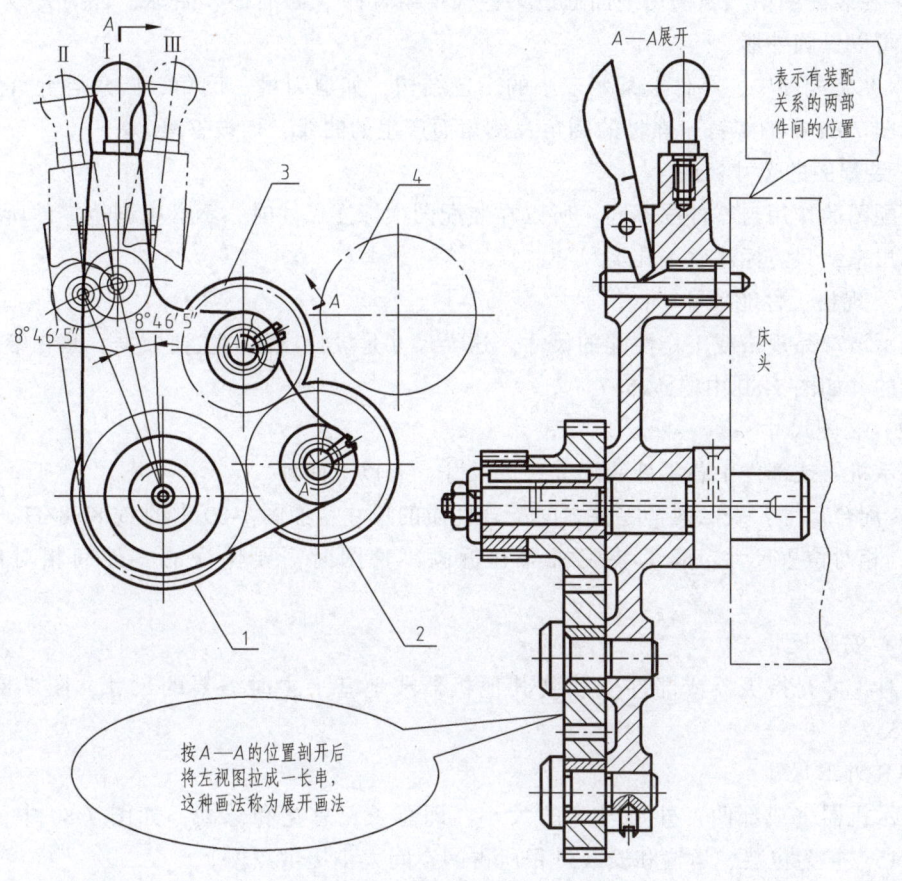

图 7-83 假想画法与展开画法

2) 对于装配图中的滚动轴承，允许一半按剖视绘制，另一半用十字粗实线简化画出，如图 7-84 中的轴承。

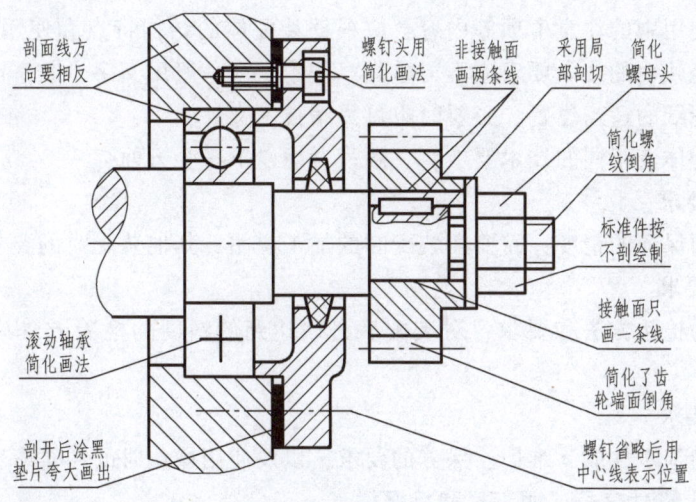

图 7-84 轴上齿轮、轴承和端盖的装配图

3）在装配图中，当剖切平面通过某些标准组合件（如油杯、油标、管接头等）的轴线时，可以只画外形。

4）在装配图中，零件上某些较小的工艺结构，如退刀槽、倒角、圆角等允许省略不画，如图7-84中的螺钉、螺母的倒角及倒角而产生的曲线，均被省略。

3. 装配图的尺寸标注

装配图的作用与零件图不同，所以在装配图中标注尺寸时，不必把制造零件所需的尺寸都标出来，只需标注以下几类尺寸。

（1）规格、性能尺寸

表示该产品规格或工作性能的尺寸。这类尺寸是设计产品的主要数据，是在绘图前就确定了的，如图7-80中的$\phi 25h7$。

（2）装配尺寸

表示机器或部件中各零件装配关系的尺寸，有以下两种。

1）配合尺寸：表示两个零件之间配合性质的尺寸，如图7-80中的$\phi 28H8/f7$。

2）相对位置尺寸：表示装配机器和拆画零件图时需要保证的零件间相对位置的尺寸。

（3）安装尺寸

这种尺寸是指机器或部件安装到其他机器或地基上去时需要的尺寸，图7-80中的150、155。

（4）外形尺寸

表示机器（或部件）外形轮廓的大小，即总长、总宽和总高，如图7-80中的418、190、115。它为包装、运输和安装过程所占的空间大小提供数据。

（5）其他重要尺寸

如表示运动件的活动范围的尺寸等。

4. 装配图上的技术要求

装配图上的技术要求，主要包括装配过程中的方法、质量要求，检验、调试中的特殊性要求和安装使用中的注意事项等内容，应根据装配体的结构特点和使用性能适当填写，在零件图中已经注明的技术要求应不再重复，技术要求一般用文字、数字或符号注写在明细栏的上方或图纸的适当位置，必要时也可另编技术文件。

不同的装配体有不同的技术要求，一般可考虑以下三个方面：

（1）装配要求

装配后必须保证的精度；需要在装配时的加工说明；其他装配时的要求。

（2）检验要求

基本性能的检验方法和要求；对装配后必须达到的精度的检验方法说明；其他检验要求。

（3）使用要求

对装配体的基本性能、维护、保养的要求，以及使用操作时的注意事项。

5. 装配图上零件序号、明细栏和标题栏

装配图上图形复杂，零件多，在读图时，为了便于查找每个零件的名称、数量、材料

等资料,有必要将这些内容编写成一张表格,称为零件明细栏,明细栏内的每一零件均应编上序号,并将序号按一定的顺序写在装配图图形周围,并用指引线将序号指引在相应零件的图形上,这样,在读图时,便可通过序号使图形与明细栏的内容互相联系对照,有利于全面了解每个零件的情况。

(1) 零、部件序号编写方法(如图7-85)

1) 序号应标注在图形轮廓线的外边,并填写在指引线的横线上或圆内,指引线应从所指零件的可见轮廓内引出,并在末端画一小圆点。

2) 若所指部分不便画圆点时,可在指引线末端画出箭头。

3) 指引线不要彼此相交。

4) 必要时,指引线可画成折线,但只允许弯折一次。

5) 对于零件组,允许采用公共指引线。

6) 每一种零件只编写一个序号。

7) 要沿水平或垂直方向按顺时针或逆时针方向依次排列整齐。

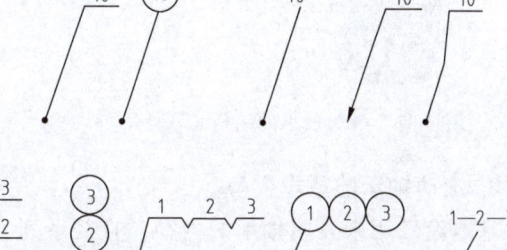

图 7-85 零、部件序号的标注

(2) 明细栏和标题栏

明细栏是全部零、部件的详细目录,由序号、代号、名称、数量、材料、备注等组成。明细栏应画在标题栏上方,位置不够时,可在标题栏的左方接着画明细栏。序号应由下向上顺序填写,以便增加零件时方便填写。外框和内格竖线为粗实线,横线为细实线,如图7-86所示。

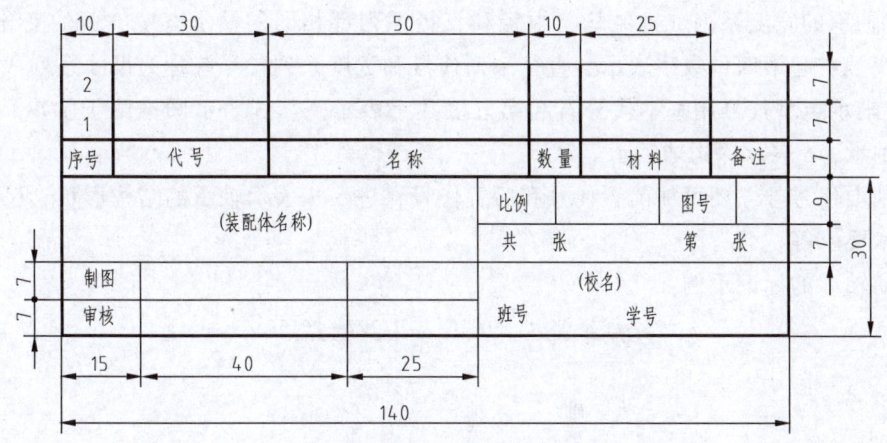

图 7-86 标题栏和明细栏的格式

(三) 滚动轴承

滚动轴承是用来支承轴的标准部件。其结构形式和尺寸均已标准化,并由专业厂家生产,需要时,可根据设计要求选型。轴承的种类很多,本节仅做简介。

1. 滚动轴承的结构与类型

滚动轴承一般由外圈、内圈、滚动体及保持架组成，如图7-87所示。内圈套在轴上与轴一起转动，外圈装在机座孔中。其类型如图7-88所示。

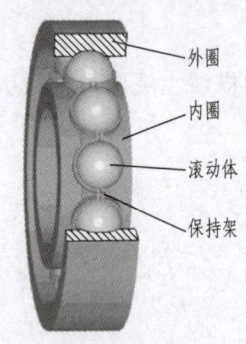

图 7-87　滚动轴承的结构

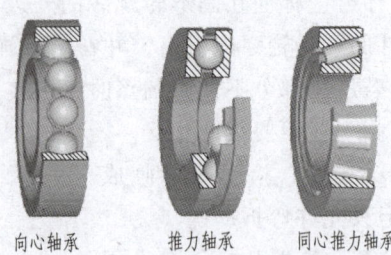

图 7-88　滚动轴承的种类

2. 滚动轴承的基本代号

基本代号用来表明轴承的内径、直径系列、宽度系列和类型，一般最多为五位数，分述如下：

1）轴承内径用基本代号右起第一、二位数字表示。对常用内径 $d=20\sim480\text{mm}$ 的轴承内径一般为 5 的倍数，这两位数字表示轴承内径尺寸被 5 除得的商数，如 04 表示 $d=20\text{mm}$；12 表示 $d=60\text{mm}$ 等等。对于内径为 10mm、12mm、15mm 和 17mm 的轴承，内径代号依次为 00、01、02 和 03。对于内径小于 10mm 和大于 500mm 的轴承，内径表示方法另有规定，可参看 GB/T 272—2017。

2）轴承的直径系列（即结构相同、内径相同的轴承在外径和宽度方面的变化系列）用基本代号右起第三位数字表示。

3）轴承的宽度系列（即结构、内径和直径系列都相同的轴承宽度方面的变化系列）用基本代号右起第四位数字表示。直径系列代号和宽度系列代号统称为尺寸系列代号。

4）轴承类型代号用基本代号右起第五位数字表示。如 3 表示圆锥滚子轴承，5 表示推力球轴承，6 表示深沟球轴承等等。

除基本代号外，还可加前置代号和后置代号，进一步表示轴承的结构形状、尺寸、公差和技术要求等。

滚动轴承的标记示例：

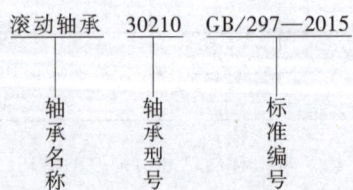

3—类型代号，表示圆锥滚子轴承

02—尺寸系列代号 "02"。

10—内径代号

3. 滚动轴承的画法

1）规定画法见表 7-8、表 7-9、表 7-10 所示。

表 7-8 深沟球轴承的规定画法

代号、结构	由标准中查出数据	规定画法
深沟球轴承 （GB/T 276—2013）6000 型	D d B	1. 由 D、B 画出轴承外廓 2. 由 $(D-d)/2 = A$ 画出外圈剖面 3. 由 $A/2$、$B/2$ 定出滚珠的球心，以 $A/2$ 为直径画出滚珠 4. 由球心向上、向下作 60°斜线交滚珠外形为两点 5. 自所求两点即可作出外（内）圆的内（外）轮廓

表 7-9 圆锥滚子轴承的规定画法

代号、结构	由标准中查出数据	规定画法
圆锥滚子轴承 （GB/T 297—2015）30000 型	D d T B C	1. 由 D、d、T、B、C 画出轴承外廓 2. 由 $(D-d)/2 = A$ 画出外圈剖面 3. 由 $A/2$、$T/2$ 定出滚锥的中心，再作倾斜 15°线画出滚锥的轴线 4. 由 $A/2$、$A/4$、C 作滚锥的外形线 5. 最后作出内外圈的轮廓

表 7-10 推力球轴承的规定画法

代号、结构	由标准中查出数据	规定画法
推力球轴承 （GB/T 301—2015）51000 型	D d T	1. 由 D、T 画出轴承外廓 2. 由 $(D-d)/2 = A$ 画出外圈剖面 3. 由 $A/2$、$T/2$ 定出滚球的球心，再以 $T/2$ 为直径画出滚珠 4. 由球心向上、向下作 60°斜线交滚珠外形为两点 5. 自所求两点即可作出左右圈的轮廓线

2）通用画法与特征画法如表 7-11 所示。

在通用画法中，使用粗实线矩形和十字形符号简单地表示滚动轴承。在不需要表示滚动轴承的外形轮廓、载荷特性、结构特征时采用通用画法。

在特征画法中，矩形框内十字形符号的方向及长短较形象地反映了轴承的结构特征和载荷特征。在需要较形象地表示滚动轴承的结构特征时采用特征画法。

在滚动轴承的规定画法中，其中一半较形象地画出其结构特征和载荷特性，滚子按不剖画出，另一半采用通用画法绘制。在滚动轴承的产品样图、样本、标准、用户手册和使用说明中可采用规定画法绘制。

表 7-11　滚动轴承的通用画法和特征画法

类型名称标准号	基本尺寸	通用画法	特征画法
深沟球轴承 GB/T 276—2013（60000 型）	D d B		
圆柱滚子轴承 GB/T 283—2007（N 型）	D d B		
圆锥滚子轴承 GB/T 297—2015（3000 型）	D d B T C		
推力球轴承 GB/T 301—2015（51000 型）	D d T		

（四）键联接

键通常用于联接轴与装在轴上的传动零件（如齿轮、带轮等），起传递转矩的作用，如图 7-89 所示。

键槽的型式和尺寸，也随键的标准化而有相应的标准。设计或测绘中，键槽的宽度、深度和键的宽度、高度等尺寸，可根据被联接的轴径在标准中查得，轴上的键槽长和键长根据轮毂宽，在键的长度标准系列中选用（键长不超过轮毂宽）。

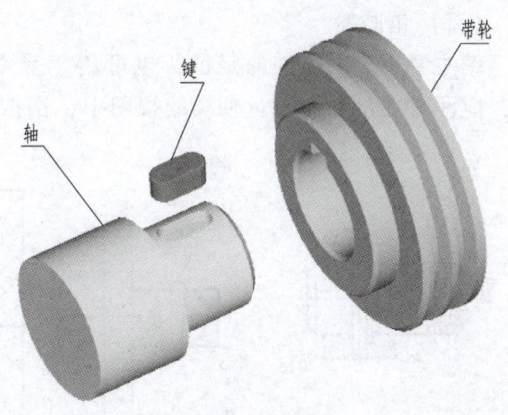

图 7-89　键联接

1. 普通平键联接的画法

普通平键两侧面是工作面，它与轴、轮毂的键槽两侧面相接触，分别只画一条线；键的上、下底面为非工作面，上底面与轮毂槽顶面之间留有一定的间隙，画两条线；在反映键长方向的剖视图中，轴采用局部剖视，键按不剖处理。键上的倒角、倒圆省略不画，如图 7-90 所示。

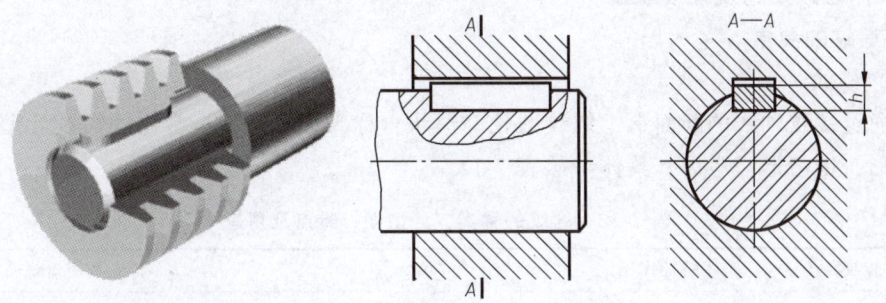

图 7-90　普通平键联接

2. 半圆形键联接的画法

与普通平键联接情况基本相同，作图也一样，只是键的形状为半圆形。在使用时，允许轴与轮毂轴线之间有少许倾斜，如图 7-91 所示。

3. 钩头楔键联接的画法

钩头楔键的上、下两面为工作面，上表面有 1∶100 的斜度，可用来消除两零件间的径向间隙，作图时上下两面都不留间隙，画成接触形式，如图 7-92 所示。

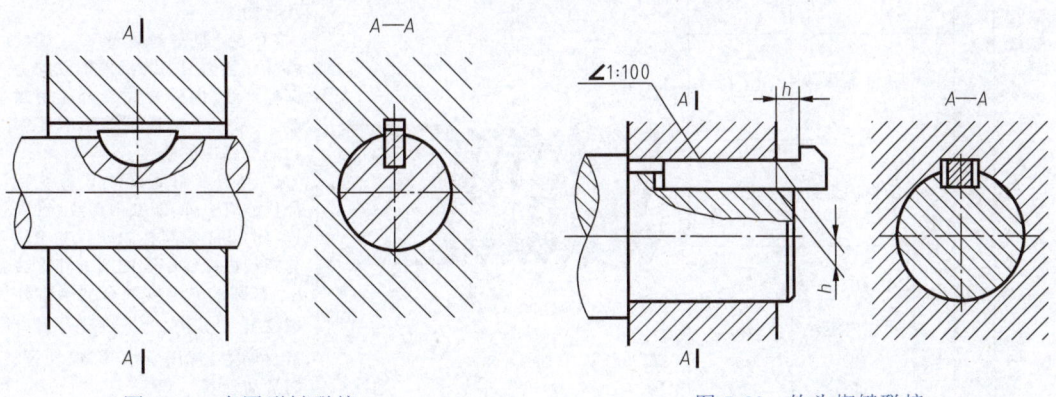

图 7-91　半圆形键联接　　　　图 7-92　钩头楔键联接

(五)销联接

销主要用于两零件的定位,也可用于受力不大的联接和锁定。在画销联接的装配图时,应注意在剖切面通过轴线的视图中,销按不剖画出,销联接的画法如图7-93所示。

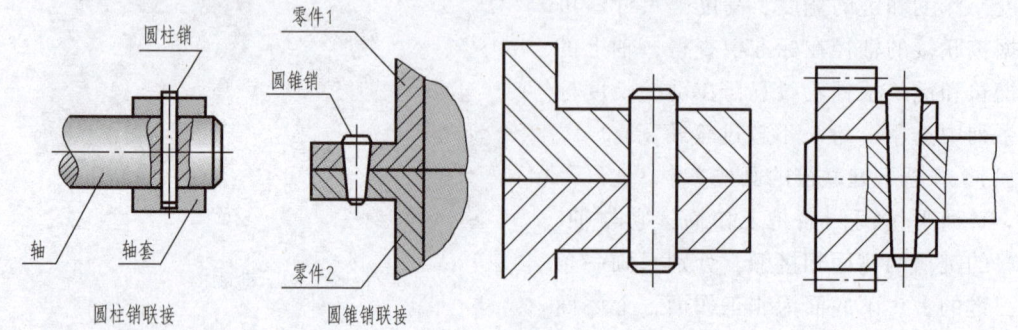

图7-93 销联接与画法

(六)螺纹结构及螺纹联接

1. 螺纹的要素

(1)螺纹牙型

在通过螺纹轴线的断面上,螺纹的轮廓形状,称为螺纹牙型。常用的螺纹牙型有三角形、梯形、锯齿形、矩形。具体参照表7-12。

表7-12 螺纹的种类、牙型图、特点及用途

螺纹种类			特征代号	牙 型 图	特点及用途说明
联接螺纹	普通螺纹		M		普通螺纹是常用的联接螺纹,牙型为三角形,牙型角为60°,螺纹特征代号为M。普通螺纹又分为粗牙和细牙两种,它们的代号相同。一般联接都用粗牙螺纹。当螺纹的大径相同时,细牙螺纹的螺距和牙型高度比粗牙小,因此细牙螺纹适用于薄壁零件的联接
	管螺纹	55°非密封	G		管螺纹主要用于联接管子,牙型为三角形,牙型角为55°,管螺纹有两类: (1)55°非密封管螺纹 螺纹特征代号为G,其内、外螺纹均为圆柱螺纹,内外螺纹旋合无密封能力,常用于电线管等不需要密封的管路中的联接。 (2)55°密封管螺纹 螺纹特征代号有4种:圆锥内螺纹(锥度1:16)为Rc;圆柱内螺纹为Rp;与圆柱内螺纹配合的圆锥外螺纹R_1;与圆锥内螺纹配合的圆锥外螺纹R_2。其内、外螺纹旋合后有密封能力,常用于水管、煤气管、润滑油管等
		55°密封	圆锥外螺纹 R_1、R_2		
			圆锥内螺纹 Rc		
			圆柱内螺纹 Rp		

(续)

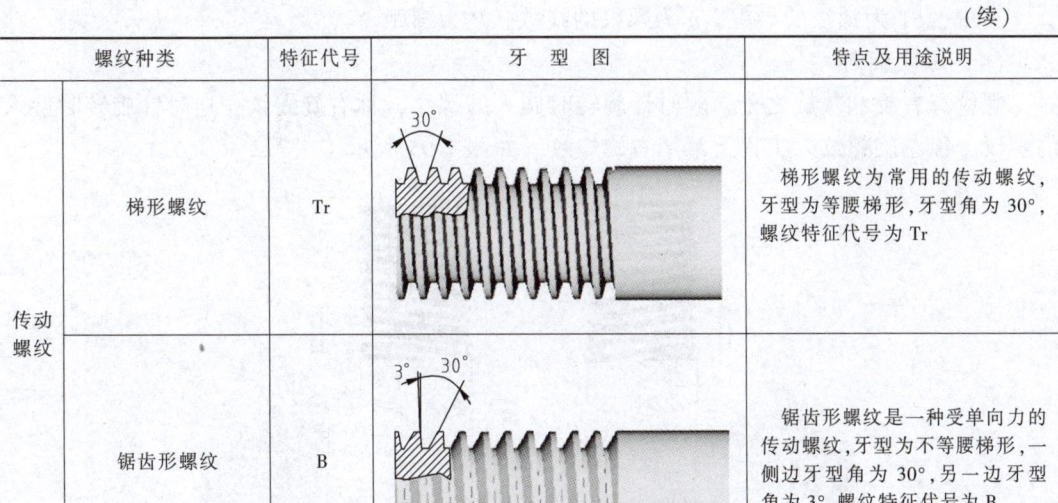

螺纹种类		特征代号	牙 型 图	特点及用途说明
传动螺纹	梯形螺纹	Tr		梯形螺纹为常用的传动螺纹，牙型为等腰梯形，牙型角为 30°，螺纹特征代号为 Tr
	锯齿形螺纹	B		锯齿形螺纹是一种受单向力的传动螺纹，牙型为不等腰梯形，一侧边牙型角为 30°，另一边牙型角为 3°，螺纹特征代号为 B

(2) 螺纹直径

1) 公称直径：代表螺纹尺寸的直径（管螺纹用尺寸代号表示）。

2) 大径：螺纹的最大直径如图 7-94 所示，即与外螺纹的牙顶或内螺纹的牙底相切的假想圆柱或圆锥的直径。外螺纹的大径用"d"表示，内螺纹的大径用"D"表示。

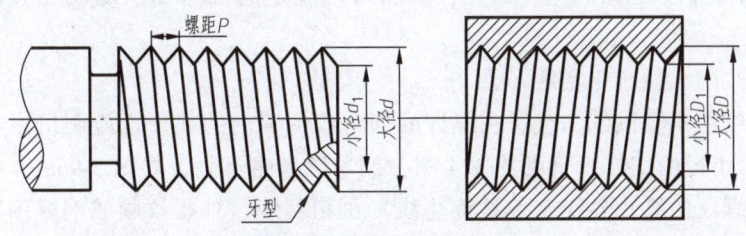

图 7-94　螺纹的直径

对于普通螺纹、梯形外螺纹、锯齿形螺纹等，螺纹大径即为"公称直径"。

3) 小径：螺纹的最小直径称为小径，即与外螺纹的牙底或内螺纹的牙顶相切的假想圆柱或圆锥的直径，分别用"d_1"和"D_1"表示。

4) 中径：一个假想圆柱或圆锥的直径，该圆柱或圆锥的母线通过牙型上沟槽和凸起宽度相等的地方。分别用"d_2"和"D_2"表示。

(3) 螺纹线数、螺距与导程

螺纹有单线和多线之分，沿一条螺旋线形成的螺纹，称为单线螺纹；沿两条或两条以上，且在轴向等距离分布的螺旋线形成的螺纹，称为多线螺纹。

螺纹相邻两牙在中径线上对应两点间的轴向距离称为螺距。沿同一条螺旋线转一周，轴向移动的距离称为导程。单线螺纹的螺距等于导程，多线螺纹的螺距乘以线数等于导程。

$$P_h = P \times n$$

其中，P_h 为螺纹的导程；n 为螺纹的线数；P 为螺距。

（4）螺纹旋向

螺纹有右旋和左旋之分，顺时针旋转时旋入的螺纹，称右旋螺纹；逆时针旋转时旋入的螺纹，称左旋螺纹。工程上常用右旋螺纹。如图 7-95 所示。

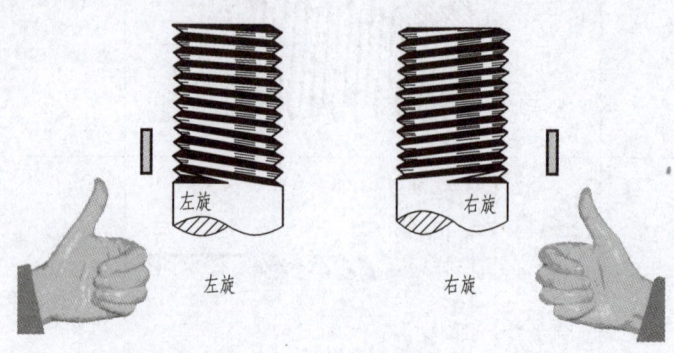

图 7-95　螺纹的旋向

螺纹的基本要素是确定螺纹形状和有关尺寸的基本依据。一对旋合的螺纹，基本要素必须相同，否则不能旋合。

2. 螺纹的画法

（1）外螺纹的规定画法

螺纹结构要素都已标准化，因此，画图时用规定的线型表示螺纹的大径、小径和终止线。

1）外螺纹的大径画粗实线。

2）外螺纹的小径画细实线，在螺杆的倒角或倒圆内的部分也应画出。在投影为圆的视图上，表示小径的细实线只画约 3/4 圈，倒角圆省略不画，如图 7-96a 所示。

3）有效螺纹的终止界线（简称终止线）画粗实线。外螺纹画成剖视图时，终止线只画一小段到小径处，剖面线应画到粗实线处，如图 7-96a 所示。

（2）内螺纹的规定画法

剖开表示时，大径为细实线，小径及螺纹终止线为粗实线，剖面线画到小径处。不剖开时，牙底、牙顶和螺纹终止线皆为虚线。在垂直于螺纹轴线的投影面的视图中，大径圆画成约为 3/4 圈的细实线，并规定螺纹孔的倒角圆也省略不画。如图 7-96b 为普通孔内螺纹的画法。

（3）内外螺纹的联接画法

在表示内外螺纹联接情况时，一般采用剖视图。内外螺纹的旋合部分按照外螺纹的画法绘制，未旋合的部分仍按照各自的画法绘制，如图 7-96c 所示。

3. 螺纹的标注

螺纹采用规定画法后，图上并不能反映螺纹的牙型、螺距、线数、旋向和制造精度等内容，还要借助代号的标注来加以说明。

（1）普通螺纹的标注

普通螺纹的完整标记由螺纹代号、公差带代号、旋合长度代号和旋向代号组成。

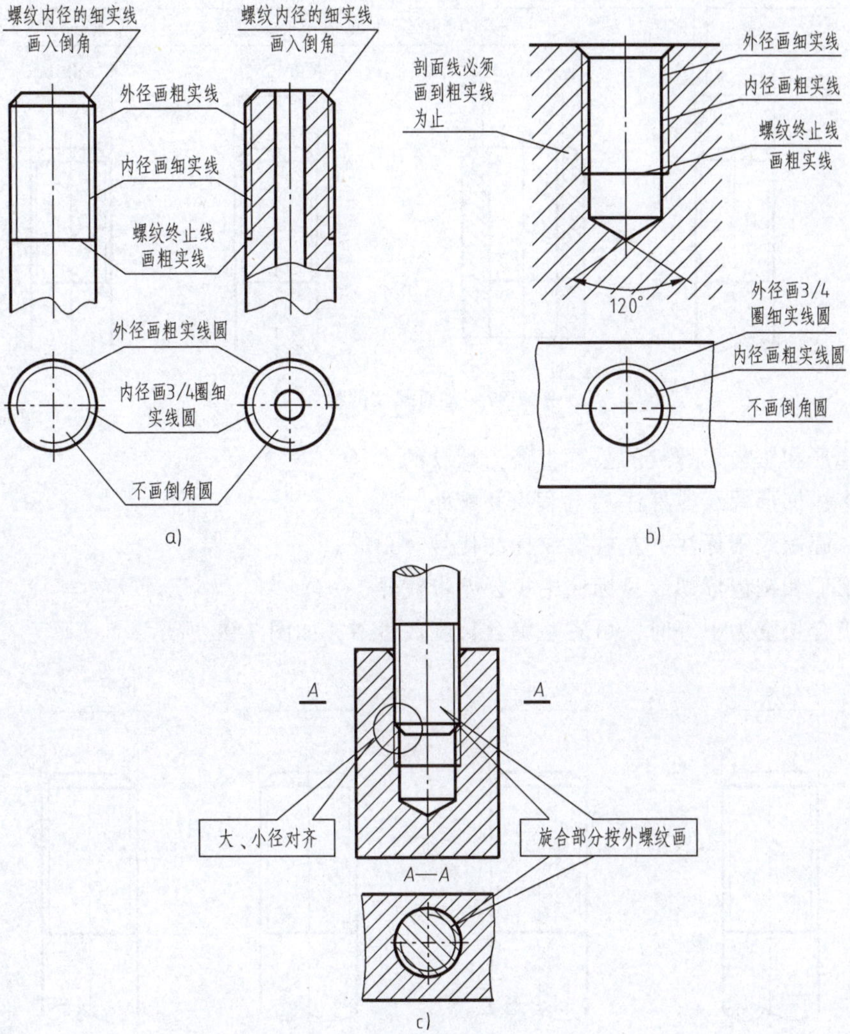

图 7-96 螺纹的画法

a) 外螺纹的规定画法　b) 内螺纹的规定画法　c) 内外螺纹的旋合画法

1) 普通螺纹从大径处引出尺寸线，按标注尺寸的形式进行标注。

2) 普通螺纹的公称直径为螺纹的大径，粗牙普通螺纹不标注螺距，细牙普通螺纹必须注明螺距。

3) 右旋螺纹不标注，左旋螺纹标注代号"LH"。

4) 普通螺纹必须标注螺纹的公差带代号，公差等级在前，基本偏差代号在后。中径和顶径的公差带代号不同时，先注中径的，后注顶径的。

5) 旋合长度是指两个相互旋合的螺纹，沿螺纹轴线方向相互旋合部分的长度。普通螺纹公差带按短（S）、中（N）、长（L）三组旋合长度给出了精密、中等及粗糙三种精度；旋合长度为中等时，可省略旋合长度代号N，如图 7-97 所示。

（2）梯形螺纹和锯齿形螺纹的标注

1) 梯形和锯齿形螺纹从大径处引出尺寸线，按标注尺寸的形式进行标注。

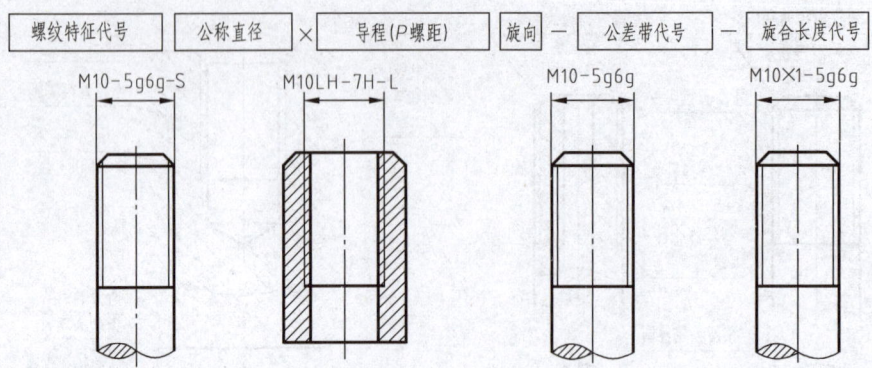

图 7-97　普通螺纹的标注

2）梯形和锯齿形螺纹的公称直径为螺纹的大径。

3）多线梯形螺纹应标注"导程（P 螺距）"。

4）右旋螺纹不标注，左旋螺纹标注代号"LH"。

5）梯形和锯齿形螺纹只标注中径公差带代号。

6）旋合长度为中等时，可省略旋合长度代号 N，如图 7-98 所示。

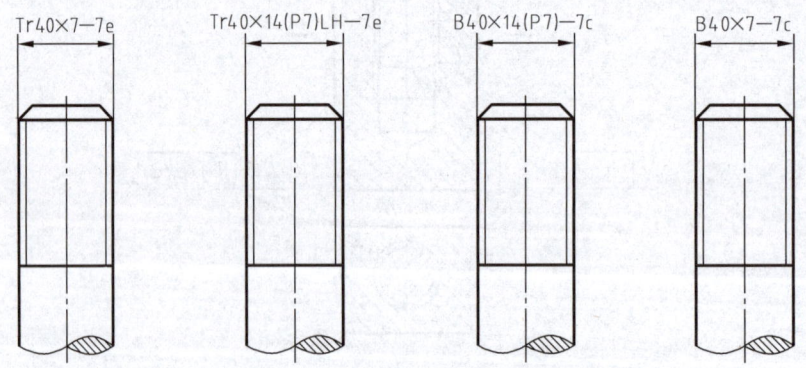

图 7-98　梯形螺纹和锯齿形螺纹的标注

（3）管螺纹的标注

管螺纹必须采用从大径轮廓线上引出的标注方法，各种管螺纹的尺寸代号都不是螺纹的大径，而近似地等于管子的孔径。

（4）非标准螺纹的标注

非标准螺纹必须画出牙型并标注全部尺寸。如图 7-99 所示。

4. 螺纹联接

（1）螺纹紧固件联接的画法

螺纹紧固件联接的基本形式有：螺栓联接、双头螺柱联接、螺钉联接，如图 7-100 所示。画装配图时，应按以下规定表示：

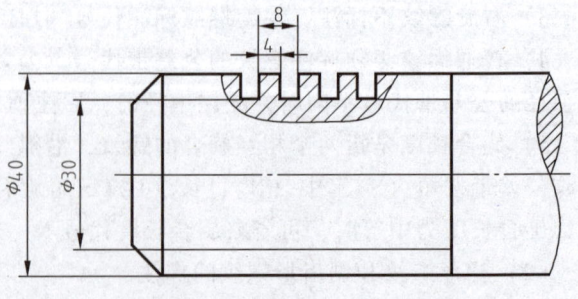

图 7-99　非标准螺纹的标注

1）两零件的接触面画一条线，不接触面画两条线。

2）相邻两零件的剖面线应不同，要方向相反或间隔不等。但同一零件在各视图中的剖面线方向和间隔应一致。

3）在剖视图中，若剖切平面通过螺杆的轴线时，这些紧固件按不剖绘制。

4）螺纹紧固件的工艺结构，如倒角、退刀槽、缩颈、凸肩等均可省略不画。

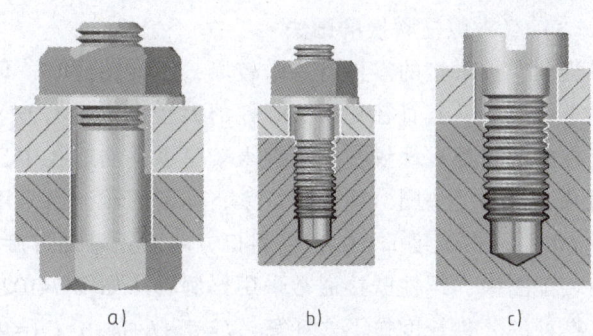

图 7-100　螺纹联接直观图

a）螺栓联接　b）双头螺柱联接　c）螺钉联接

5）在装配图中，不通孔的螺纹孔可不画出钻孔深度，按有效螺纹部分的深度（不包括螺尾）画出。

（2）螺栓联接的画法

螺栓联接常用的紧固件有螺栓、螺母、垫圈。它用于被联接件都不太厚，能加工成通孔且要求联接力较大的情况。先在被联接零件上加工通孔，孔径应大于螺栓直径，将螺栓插入通孔中，放上垫圈，放上螺母，即完成螺栓联接。

装配图中，螺栓联接通常采用比例画法如图 7-101 所示。

螺栓的公称长度按下式计算：$L=\delta_1+\delta_2+h+m+a$（$a=0.3d$），查标准，取最接近的标准长度值。

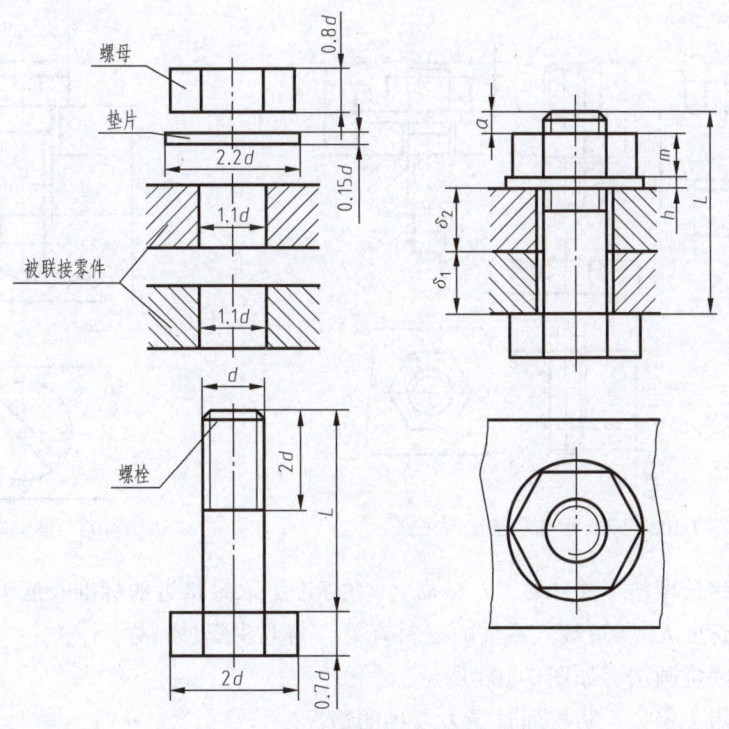

图 7-101　螺栓联接比例画法

(3) 双头螺柱联接的画法

当两个被联接的零件有一个较厚，不宜钻通时，可采用双头螺柱联接。通常在较薄的零件上钻通孔，其直径比双头螺柱的大径大（$\approx 1.1d$），在较厚零件上则加工出螺孔。双头螺柱的两端都有螺纹，一端旋入较厚零件的螺孔中，称旋入端，另一端穿过较薄零件上的通孔，再套上垫圈，用螺母拧紧，称紧固端。当采用弹簧垫圈时，其斜口可画成与水平线成60°，开槽宽度$m=0.1d$，斜口方向为顺着螺母旋进的方向。

装配图中，螺柱联接通常采用比例画法如图7-102所示。

螺柱的公称长度按下式计算：$L=\delta_1+h+m+a$（$a=0.3d$），查标准，取最接近的标准长度值。

双头螺柱旋入端的b_m与被旋入零件的材料有关；

对于钢或青铜 $b_m=d$

对于铸铁 $b_m=(1.25\sim1.5)d$

对于铝合金 $b_m=1.5d$

对于非金属材料 $b_m=2d$

(4) 螺钉联接的画法

螺钉联接不用螺母，它一般用于受力不大而又不需经常拆卸的地方。被联接零件中一个加工出螺孔，另一零件加工出通孔。

装配图中，螺钉联接通常采用比例画法。画图时应注意以下几个问题：螺钉上的螺纹终止线应高于两零件的接触面，以保证两个被联接的零件能够被旋紧。

螺钉头部的一字槽如图7-103画出或用粗实线（宽约$2d$，d为粗实线线宽）表示，在垂直于螺钉轴线的视图中一律向右倾斜45°画出，如图7-103所示。

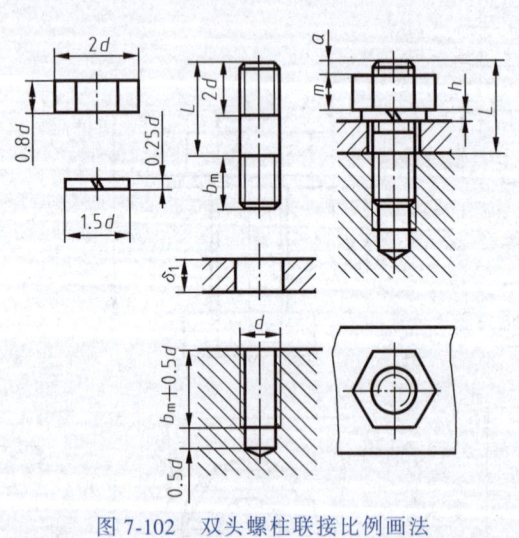

图7-102 双头螺柱联接比例画法　　图7-103 螺钉联接的画法

螺钉的公称长度按下式计算：$L=\delta+b_m$，查标准，取最接近的标准长度值。

旋入端的长度b_m与被旋入零件的材料有关，与双头螺柱一样。

紧定螺钉联接画法，如图7-104所示。

紧定螺钉用于定位、防松而且受力较小的情况。

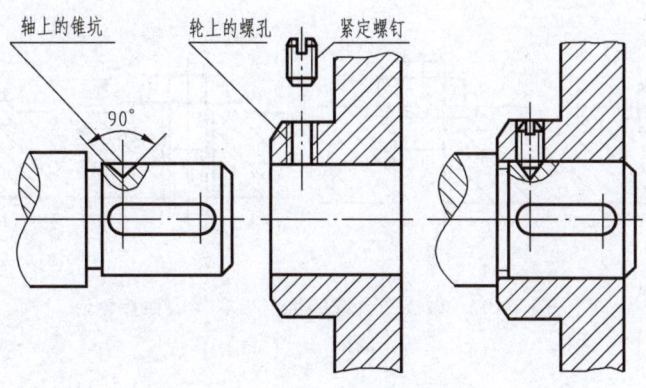

图 7-104　紧定螺钉联接

（七）装配图其他结构的画法

1. 接触面结构

1）轴肩面和孔端面相接触时，应在孔边倒角或在轴的根部切槽，以保证轴肩与孔的端面接触良好，如图 7-105 所示。

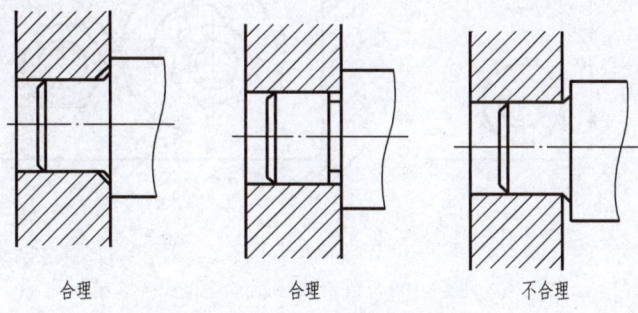

图 7-105　轴肩与孔接触面结构

2）当两个零件接触时，同一个方向上的接触面只能有一个，如图 7-106 所示。

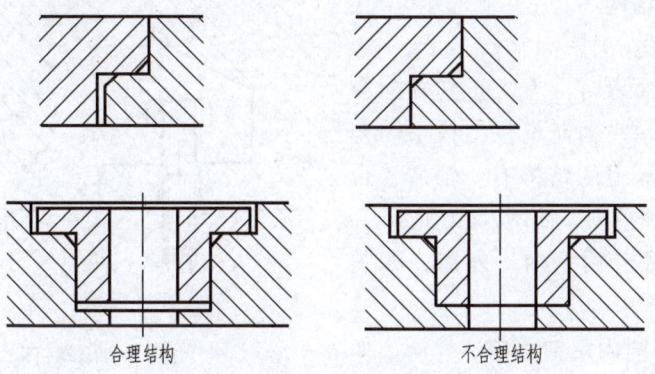

图 7-106　同一方向的接触面结构

3）为了使螺栓、螺钉、垫圈等紧固件与被联接表面接触良好，减少加工面积，应把被联接表面加工成凸台或凹坑，如图 7-107 所示。

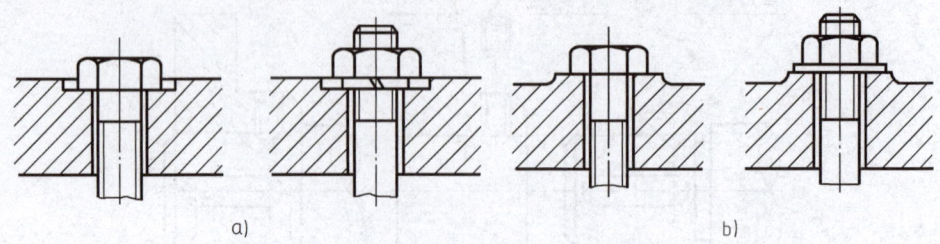

图 7-107　做成凸台或凹坑与被联接表面接触
a）沉孔　b）凸台

2. 便于装拆结构

1）要留出扳手活动空间，如图 7-108 所示。

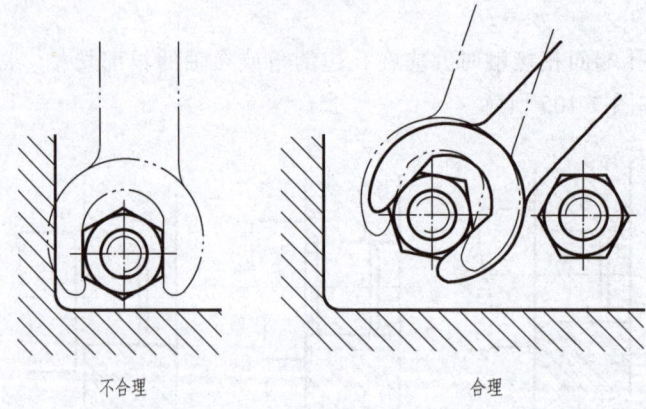

图 7-108　留出扳手活动空间

2）要留出螺钉装、拆空间，如果 7-109 所示。

3. 防松定位结构

（1）定位结构

在安装滚动轴承时，为防止其轴向窜动，有必要采用一些轴向定位结构来固定其内圈、外圈。常用的结构有：轴肩、台肩、圆螺母和各种挡圈，如图 7-110 所示。

1）用轴肩固定轴承内、外圈，如图 7-110a 所示。

2）用弹性挡圈固定轴承内、外圈，如图 7-110b 所示。

3）轴端挡圈固定轴承内圈，如图 7-110c 所示。

4）用套筒固定轴承内、外圈，如图 7-110d 所示。

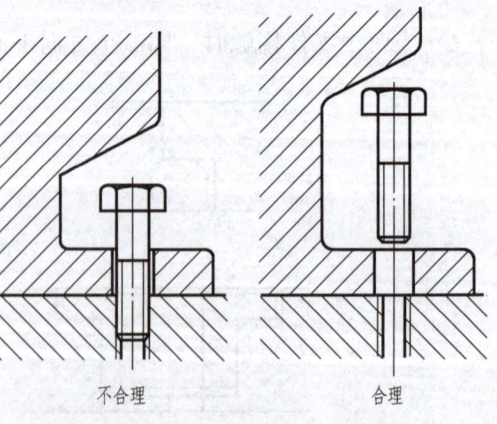

图 7-109　留出螺钉装、拆空间

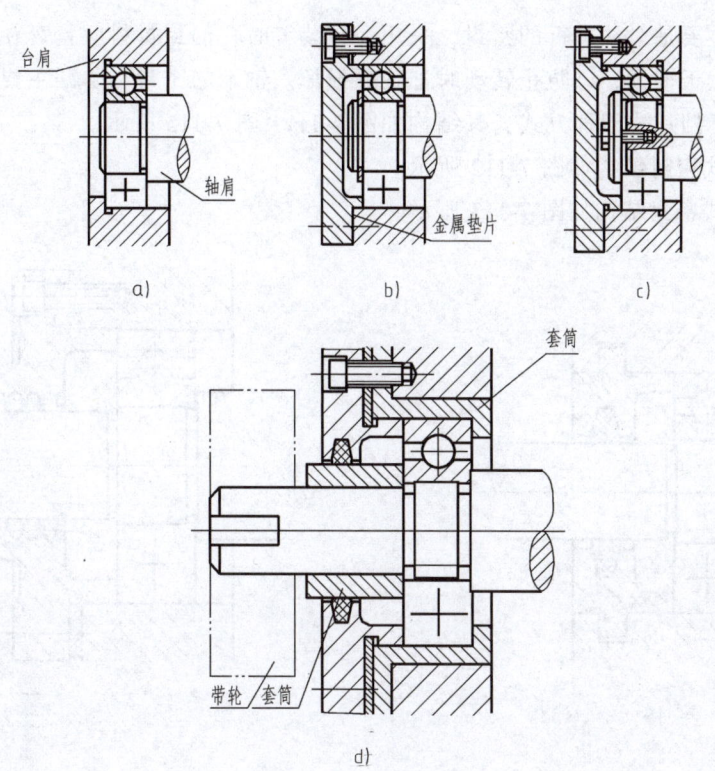

图 7-110　定位结构

（2）螺纹紧固件的防松结构

大部分机器在工作时常会产生震动或冲击，因而导致螺纹紧固件松动，影响机器的正常工作，甚至诱发严重事故，所以螺纹连接中一定要设计防松装置。常有的防松装置有：双螺母、弹簧垫圈、止退垫圈和开口销等，如图 7-111 所示。

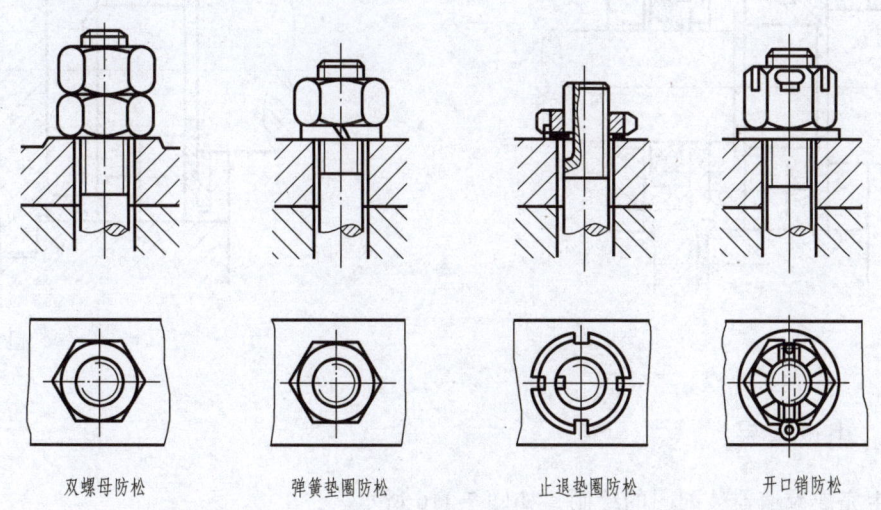

图 7-111　防松结构

4. 密封结构

密封结构主要是对油进行的密封，采用油封装置时，油封材料应紧套在轴颈上，而轴承盖上的孔应大于轴颈，以防止转动时把轴颈损坏。轴承的密封和防漏主要有毡圈式、沟槽式、橡胶式、挡片式四种方式，其结构如图 7-112～图 7-115 所示。

（1）毡圈式密封结构如图 7-112 所示。

（2）油沟式密封结构如图 7-113 所示。

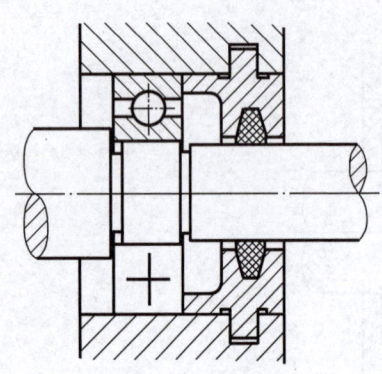

图 7-112　毡圈式密封结构

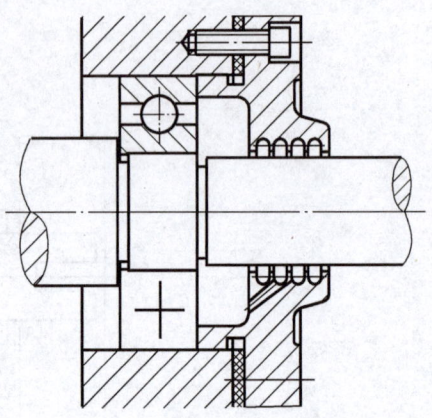

图 7-113　油沟式密封结构

（3）橡胶式密封结构如图 7-114 所示。

（4）挡片式密封结构如图 7-115 所示。

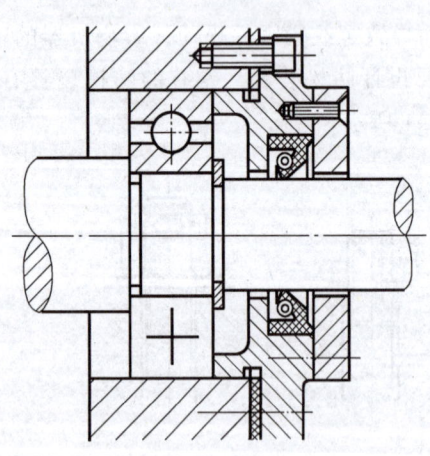

图 7-114　橡胶式密封结构

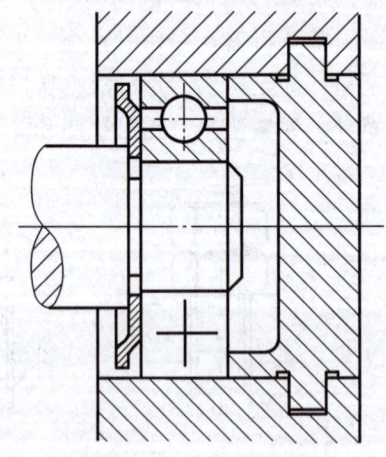

图 7-115　挡片式密封结构

三、小试身手

学生完成减速器装配图的绘制，如图 7-116 所示。

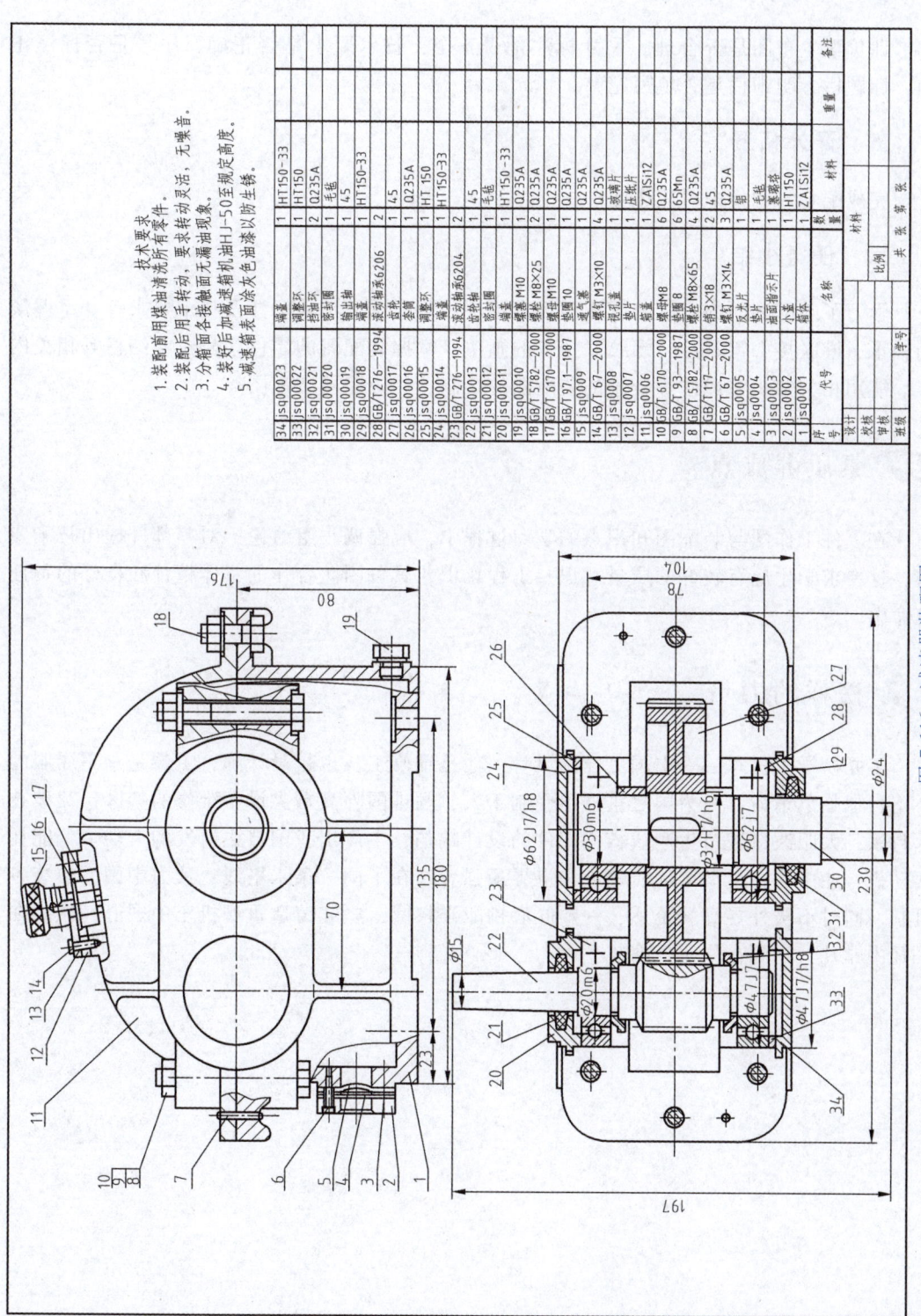

图 7-116 减速器装配图

四、作品展示与评价

评价学生布图是否合理，尺寸标注是否齐全，技术要求是否正确，序号是否标注正确，标题栏、明细栏是否填写完整。

五、课外拓展

完成配套习题集中对应作业。

六、任务小结

学习了装配图的内容、装配图的规定画法、装配图的尺寸标注及技术要求等，掌握滚动轴承、键联接、销联接、螺纹联接等的画法，掌握装配图的零件序号、明细栏等相关内容。能用相关知识完成中等较难的装配图的绘制，如减速器装配图等。

素质养成点

在零件工作图与装配图知识点的学习过程中，应强调小组讨论，对零部件提出技术要求，这要求学生应有较好的质量意识、工程意识，具备团队合作的集体精神和良好的责任使命感。

榜样的力量

工匠榜样王树军——中国工匠的风骨。他是维修工，也是设计师，更像是永不屈服的斗士！他临危请命，只为国之重器不受制于人，闯进国外高精尖设备维修的禁区，突破技术封锁，大胆改造进口生产线核心部件的设计缺陷，生产出我国自主研发的大功率低能耗发动机，让中国在重型柴油机领域和世界最强者站在了同一条水平线；致力中国高端装备研制，同时不被外界高薪诱惑；一颗匠心挑战洋权威，坚守铸造重型机车中国心；做到在平凡中非凡，达到在尽头处超越！

附录

附录 A 螺　　纹

表 A-1　普通螺纹直径与螺距系列（GB/T 193—2003）、基本尺寸（GB/T 196—2003）

（单位：mm）

公称直径 D、d		螺距 P		粗牙中径 D_2、d_2	粗牙小径 D_1、d_1
第一系列	第二系列	粗牙	细牙		
3		0.5	0.35	2.675	2.459
	3.5	0.6		3.110	2.850
4		0.7	0.5	3.545	3.242
	4.5	0.75		4.013	3.688
5		0.8		4.480	4.134
6		1	0.75	5.350	4.917
	7	1	0.75	6.350	5.917
8		1.25	1,0.75	7.188	6.647
10		1.5	1.25,1,0.75	9.026	8.376
12		1.75	1.25,1	10.863	10.106
	14	2	1.5,1.25*,1	12.701	11.835
16		2	1.5,1	14.701	13.835
	18	2.5	2,1.5,1	16.376	15.294
20		2.5	2,1.5,1	18.376	17.294
	22	2.5	2,1.5,1	20.376	19.294
24		3	2,1.5,1	22.051	20.752
	27	3	2,1.5,1	25.051	23.752
30		3.5	(3),2,1.5,1	27.727	26.211
	33	3.5	(3),2,1.5	30.727	29.211
36		4	3,2,1.5	33.402	31.670
	39	4		36.402	34.670
42		4.5	4,3,2,1.5	39.077	37.129
	45	4.5		42.077	40.129
48		5		44.752	42.587
	52	5		48.752	46.587
56		5.5	4,3,2,1.5	52.428	50.046
	60	5.5		56.428	54.046
64		6		60.103	57.505
	68	6		64.103	61.505

注：1. 优先选用第一系列，括号内尺寸尽可能不用，第三系列未列入。
　　2. *M14×1.25 仅用于火花塞。

表 A-2　55°密封管螺纹（GB/T 7306.1~.2—2000）　　（单位：mm）

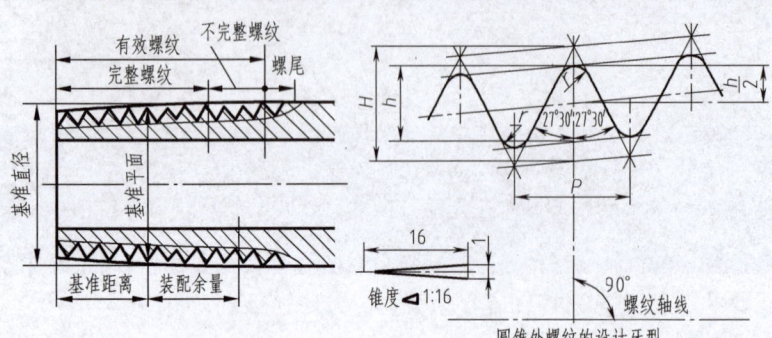

标记示例

GB/T 7306.1—2000　　GB/T 7306.2—2000
尺寸代号 3/4，右旋，　尺寸代号 3/4，右旋，
圆柱内螺纹：Rp 3/4　圆锥内螺纹：Rc 3/4
尺寸代号 3，右旋，与　尺寸代号 3，右旋，与
圆柱内螺纹相配合的圆　圆锥内螺纹相配合的圆
锥外螺纹：R1 3　　　锥外螺纹：R2 3
尺寸代号 3/4，左旋，　尺寸代号 3/4，左旋，
圆柱内螺纹：Rp3/4LH　圆锥内螺纹：Rc3/4LH
右旋圆锥外螺纹、圆　右旋圆锥内螺纹、圆
柱内螺纹螺纹副：Rp/　锥外螺纹副：Rc/R2 3
R1 3

尺寸代号	每25.4mm内所含的牙数 n/个	螺距 P	牙高 h	基准平面内的基本直径			基准距离（基本）	外螺纹的有效螺纹不小于（基本）
				大径（基准直径）$d=D$	中径 $d_2=D_2$	小径 $d_1=D_1$		
1/16	28	0.907	0.581	7.723	7.142	6.561	4	6.5
1/8	28	0.907	0.581	9.728	9.147	8.566	4	6.5
1/4	19	1.337	0.856	13.157	12.301	11.445	6	9.7
3/8	19	1.337	0.856	16.662	15.806	14.950	6.4	10.1
1/2	14	1.814	1.162	20.955	19.793	18.631	8.2	13.2
3/4	14	1.814	1.162	26.441	25.279	24.117	9.5	14.5
1	11	2.309	1.479	33.249	31.770	30.291	10.4	16.8
1¼	11	2.309	1.479	41.910	40.431	38.952	12.7	19.1
1½	11	2.309	1.479	47.803	46.324	44.845	12.7	19.1
2	11	2.309	1.479	59.614	58.135	56.656	15.9	23.4
2½	11	2.309	1.479	75.184	73.705	72.226	17.5	26.7
3	11	2.309	1.479	87.884	86.405	84.926	20.6	29.8
4	11	2.309	1.479	113.030	111.551	110.072	25.4	35.8
5	11	2.309	1.479	138.430	136.951	135.472	28.6	40.1
6	11	2.309	1.479	163.830	162.351	160.872	28.6	40.1

表 A-3 55°非密封管螺纹（GB/T 7307—2001）　　（单位：mm）

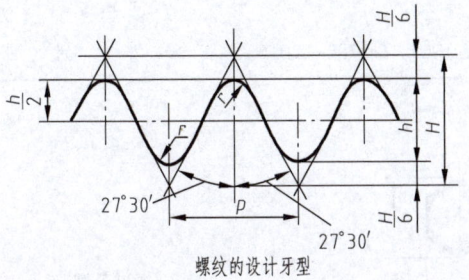

标记示例
尺寸代号 2,右旋,圆柱内螺纹:G2
尺寸代号 3,右旋,A 级圆柱外螺纹:G3A
尺寸代号 2,左旋,圆柱内螺纹:G2 LH
尺寸代号 4,左旋,B 级圆柱外螺纹:G4B LH

螺纹的设计牙型

尺寸代号	每 25.4mm 内所含的牙数 n/个	螺距 P	牙高 h	基本直径		
				大径 $d=D$	中径 $d_2=D_2$	小径 $d_1=D_1$
1/16	28	0.907	0.581	7.723	7.142	6.561
1/8	28	0.907	0.581	9.728	9.147	8.566
1/4	19	1.337	0.856	13.157	12.301	11.445
3/8	19	1.337	0.856	16.662	15.806	14.950
1/2	14	1.814	1.162	20.955	19.793	18.631
3/4	14	1.814	1.162	26.441	25.279	24.117
1	11	2.309	1.479	33.249	31.770	30.291
1¼	11	2.309	1.479	41.910	40.431	38.952
1½	11	2.309	1.479	47.803	46.324	44.845
2	11	2.309	1.479	59.614	58.135	56.656
2½	11	2.309	1.479	75.184	73.705	72.226
3	11	2.309	1.479	87.884	86.405	84.926
4	11	2.309	1.479	113.030	111.551	110.072
5	11	2.309	1.479	138.430	136.951	135.472
6	11	2.309	1.479	163.830	162.351	160.872

附录 B 螺纹紧固件

表 B-1 六角头螺栓（GB/T 5782—2016） （单位：mm）

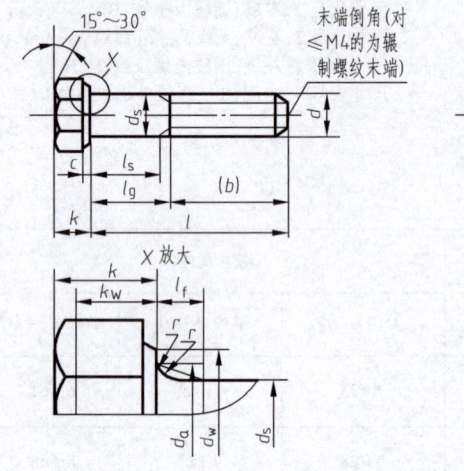
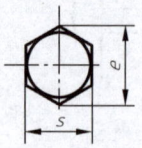

标记示例

螺纹规格 d=M12、公称长度 l=80mm、性能等级为 8.8 级、表面氧化、产品等级为 A 级的六角头螺栓：

螺栓 GB/T 5782 M12×80

螺纹规格 d			M3	M4	M5	M6	M8	M10	M12	M16	M20	M24	M30	M36	M42	M48
螺距 P			0.5	0.7	0.8	1	1.25	1.5	1.75	2	2.5	3	3.5	4	4.5	5
b参考	$l_{公称}$≤125		12	14	16	18	22	26	30	38	46	54	66	—	—	—
	125<$l_{公称}$≤200		18	20	22	24	28	32	36	44	52	60	72	84	96	108
	$l_{公称}$>200		31	33	35	37	41	45	49	57	65	73	85	97	109	121
c	max		0.4	0.4	0.5	0.5	0.6	0.6	0.6	0.8	0.8	0.8	0.8	0.8	1.0	1.0
	min		0.15	0.15	0.15	0.15	0.15	0.15	0.15	0.2	0.2	0.2	0.2	0.2	0.3	0.3
d_a	max		3.6	4.7	5.7	6.8	9.2	11.2	13.7	17.7	22.4	26.4	33.4	39.4	45.6	52.6
d_s	公称=max		3.00	4.00	5.00	6.00	8.00	10.00	12.00	16.00	20.00	24.00	30.00	36.00	42.00	48.00
	min	产品等级 A	2.86	3.82	4.82	5.82	7.78	9.78	11.73	15.73	19.67	23.67	—	—	—	—
		B	2.75	3.70	4.70	5.70	7.64	9.64	11.57	15.57	19.48	23.48	29.48	35.38	41.38	47.38
d_w	min	产品等级 A	4.57	5.88	6.88	8.88	11.63	14.63	16.63	22.49	28.19	33.61	—	—	—	—
		B	4.45	5.74	6.74	8.74	11.47	14.47	16.47	22	27.7	33.25	42.75	51.11	59.95	69.45
e	min	产品等级 A	6.01	7.66	8.79	11.05	14.38	17.77	20.03	26.75	33.53	39.98	—	—	—	—
		B	5.88	7.50	8.63	10.89	14.20	17.59	19.85	26.17	32.95	39.55	50.85	60.79	71.3	82.6
l_f	max		1	1.2	1.2	1.4	2	2	3	3	4	4	6	6	8	10
k	公称		2	2.8	3.5	4	5.3	6.4	7.5	10	12.5	15	18.7	22.5	26	30
	产品等级 A	max	2.125	2.925	3.65	4.15	5.45	6.58	7.68	10.18	12.715	15.215	—	—	—	—
		min	1.875	2.675	3.35	3.85	5.15	6.22	7.32	9.82	12.285	14.785	—	—	—	—
	B	max	2.2	3.0	3.74	4.24	5.54	6.69	7.79	10.29	12.85	15.35	19.12	22.92	26.42	30.42
		min	1.8	2.6	3.26	3.76	5.06	6.11	7.21	9.71	12.15	14.65	18.28	22.08	25.58	29.58

（续）

螺纹规格 d			M3	M4	M5	M6	M8	M10	M12	M16	M20	M24	M30	M36	M42	M48
k_w	min	产品等级 A	1.31	1.87	2.35	2.70	3.61	4.35	5.12	6.87	8.6	10.35	—	—	—	—
		B	1.26	1.82	2.28	2.63	3.54	4.28	5.05	6.8	8.51	10.26	12.8	15.46	17.91	20.71
r	min		0.1	0.2	0.2	0.25	0.4	0.4	0.6	0.6	0.8	0.8	1	1	1.2	1.6
s	公称=max		5.50	7.00	8.00	10.00	13.00	16.00	18.00	24.00	30.00	36.00	46	55.0	65.0	75.0
	min 产品等级	A	5.32	6.78	7.78	9.78	12.73	15.73	17.73	23.67	29.67	35.38	—	—	—	—
		B	5.20	6.64	7.64	9.64	12.57	15.57	17.57	23.16	29.16	35.00	45	53.8	63.1	73.1
l(商品规格范围)			20~30	25~40	25~50	30~60	40~80	45~100	50~120	65~160	80~200	90~240	110~300	140~360	160~440	180~480
l(系列)			20,25,30,35,40,45,50,55,60,65,70,80,90,100,110,120,130,140,150,160,180,200,220,240,260,280,300,320,340,360,380,400,420,440,460,480													

注：l_g 与 l_s 表中未列出。

表 B-2　双头螺柱　　　　（单位：mm）

$b_m = 1d$（GB/T 897—1988）　　$b_m = 1.25d$（GB/T 898—1988）
$b_m = 1.5d$（GB/T 899—1988）　　$b_m = 2d$（GB/T 900—1988）

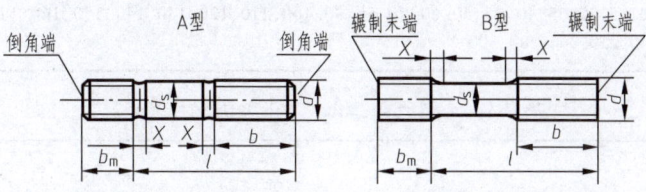

末端按GB/T 2—2016的规定；　　　　　d_s ≈ 螺纹中径（仅适用于B型）

标记示例

两端均为粗牙普通螺纹，$d=10$mm，$l=50$mm，性能等级为 4.8 级、不经表面处理、B 型、$b_m = 1d$ 的双头螺柱：
　　　　螺柱　GB 897　M10×50

旋入机件一端为粗牙普通螺纹，旋螺母一端为螺距 $P=1$mm 的细牙普通螺纹，$d=10$mm，$l=50$mm，性能等级为 4.8 级、不经表面处理、A 型、$b_m = 1d$ 的双头螺柱：
　　　　螺柱　GB 897　AM10-M10×1×50

螺纹规格 d	b_m（公称）				l/b
	GB/T 897 —1988	GB/T 898 —1988	GB/T 899 —1988	GB/T 900 —1988	
M2			3	4	(12~16)/6、(20~25)/10
M2.5			3.5	5	16/8、(20~30)/11
M3			4.5	6	(16~20)/6、(25~40)/12
M4			6	8	(16~20)/8、(25~40)/14
M5	5	6	8	10	(16~20)/10、(25~50)/16
M6	6	8	10	12	20/10、(25~30)/14、(35~70)/18
M8	8	10	12	16	20/12、(25~30)/16、(35~90)/22
M10	10	12	15	20	25/14、(30~35)/16、(40~120)/26、130/32
M12	12	15	18	24	(25~30)/16、(35~40)/20、(45~120)/30、(130~180)/36

（续）

螺纹规格 d	b_m（公称）				l/b
	GB/T 897—1988	GB/T 898—1988	GB/T 899—1988	GB/T 900—1988	
M16	16	20	24	32	(30~35)/20、(40~50)/30、(60~120)/38、(130~200)/44
M20	20	25	30	40	(35~40)/25、(45~60)/35、(70~120)/46、(130~200)/52
M24	24	30	36	48	(45~50)/30、(60~70)/45、(80~120)/54、(130~200)/60
M30	30	38	45	60	60/40、(70~90)/50、(100~120)/66、(130~200)/72、(210~250)/85
M36	36	45	54	72	70/45、(80~110)/60、120/78、(130~200)/84、(210~300)/97
M42	42	52	63	84	(70~80)/50、(90~110)/70、120/90、(130~200)/96、(210~300)/109
M48	48	60	72	96	(80~90)/60、(100~110)/80、120/102、(130~200)/108、(210~300)/121
l（推荐系列）	12、16、20、25、30、35、40、45、50、60、70、80、90、100、110、120、130、140、150、160、170、180、190、200、210、220、230、240、250、260、280、300				

表 B-3　1 型六角螺母（GB/T 6170—2015）　　　（单位：mm）

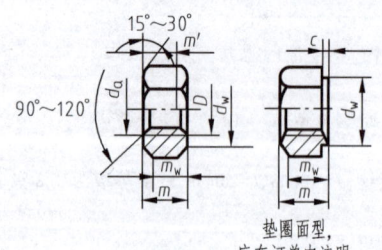

标记示例
螺纹规格为 M12、性能等级为 8 级、不经表面处理、产品等级为 A 级的 1 型六角螺母：
螺母　GB/T 6170　M12

垫圈面型，应在订单中注明

螺纹规格 D		M1.6	M2	M2.5	M3	M4	M5	M6	M8	M10	M12
螺距 P		0.35	0.4	0.45	0.5	0.7	0.8	1	1.25	1.5	1.75
c	max	0.2	0.2	0.3	0.4	0.4	0.5	0.5	0.6	0.6	0.6
d_a	max	1.84	2.3	2.9	3.45	4.6	5.75	6.75	8.75	10.8	13
	min	1.60	2.0	2.5	3.00	4.0	5.00	6.00	8.00	10.0	12
d_w	min	2.4	3.1	4.1	4.6	5.9	6.9	8.9	11.6	14.6	16.6
e	min	3.41	4.32	5.45	6.01	7.66	8.79	11.05	14.38	17.77	20.03
m	max	1.30	1.60	2.00	2.40	3.2	4.7	5.2	6.80	8.40	10.80
	min	1.05	1.35	1.75	2.15	2.9	4.4	4.9	6.44	8.04	10.37
m_w	min	0.8	1.1	1.4	1.7	2.3	3.5	3.9	5.2	6.4	8.3
s	公称=max	3.20	4.00	5.00	5.50	7.00	8.00	10.00	13.00	16.00	18.00
	min	3.02	3.82	4.82	5.32	6.78	7.78	9.78	12.73	15.73	17.73

（续）

螺纹规格 D		M16	M20	M24	M30	M36	M42	M48	M56	M64
螺距 P		2	2.5	3	3.5	4	4.5	5	5.5	6
c	max	0.8	0.8	0.8	0.8	0.8	1.0	1.0	1.0	1.0
d_a	max	17.3	21.6	25.9	32.4	38.9	45.4	51.8	60.5	69.1
	min	16.0	20.0	24.0	30.0	36.0	42.0	48.0	56.0	64.0
d_w	min	22.5	27.7	33.3	42.8	51.1	60	69.5	78.7	88.2
e	min	26.75	32.95	39.55	50.85	60.79	72.02	82.6	93.56	104.86
m	max	14.8	18.0	21.5	25.6	31.0	34.0	38.0	45.0	51.0
	min	14.1	16.9	20.2	24.3	29.4	32.4	36.4	43.4	49.1
m_w	min	11.3	13.5	16.2	19.4	23.5	25.9	29.1	34.7	39.3
s	公称=max	24.00	30.00	36	46	55.0	65.0	75.0	85.0	95.0
	min	23.67	29.16	35	45	53.8	63.1	73.1	82.8	92.8

注：1. A 级用于 $D \leq 16$ 的螺母；B 级用于 $D>16$ 的螺母。本表仅按优选的螺纹规格列出。
2. 螺纹规格为 M8~M64、细牙、A 级和 B 级的 1 型六角螺母，请查阅 GB/T 6171—2016。

表 B-4　1 型六角开槽螺母——A 和 B 级（GB 6178—1986）　　（单位：mm）

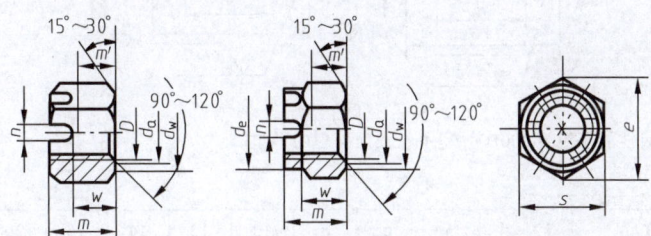

允许制造的形式
标记示例

螺纹规格 D＝M12、性能等级为 8 级、不经表面处理、A 级的 1 型六角开槽螺母：螺母 GB 6178-86-M12

螺纹规格 D		M4	M5	M6	M8	M10	M12	M16	M20	M24	M30	M36
d_a	max	4.6	5.75	6.75	8.75	10.8	13	17.3	21.6	25.9	32.4	38.9
	min	4	5	6	8	10	12	16	20	24	30	36
d_e	max	—	—	—	—	—	—	—	28	34	42	50
	min	—	—	—	—	—	—	—	27.16	33	41	49
d_w	min	5.9	6.9	8.9	11.6	14.6	16.6	22.5	27.7	33.2	42.7	51.1
e	min	7.66	8.79	11.05	14.38	17.77	20.03	26.75	32.95	39.55	50.85	60.79
m	max	5	6.7	7.7	9.8	12.4	15.8	20.8	24	29.5	34.6	40
	min	4.7	6.4	7.34	9.44	11.97	15.37	20.28	23.16	28.66	33.6	39
m'	min	2.32	3.52	3.92	5.15	6.43	8.3	11.28	13.52	16.16	19.44	23.52
n	min	1.2	1.4	2	2.5	2.8	3.5	4.5	4.5	5.5	7	7
	max	1.8	2	2.6	3.1	3.4	4.25	5.7	5.7	6.7	8.5	8.5

（续）

螺纹规格 D		M4	M5	M6	M8	M10	M12	M16	M20	M24	M30	M36
s	max	7	8	10	13	16	18	24	30	36	46	55
	min	6.78	7.78	9.78	12.73	15.73	17.73	23.67	29.16	35	45	53.8
w	max	3.2	4.7	5.2	6.8	8.4	10.8	14.8	18	21.5	25.6	31
	min	2.9	4.4	4.9	6.44	8.04	10.37	14.37	17.37	20.88	24.98	30.38
开口销		1×10	1.2×12	1.6×14	2×16	2.5×20	3.2×22	4×28	4×36	5×40	6.3×50	6.3×63

注：A 级用于 $D \leqslant 16$ 的螺母；B 级用于 $D > 16$ 的螺母。

表 B-5　小垫圈　A 级（GB/T 848—2002）、平垫圈　A 级（GB/T 97.1—2002）
平垫圈　倒角型　A 级（GB/T 97.2—2002）、大垫圈　A 级（GB/T 96.1—2002）

（单位：mm）

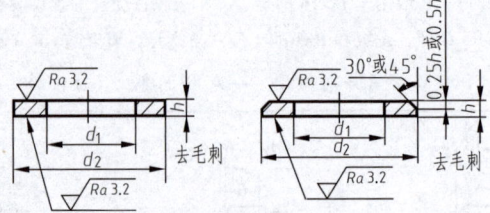

标记示例
标准系列、规格 8mm、性能等级为 200HV 级、不经表面处理的平垫圈：
　垫圈　GB/T 97.1　8

	规格（螺纹大径）		3	4	5	6	8	10	12	14	16	20	24	30	36
内径 d_1	公称 (min)	GB/T 848—2002	3.2	4.3	5.3	6.4	8.4	10.5	13	15	17	21	25	31	37
		GB/T 97.1—2002													
		GB/T 97.2—2002	—	—											
		GB/T 96.1—2002	3.2	4.3								22	26	33	39
	max	GB/T 848—2002	3.38	4.48	548	6.62	8.62	10.77	13.27	15.27	17.27	21.33	25.33	31.39	37.62
		GB/T 97.1—2002													
		GB/T 97.2—2002	—	—											
		GB/T 96.1—2002	3.38	4.48								22.52	26.84	34	40
内径 d_2	公称 (max)	GB/T 848—2002	6	8	9	11	15	18	20	24	28	34	39	50	60
		GB/T 97.1—2002	7	9	10	12	16	20	24	28	30	37	44	56	66
		GB/T 97.2—2002	—	—											
		GB/T 96.1—2002	9	12	15	18	24	30	37	44	50	60	72	92	110
	min	GB/T 848—2002	5.7	7.64	8.64	10.57	14.57	17.57	19.48	23.48	27.48	33.38	38.38	49.38	58.8
		GB/T 97.1—2002	6.64	8.64	9.64	11.57	15.57	19.48	23.48	27.48	29.48	36.38	43.38	55.26	64.8
		GB/T 97.2—2002	—	—											
		GB/T 96.1—2002	8.64	11.57	14.57	17.57	23.48	29.48	36.38	43.38	49.38	58.1	70.1	89.8	107.8

(续)

规格(螺纹大径)			3	4	5	6	8	10	12	14	16	20	24	30	36
厚度 h	公称	GB/T 848—2002	0.5	0.5	1	1.6	1.6	1.6	2	2.5	2.5	3	4	4	5
		GB/T 97.1—2002		0.8				2	2.5		3				
		GB/T 97.2—2002		—											
		GB/T 96.1—2002	0.8	1	1.2	1.6	2	2.5	3	3	3	4	5	6	8
	max	GB/T 848—2002	0.55	0.55	1.1	1.8	1.8	1.8	2.2	2.7	2.7	3.3	4.3	4.3	5.6
		GB/T 97.1—2002		0.9				2.2	2.7		3.3				
		GB/T 97.2—2002		—											
		GB/T 96.1—2002	0.9	1.1	1.4	1.8	2.2	2.7	3.3	3.3	3.3	4.6	6	7	9.2
	min	GB/T 848—2002	0.45	0.45	0.9	1.4	1.4	1.4	1.8	2.3	2.3	2.7	3.7	3.7	4.4
		GB/T 97.1—2002		0.7				1.8	2.3		2.7				
		GB/T 97.2—2002		—											
		GB/T 96.1—2002	0.7	0.9	1	1.4	1.8	2.3	2.7	2.7	2.7	3.4	4	5	6.8

表 B-6 标准型弹簧垫圈（GB/T 93—1987）、轻型弹簧垫圈（GB/T 859—1987）

(单位：mm)

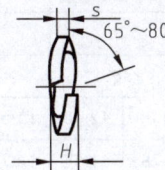 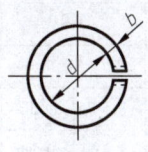 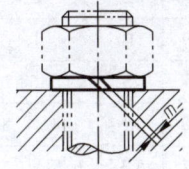

标记示例

规格 16mm、材料为 65Mn、表面氧化的标准型弹簧垫圈：
　　　　　垫圈　GB 93—87　16

规格 16mm、材料为 65Mn、表面氧化的轻型弹簧垫圈：
　　　　　垫圈　GB 859—87　16

规格(螺纹大径)			2	2.5	3	4	5	6	8	10	12	16	20	24	30	36	42	48
d	min		2.1	2.6	3.1	4.1	5.1	6.1	8.1	10.2	12.2	16.2	20.2	24.5	30.5	36.5	42.5	48.5
	max		2.35	2.85	3.4	4.4	5.4	6.68	8.68	10.9	12.9	16.9	21.04	25.5	31.5	37.7	43.7	49.7
$s(b)$ 公称		GB/T 93—1987	0.5	0.65	0.8	1.1	1.3	1.6	2.1	2.6	3.1	4.1	5	6	7.5	9	10.5	12
s 公称		GB/T 859—1987	—	—	0.6	0.8	1.1	1.3	1.6	2	2.5	3.2	4	5	6	—	—	—
b 公称		GB/T 859—1987	—	—	1	1.2	1.5	2	2.5	3	3.5	4.5	5.5	7	9	—	—	—
H	GB/T 93—1987	min	1	1.3	1.6	2.2	2.6	3.2	4.2	5.2	6.2	8.2	10	12	15	18	21	24
		max	1.25	1.63	2	2.75	3.25	4	5.25	6.5	7.75	10.25	12.5	15	18.75	22.5	26.25	30
	GB/T 859—1987	min			1.2	1.6	2.2	2.6	3.2	4	5	6.4	8	10	12			
		max			1.5	2	2.75	3.25	4	5	6.25	8	10	12.5	15			
$m\leqslant$	GB/T 93—1987		0.25	0.33	0.4	0.55	0.65	0.8	1.05	1.3	1.55	2.05	2.5	3	3.75	4.5	5.25	6
	GB/T 859—1987		—	—	0.3	0.4	0.55	0.65	0.8	1	1.25	1.6	2	2.5	3	—	—	—

注：m 应大于零。

表 B-7 开槽圆柱头螺钉（GB/T 65—2016）、开槽盘头螺钉（GB/T 67—2016）

（单位：mm）

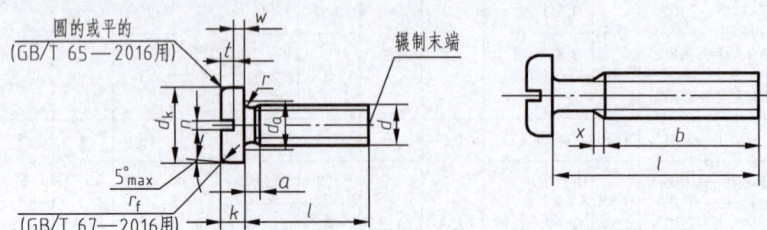

无螺纹部分杆径≈中径或=螺纹大径

标记示例

螺纹规格 d=M5、公称长度 l=20mm、性能等级为 4.8 级、不经表面处理的 A 级开槽圆柱头螺钉：
螺钉 GB/T 65 M5×20

螺纹规格 d=M5、公称长度 l=20mm、性能等级为 4.8 级、不经表面处理的 A 级开槽盘头螺钉：
螺钉 GB/T 67 M5×20

螺纹规格 d		M1.6	M2	M2.5	M3	M4		M5		M6		M8		M10	
类别		GB/T 67—2016				GB/T 65—2016	GB/T 67—2016	GB/T 65—2016	GB/T 67—2016	GB/T 65—2016	GB/T 67—2016	GB/T 65—2016	GB/T 67—2016	GB/T 65—2016	GB/T 67—2016
螺距 P		0.35	0.4	0.45	0.5	0.7		0.8		1		1.25		1.5	
a	max	0.7	0.8	0.9	1	1.4		1.6		2		2.5		3	
b	min	25	25	25	25	38		38		38		38		38	
d_k	max	3.2	4.0	5.0	5.6	7.00	8.00	8.50	9.50	10.00	12.00	13.00	16.00	16.00	20.00
	min	2.9	3.7	4.7	5.3	6.78	7.64	8.28	9.14	9.78	11.57	12.73	15.57	15.73	19.48
d_a	max	2	2.6	3.1	3.6	4.7		5.7		6.8		9.2		11.2	
k	max	1.00	1.30	1.50	1.80	2.60	2.40	3.30	3.00	3.9	3.6	5.0	4.8	6.0	
	min	0.86	1.16	1.36	1.66	2.46	2.26	3.12	2.86	3.6	3.3	4.7	4.5	5.7	
n	公称	0.4	0.5	0.6	0.8	1.2		1.2		1.6		2		2.5	
	min	0.46	0.56	0.66	0.86	1.26		1.26		1.66		2.06		2.56	
	max	0.60	0.70	0.80	1.00	1.51		1.51		1.91		2.31		2.81	
r	min	0.1	0.1	0.1	0.1	0.2		0.2		0.25		0.4		0.4	
r_f	参考	0.5	0.6	0.8	0.9		1.2		1.5		1.8		2.4		3
t	min	0.35	0.5	0.6	0.7	1.1	1	1.3	1.2	1.6	1.4	2	1.9	2.4	
w	min	0.3	0.4	0.5	0.7	1.1	1	1.3	1.2	1.6	1.4	2	1.9	2.4	
x	max	0.9	1	1.1	1.25	1.75		2		2.5		3.2		3.8	
l(商品规格范围公称长度)		2~16	2.5~20	3~25	4~30	5~40		6~50		8~60		10~80		12~80	
l(系列)		2,2.5,3,4,5,6,8,10,12,(14),16,20,25,30,35,40,45,50,(55),60,(65),70,(75),80													

注：1. 螺纹规格 d=M1.6~M3、公称长度 l≤30mm 的螺钉，应制出全螺纹；螺纹规格 d=M4~M10、公称长度 l≤40mm 的螺钉，应制出全螺纹（$b=l-a$）。

2. 尽可能不采用括号内的规格。

表 B-8　开槽沉头螺钉（GB/T 68—2016）、开槽半沉头螺钉（GB/T 69—2016）

（单位：mm）

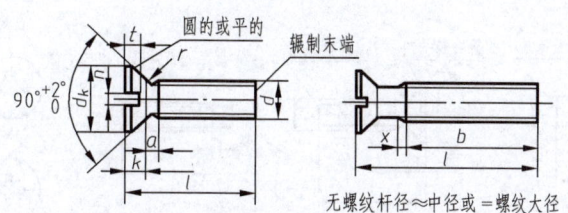

GB/T 68—2016

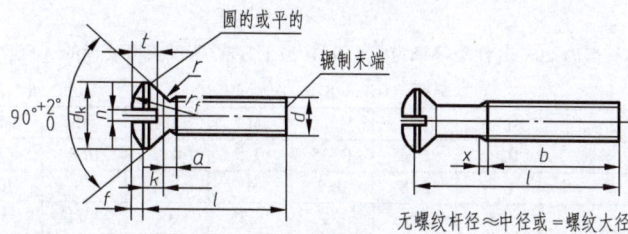

GB/T 69—2016

标记示例

螺纹规格 d=M5、公称长度 l=20mm、性能等级为 4.8 级、不经表面处理的 A 级开槽沉头螺钉：

螺钉 GB/T 68　M5×20

螺纹规格 d			M1.6	M2	M2.5	M3	M4	M5	M6	M8	M10
螺距 P			0.35	0.4	0.45	0.5	0.7	0.8	1	1.25	1.5
a	max		0.7	0.8	0.9	1	1.4	1.6	2	2.5	3
b	min		25				38				
d_k	理论值	max	3.6	4.4	5.5	6.3	9.4	10.4	12.6	17.3	20
	实际值	公称=max	3.0	3.8	4.7	5.5	8.40	9.30	11.30	15.80	18.30
		min	2.7	3.5	4.4	5.2	8.04	8.94	10.87	15.37	17.78
k	公称=max		1	1.2	1.5	1.65	2.7	2.7	3.3	4.65	5
n	公称		0.4	0.5	0.6	0.8	1.2	1.2	1.6	2	2.5
	min		0.46	0.56	0.66	0.86	1.26	1.26	1.66	2.06	2.56
	max		0.60	0.70	0.80	1.00	1.51	1.51	1.91	2.31	2.81
r	max		0.4	0.5	0.6	0.8	1	1.3	1.5	2	2.5
x	max		0.9	1	1.1	1.25	1.75	2	2.5	3.2	3.8
f	≈		0.4	0.5	0.6	0.7	1	1.2	1.4	2	2.3
r_f	≈		3	4	5	6	9.5	9.5	12	16.5	19.5
t	max	GB/T 68—2016	0.50	0.6	0.75	0.85	1.3	1.4	1.6	2.3	2.6
		GB/T 69—2016	0.80	1.0	1.2	1.45	1.9	2.4	2.8	3.7	4.4
	min	GB/T 68—2016	0.32	0.4	0.50	0.60	1.0	1.1	1.2	1.8	2.0
		GB/T 69—2016	0.64	0.8	1.0	1.20	1.6	2.0	2.4	3.2	3.8
l（商品规格范围公称长度）			2.5~16	3~20	4~25	5~30	6~40	8~50	8~60	10~80	12~80
l（系列）			2.5,3,4,5,6,8,10,12,(14),16,20,25,30,35,40,45,50,(55),60,(65),70,(75),80								

注：1. 公称长度 l≤30mm，而螺纹规格 d 在 M1.6~M3 的螺钉，应制出全螺纹；公称长度 l≤45mm，而螺纹规格在 M4~M10 的螺钉也应制出全螺纹 [$b=l-(k+a)$]。
2. 尽可能不采用括号内的规格。

表 B-9 十字槽盘头螺钉（GB/T 818—2016）、十字槽沉头螺钉（GB/T 819.1—2016）

（单位：mm）

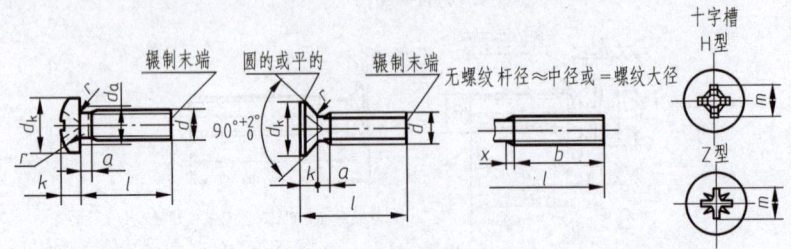

标记示例

螺纹规格 d=M5、公称长度 l=20mm、性能等级为 4.8 级、H 型十字槽、不经表面处理的 A 级十字槽盘头螺钉：

螺钉 GB/T 818 M5×20

螺纹规格 d			M1.6	M2	M2.5	M3	M4	M5	M6	M8	M10
螺距 P			0.35	0.4	0.45	0.5	0.7	0.8	1	1.25	1.5
a	max		0.7	0.8	0.9	1	1.4	1.6	2	2.5	3
b	min		25	25	25	25	38	38	38	38	38
d_a	max		2	2.6	3.1	3.6	4.7	5.7	6.8	9.2	11.2
d_k	公称=max	GB/T 818—2016	3.2	4.0	5.0	5.6	8.00	9.50	12.00	16.00	20.00
		GB/T 819.1—2016	3.0	3.8	4.7	5.5	8.40	9.30	11.30	15.80	18.30
	min	GB/T 818—2016	2.9	3.7	4.7	5.3	7.64	9.14	11.57	15.57	19.48
		GB/T 819.1—2016	2.7	3.5	4.4	5.2	8.04	8.94	10.87	15.37	17.78
k	公称=max	GB/T 818—2016	1.30	1.60	2.10	2.40	3.10	3.70	4.6	6.0	7.50
		GB/T 819.1—2016	1	1.2	1.5	1.65	2.7	2.7	3.3	4.65	5
	min	GB/T 818—2016	1.16	1.46	1.96	2.26	2.92	3.52	4.3	5.7	7.14
r	min		0.1	0.1	0.1	0.1	0.2	0.2	0.25	0.4	0.4
	max	GB/T 819.1—2016	0.4	0.5	0.6	0.8	1	1.3	1.5	2	2.5
r_f	≈		2.5	3.2	4	5	6.5	8	10	13	16
x	max		0.9	1	1.1	1.25	1.75	2	2.5	3.2	3.8
槽号 No.			0		1		2		3		4
十字槽 H 型	m 参考	GB/T 818—2016	1.7	1.9	2.7	3	4.4	4.9	6.9	9	10.1
		GB/T 819.1—2016	1.6	1.9	2.9	3.2	4.6	5.2	6.8	8.9	10
	插入深度 max	GB/T 818—2016	0.95	1.2	1.55	1.8	2.4	2.9	3.6	4.6	5.8
		GB/T 819.1—2016	0.9	1.2	1.8	2.1	2.6	3.5	3.5	4.6	5.7
	插入深度 min	GB/T 818—2016	0.7	0.9	1.15	1.4	2	2.4	3.1	4.0	5.2
		GB/T 819.1—2016	0.6	0.9	1.4	1.7	2.1	2.7	3.0	4.0	5.1
十字槽 Z 型	m 参考	GB/T 818—2016	1.6	2.1	2.6	2.8	4.3	4.7	6.7	8.8	9.9
		GB/T 819.1—2016	1.6	1.9	2.8	3	4.4	4.9	6.6	8.8	9.8
	插入深度 max	GB/T 818—2016	0.90	1.42	1.50	1.75	2.34	2.74	3.46	4.50	5.69
		GB/T 819.1—2016	0.95	1.20	1.73	2.01	2.51	3.05	3.45	4.60	5.64
	插入深度 min	GB/T 818—2016	0.65	1.17	1.25	1.50	1.89	2.29	3.03	4.05	5.24
		GB/T 819.1—2016	0.70	0.95	1.48	1.76	2.06	2.60	3.00	4.15	5.19
l（商品规格范围）			3~16	3~20	3~25	4~30	5~40	6~45	8~60	10~60	12~60
l（系列）			3,4,5,6,8,10,12,(14),16,20,25,30,35,40,45,50,(55),60								

注：1. 公称长度 l≤25mm（GB/T 819.1—2016，l≤30mm），而螺纹规格 d 在 M1.6~M3 的螺钉，应制出全螺纹；公称长度 l≤40mm（GB/T 819.1—2016，l≤45mm），而螺纹规格 d 在 M4~M10 的螺钉，也应制出全螺纹（$b=l-a$）（GB/T 819.1—2016，$b=l-(k+a)$）。

2. 尽可能不采用括号内的规格。

3. GB/T 819.1—2016 的尺寸"d_k 理论值 max"未列入。

表 B-10 内六角圆柱头螺钉（GB/T 70.1—2008） （单位：mm）

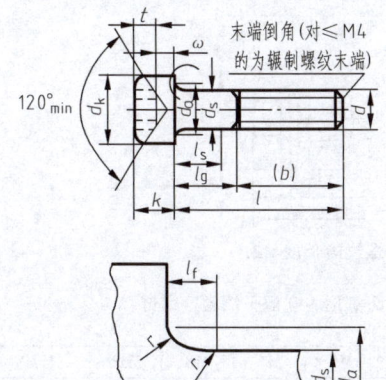
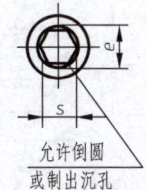

标记示例
螺纹规格 d = M5、公称长度 l = 20mm、性能等级为8.8级、表面氧化的 A 级内六角圆柱头螺钉：
螺钉 GB/T 70.1 M5×20

螺纹规格 d		M3	M4	M5	M6	M8	M10	M12	M16	M20	M24
螺距 P		0.5	0.7	0.8	1	1.25	1.5	1.75	2	2.5	3
$b_{参考}$		18	20	22	24	28	32	36	44	52	60
d_k	max	5.50	7.00	8.50	10.00	13.00	16.00	18.00	24.00	30.00	36.00
	min	5.32	6.78	8.28	9.78	12.73	15.73	17.73	23.67	29.67	35.61
d_a	max	3.6	4.7	5.7	6.8	9.2	11.2	13.7	17.7	22.4	26.4
d_s	max	3.00	4.00	5.00	6.00	8.00	10.00	12.00	16.00	20.00	24.00
	min	2.86	3.82	4.82	5.82	7.78	9.78	11.73	15.73	19.67	23.67
e	min	2.87	3.44	4.58	5.72	6.86	9.15	11.43	16	19.44	21.73
l_f	max	0.51	0.6	0.6	0.68	1.02	1.02	1.45	1.45	2.04	2.04
k	max	3.00	4.00	5.00	6.00	8.00	10.00	12.00	16.00	20.00	24.00
	min	2.86	3.82	4.82	5.7	7.64	9.64	11.57	15.57	19.48	23.48
r	min	0.1	0.2	0.2	0.25	0.4	0.4	0.6	0.6	0.8	0.8
s	公称	2.5	3	4	5	6	8	10	14	17	19
	max	2.58	3.080	4.095	5.140	6.140	8.175	10.175	14.212	17.23	19.275
	min	2.52	3.020	4.020	5.020	6.020	8.025	10.025	14.032	17.05	19.065
t	min	1.3	2	2.5	3	4	5	6	8	10	12
w	min	1.15	1.4	1.9	2.3	3.3	4	4.8	6.8	8.6	10.4
l（商品规格范围）		5~30	6~40	8~50	10~60	12~80	16~100	20~120	25~160	30~200	40~200
l≤表中数值时，螺纹制到距头部3P以内		20	25	25	30	35	40	50	60	70	80
l（系列）		5,6,8,10,12,16,20,25,30,35,40,45,50,55,60,65,70,80,90,100,110,120,130,140,150,160,180,200									

注：1. l_g 与 l_s 表中未列出。

2. s_{max} 用于除12.9级外的其他性能等级。

3. d_{kmax} 只对光滑头部，滚花头部未列出。

表 B-11 开槽锥端紧定螺钉（GB/T 71—2018） 开槽平端紧定螺钉（GB/T 73—2017） 开槽长圆柱端紧定螺钉（GB/T 75—2018） （单位：mm）

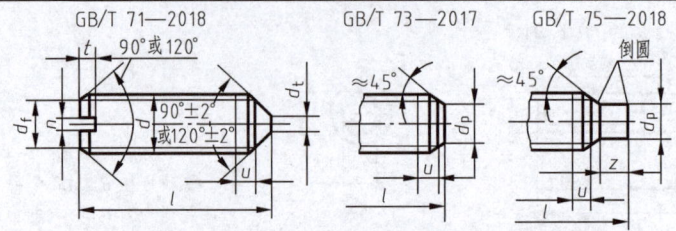

公称长度为短螺钉时，应制成120°，u 为不完整螺纹的长度≤$2P$

标记示例

螺纹规格 d=M5、公称长度 l=12mm、性能等级为14H级、表面氧化的开槽平端紧定螺钉：

螺钉 GB/T 73 M5×12

螺纹规格 d		M1.2	M1.6	M2	M2.5	M3	M4	M5	M6	M8	M10	M12
螺距 P		0.25	0.35	0.4	0.45	0.5	0.7	0.8	1	1.25	1.5	1.75
d_f	≈	螺纹小径										
d_t	min	—	—	—	—	—	—	—	—	—	—	—
	max	0.12	0.16	0.2	0.25	0.3	0.4	0.5	1.5	2	2.5	3
d_p	min	0.35	0.55	0.75	1.25	1.75	2.25	3.2	3.7	5.2	6.64	8.14
	max	0.6	0.8	1	1.5	2	2.5	3.5	4	5.5	7	8.5
n	公称	0.2	0.25	0.25	0.4	0.4	0.6	0.8	1	1.2	1.6	2
	min	0.26	0.31	0.31	0.46	0.46	0.66	0.86	1.06	1.26	1.66	2.06
	max	0.4	0.45	0.45	0.6	0.6	0.8	1	1.2	1.51	1.91	2.31
t	min	0.4	0.56	0.64	0.72	0.8	1.12	1.28	1.6	2	2.4	2.8
	max	0.52	0.74	0.84	0.95	1.05	1.42	1.63	2	2.5	3	3.6
z	min	—	0.8	1	1.25	1.5	2	2.5	3	4	5	6
	max	—	1.05	1.25	1.5	1.75	2.25	2.75	3.25	4.3	5.3	6.3
GB/T 71—2018	l(公称长度)	2~6	2~8	3~10	3~12	4~16	6~20	8~25	8~30	10~40	12~50	14~60
	l(短螺钉)	2	2~2.5	2~2.5	2~3	2~3	2~4	2~5	2~6	2~8	2~10	2~12
GB/T 73—2017	l(公称长度)	2~6	2~8	2~10	2.5~12	3~16	4~20	5~25	6~30	8~40	10~50	12~60
	l(短螺钉)	—	2	2~2.5	2~3	2~3	2~4	2~5	2~6	2~6	2~8	2~10
GB/T 75—2018	l(公称长度)	—	2.5~8	3~10	4~12	5~16	6~20	8~25	8~30	10~40	12~50	14~60
	l(短螺钉)	—	2~2.5	2~3	2~4	2~5	2~6	2~8	2~10	2~14	2~16	2~20
l(系列)		2,2.5,3,4,5,6,8,10,12,(14),16,20,25,30,35,40,45,50,(55),60										

注：1. 公称长度为商品规格尺寸。

2. 尽可能不采用括号内的规格。

附录 C　键 与 销

表 C-1　普通平键键槽的尺寸与公差（GB/T 1095—2003）　（单位：mm）

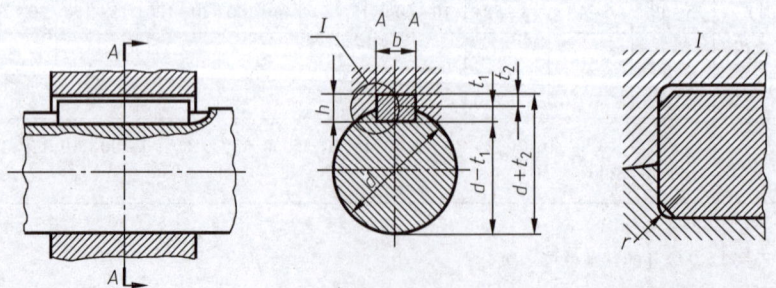

（续）

轴的直径 d	键尺寸 $b \times h$	键槽										
		宽度 b					深度				半径 r	
		基本尺寸	极限偏差				轴 t_1		毂 t_2			
			正常联结		紧密联结	松联结		基本尺寸	极限偏差	基本尺寸	极限偏差	min	max
			轴 N9	毂 JS9	轴和毂 P9	轴 H9	毂 D10						
自 6~8	2×2	2	−0.004 −0.029	±0.0125	−0.006 −0.031	+0.025 0	+0.060 +0.020	1.2	+0.10 0	1	+0.10 0	0.08	0.16
>8~10	3×3	3						1.8		1.4			
>10~12	4×4	4	0 −0.030	±0.015	−0.012 −0.042	+0.030 0	+0.078 +0.030	2.5		1.8			
>12~17	5×5	5						3.0		2.3			
>17~22	6×6	6						3.5		2.8		0.16	0.25
>22~30	8×7	8	0 −0.036	±0.018	−0.015 −0.051	+0.036 0	+0.098 +0.040	4.0		3.3			
>30~38	10×8	10						5.0		3.3			
>38~44	12×8	12	0 −0.043	±0.0215	+0.018 −0.061	+0.043 0	+0.120 +0.050	5.0		3.3		0.25	0.40
>44~50	14×9	14						5.5		3.8			
>50~58	16×10	16						6.0		4.3			
>58~65	18×11	18						7.0	+0.20 0	4.4	+0.20 0		
>65~75	20×12	20	0 −0.052	±0.026	+0.022 −0.074	+0.052 0	+0.149 +0.065	7.5		4.9			
>75~85	22×14	22						9.0		5.4		0.40	0.60
>85~95	25×14	25						9.0		5.4			
>95~110	28×16	28						10.0		6.4			
>110~130	32×18	32						11.0		7.4			
>130~150	36×20	36	0 −0.062	±0.031	−0.026 −0.088	+0.062 0	+0.180 +0.080	12.0	+0.30 0	8.4	+0.30 0	0.70	1.0
>150~170	40×22	40						13.0		9.4			
>170~200	45×25	45						15.0		10.4			

注：1. $(d-t_1)$ 和 $(d+t_2)$ 两组组合尺寸的极限偏差按相应的 t_1 和 t_2 的极限偏差选取，但 $(d-t_1)$ 极限偏差应取负号（−）。

2. 轴的直径不在本标准所列，仅供参考。

表 C-2 普通平键的尺寸与公差（GB/T 1096—2003）　　（单位：mm）

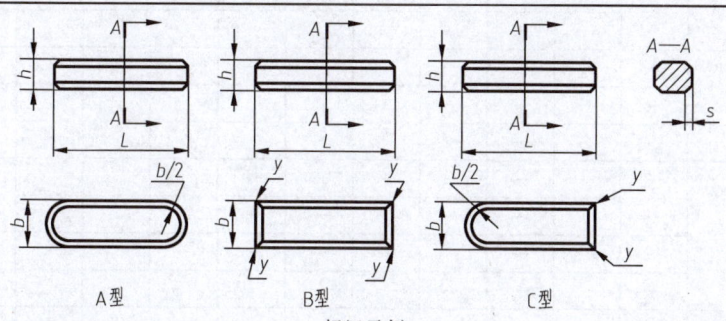

标记示例

圆头普通平键（A 型）、$b=18$mm、$h=11$mm、$L=100$mm：GB/T 1096 键　18×11×100
平头普通平键（B 型）、$b=18$mm、$h=11$mm、$L=100$mm：GB/T 1096 键 B　18×11×100
单圆头普通平键（C 型）、$b=18$mm、$h=11$mm、$L=100$mm：GB/T 1096 键 C　18×11×100

（续）

宽度 b	基本尺寸	2	3	4	5	6	8	10	12	14	16	18	20	22
	极限偏差（h8）	0 −0.014		0 −0.018			0 −0.022			0 −0.027			0 −0.033	
高度 h	基本尺寸	2	3	4	5	6	7	8	8	9	10	11	12	14
	极限偏差 矩形（h11）	—						0 −0.090				0 −0.110		
	极限偏差 方形（h8）	0 −0.014		0 −0.018				—				—		
倒角或圆角 s		0.16~0.25			0.25~0.40				0.40~0.60			0.60~0.80		

长度 L 基本尺寸	极限偏差（h14）	2	3	4	5	6	8	10	12	14	16	18	20	22
6	0 −0.36				—	—	—	—	—	—	—	—	—	—
8						—	—	—	—	—	—	—	—	—
10							—	—	—	—	—	—	—	—
12	0 −0.43							—	—	—	—	—	—	—
14								—	—	—	—	—	—	—
16									—	—	—	—	—	—
18									—	—	—	—	—	—
20										—	—	—	—	—
22	0 −0.52	—				标准				—	—	—	—	—
25		—								—	—	—	—	—
28		—									—	—	—	—
32		—									—	—	—	—
36		—										—	—	—
40	0 −0.62	—	—									—	—	—
45		—	—			长度						—	—	—
50		—	—	—									—	—
56		—	—	—										—
63	0 −0.74	—	—	—	—									
70		—	—	—	—									
80		—	—	—	—	—								
90		—	—	—	—	—		范围						
100	0 −0.87	—	—	—	—	—	—							
110		—	—	—	—	—	—							
125		—	—	—	—	—	—	—						
140	0 −1.00	—	—	—	—	—	—	—						
160		—	—	—	—	—	—	—	—					
180		—	—	—	—	—	—	—	—	—				
200		—	—	—	—	—	—	—	—	—	—			
220	0 −1.15	—	—	—	—	—	—	—	—	—	—			
250		—	—	—	—	—	—	—	—	—	—	—		

表 C-3　圆柱销　不淬硬钢和奥氏体不锈钢（GB/T 119.1—2000）
　　　　圆柱销　淬硬钢和马氏体不锈钢（GB/T 119.2—2000）　（单位：mm）

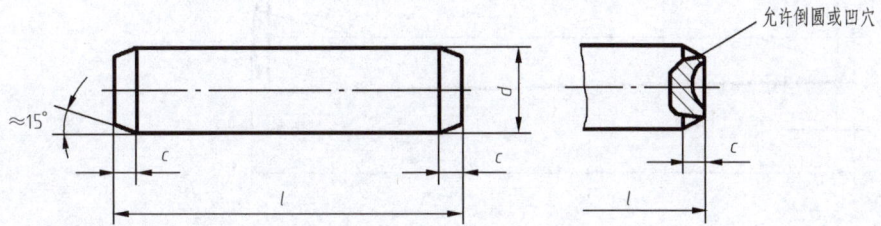

标记示例

公称直径 d = 6mm、公差为 m6、公称长度 l = 30mm、材料为钢、不经淬火、不经表面处理的圆柱销：
　　　　销　GB/T 119.1　6m6×30

公称直径 d = 6mm、公差为 m6、公称长度 l = 30mm、材料为钢、普通淬火（A 型）、表面氧化处理的圆柱销：
　　　　销　GB/T 119.2　6×30

d（公称）		1.5	2	2.5	3	4	5	6	8
c ≈		0.3	0.35	0.4	0.5	0.63	0.8	1.2	1.6
l（商品长度范围）	GB/T 119.1	4~16	6~20	6~24	8~30	8~40	10~50	12~60	14~80
	GB/T 119.2	4~16	5~20	6~24	8~30	10~40	12~50	14~60	18~80
d（公称）		10	12	16	20	25	30	40	50
c ≈		2	2.5	3	3.5	4	5	6.3	8
l（商品长度范围）	GB/T 119.1	18~95	22~140	26~180	35~200 以上	50~200 以上	60~200 以上	80~200 以上	95~200 以上
	GB/T 119.2	22~100 以上	26~100 以上	40~100 以上	50~100 以上	—	—	—	—
l（系列）		3,4,5,6,8,10,12,14,16,18,20,22,24,26,28,30,32,35,40,45,50,55,60,65,70,75,80,85,90,95,100,120,140,160,180,200,……							

注：1. 公称直径 d 的公差：GB/T 119.1—2000 规定为 m6 和 h8，GB/T 119.2—2000 仅有 m6。其他公差由供需双方协议。
　　2. GB/T 119.2—2000 中淬硬钢按淬火方法不同，分为普通淬火（A 型）和表面淬火（B 型）。
　　3. GB/T 119.1—2000 中规定公称长度大于 200mm，按 20mm 递增。GB/T 119.2—2000 中规定公称长度大于 100mm，按 20mm 递增。

表 C-4　圆锥销（GB/T 117—2000）　　　　　（单位：mm）

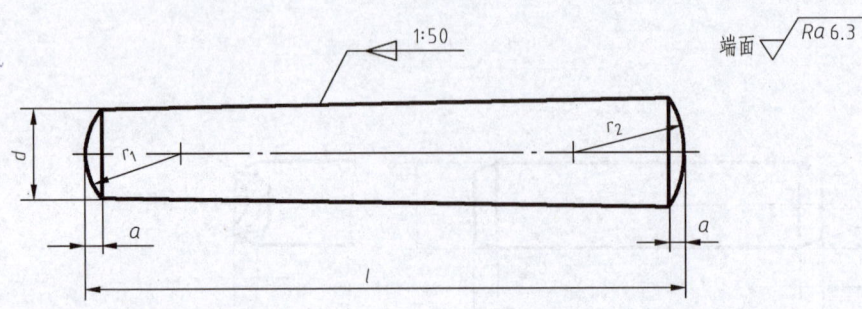

$$r_1 \approx d$$
$$r_2 \approx \frac{a}{2}+d+\frac{(0.021)^2}{8a}$$

锥面表面粗糙度见附注

标记示例

公称直径 d = 6mm、公称长度 l = 30mm、材料为 35 钢、热处理硬度 28~38HRC、表面氧化处理的 A 型圆锥销：

销　GB/T 117　6×30

d（公称）	0.6	0.8	1	1.2	1.5	2	2.5	3	4	5
$a \approx$	0.08	0.1	0.12	0.16	0.2	0.25	0.3	0.4	0.5	0.63
l（商品长度范围）	4~8	5~12	6~16	6~20	8~24	10~35	10~35	12~45	14~55	18~60
d（公称）	6	8	10	12	16	20	25	30	40	50
$a \approx$	0.8	1	1.2	1.6	2	2.5	3	4	5	6.3
l（商品长度范围）	22~90	22~120	26~160	32~180	40~200 以上	45~200 以上	50~200 以上	55~200 以上	60~200 以上	65~200 以上
l（系列）	2,3,4,5,6,8,10,12,14,16,18,20,22,24,26,28,30,32,35,40,45,50,55,60,65,70,75,80,85,90,95,100,120,140,160,180,200,……									

注：1. 公称直径 d 的公差规定为 h10，其他公差如 a11、c11 和 f8 由供需双方协议。

2. 圆锥销有 A 型和 B 型。A 型为磨削，锥面表面粗糙度 Ra = 0.8μm，B 型为切削或冷镦，锥面表面粗糙度 Ra = 3.2μm。

3. 公称长度大于 200mm，按 20mm 递增。

表 C-5　开口销（GB/T 91—2000）摘编　　　　　　（单位：mm）

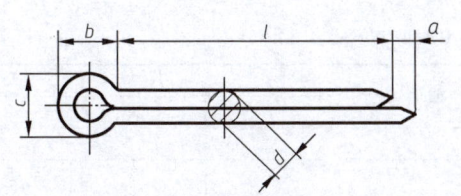 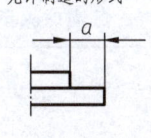

允许制造的形式

标记示例
公称规格为 5mm、公称长度 l = 50mm，材料为 Q215 或 Q235、不经表面处理的开口销：
　　销　GB/T 91　5×50

公称规格			0.6	0.8	1	1.2	1.6	2	2.5	3.2
d		max	0.5	0.7	0.9	1.0	1.4	1.8	2.3	2.9
		min	0.4	0.6	0.8	0.9	1.3	1.7	2.1	2.7
a		max	1.6	1.6	1.6	2.50	2.50	2.50	2.50	3.2
b		≈	2	2.4	3	3	3.2	4	5	6.4
c		max	1.0	1.4	1.8	2.0	2.8	3.6	4.6	5.8
适用的直径	螺栓	>	—	2.5	3.5	4.5	5.5	7	9	11
		≤	2.5	3.5	4.5	5.5	7	9	11	14
	U形销	>	—	2	3	4	5	6	8	9
		≤	2	3	4	5	6	8	9	12
商品长度范围			4~12	5~16	6~20	8~25	8~32	10~40	12~50	14~63

公称规格			4	5	6.3	8	10	13	16	20
d		max	3.7	4.6	5.9	7.5	9.5	12.4	15.4	19.3
		min	3.5	4.4	5.7	7.3	9.3	12.1	15.1	19.0
a		max	4	4	4	4	6.3	6.3	6.3	6.3
b		≈	8	10	12.6	16	20	26	32	40
c		max	7.4	9.2	11.8	15.0	19.0	24.8	30.8	38.5
适用的直径	螺栓	>	14	20	27	39	56	80	120	170
		≤	20	27	39	56	80	120	170	—
	U形销	>	12	17	23	29	44	69	110	160
		≤	17	23	29	44	69	110	160	—
商品长度范围			18~80	22~100	32~125	40~160	45~200	71~250	112~280	160~280
l（系列）			4,5,6,8,10,12,14,16,18,20,22,25,28,32,36,40,45,50,56,63,71,80,90,100,112,125,140,160,180,200,224,250,280							

注：1. 公称规格等于开口销孔的直径。对销孔直径推荐的公差为：
　　　公称规格≤1.2：H13；公称规格>1.2：H14
　　　根据供需双方协议，允许采用公称规格为 3mm、6mm 和 12mm 的开口销。
　　2. 用于铁道和在 U 形销中开口销承受交变横向力的场合，推荐使用的开口销规格应较本表规定的加大一档。

附录 D 滚 动 轴 承

表 D-1 深沟球轴承（GB/T 276—2013） （单位：mm）

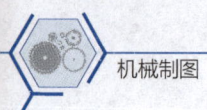

60000 型

轴承代号	尺寸			轴承代号	尺寸		
	d	D	B		d	D	B
10 系列				03 系列			
606	6	17	6	633	3	13	5
607	7	19	6	634	4	16	5
608	8	22	7	635	5	19	6
609	9	24	7	6300	10	35	11
6000	10	26	8	6301	12	37	12
6001	12	28	8	6302	15	42	13
6002	15	32	9	6303	17	47	14
6003	17	35	10	6304	20	52	15
6004	20	42	12	63/22	22	56	16
60/22	22	44	12	6305	25	62	17
6005	25	47	12	63/28	28	68	18
60/28	28	52	12	6306	30	72	19
6006	30	55	13	63/32	32	75	20
60/32	32	58	13	6307	35	80	21
6007	35	62	14	6308	40	90	23
6008	40	68	15	6309	45	100	25
6009	45	75	16	6310	50	110	27
6010	50	80	16	6311	55	120	29
6011	55	90	18	6312	60	130	31
6012	60	95	18	6313	65	140	33
02 系列				6314	70	150	35
623	3	10	4	6315	75	160	37
624	4	13	5	6316	80	170	39
625	5	16	5	6317	85	180	41
626	6	19	6	6318	90	190	43
627	7	22	7	04 系列			
628	8	24	8	6403	17	62	17
629	9	26	8	6404	20	72	19
6200	10	30	9	6405	25	80	21
6201	12	32	10	6406	30	90	23
6202	15	35	11	6407	35	100	25
6203	17	40	12	6408	40	110	27
6204	20	47	14	6409	45	120	29
62/22	22	50	14	6410	50	130	31
6205	25	52	15	6411	55	140	33
62/28	28	58	16	6412	60	150	35
6206	30	62	16	6413	65	160	37
62/32	32	65	17	6414	70	180	42
6207	35	72	17	6415	75	190	45
6208	40	80	18	6416	80	200	48
6209	45	85	19	6417	85	210	52
6210	50	90	20	6418	90	225	54
6211	55	100	21	6419	95	240	55
6212	60	110	22	6420	100	250	58
				6422	110	280	65

表 D-2 推力球轴承（GB/T 301—2015） （单位：mm）

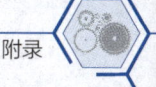

轴承代号	尺寸				轴承代号	尺寸			
	d	D_{1smin}	D	T		d	D_{1smin}	D	T
11 系列					12 系列				
51100	10	11	24	9	51213	65	67	100	27
51101	12	13	26	9	51214	70	72	105	27
51102	15	16	28	9	51215	75	77	110	27
51103	17	18	30	9	51216	80	82	115	28
51104	20	21	35	10	51217	85	88	125	31
51105	25	26	42	11	51218	90	93	135	35
51106	30	32	47	11	51220	100	103	150	38
51107	35	37	52	12	13 系列				
51108	40	42	60	13	51304	20	22	47	18
51109	45	47	65	14	51305	25	27	52	18
51110	50	52	70	14	51306	30	32	60	21
51111	55	57	78	16	51307	35	37	68	24
51112	60	62	85	17	51308	40	42	78	26
51113	65	67	90	18	51309	45	47	85	28
51114	70	72	95	18	51310	50	52	95	31
51115	75	77	100	19	51311	55	57	105	35
51116	80	82	105	19	51312	60	62	110	35
51117	85	87	110	19	51313	65	67	115	36
51118	90	92	120	22	51314	70	72	125	40
51120	100	102	135	25	51315	75	77	135	44
12 系列					51316	80	82	140	44
51200	10	12	26	11	51317	85	88	150	49
51201	12	14	28	11	51318	90	93	155	50
51202	15	17	32	12	51320	100	103	170	55
51203	17	19	35	12	14 系列				
51204	20	22	40	14	51405	25	27	60	24
51205	25	27	47	15	51406	30	32	70	28
51206	30	32	52	16	51407	35	37	80	32
51207	35	37	62	18	51408	40	42	90	36
51208	40	42	68	19	51409	45	47	100	39
51209	45	47	73	20	51410	50	52	110	43
51210	50	52	78	22	51411	55	57	120	48
51211	55	57	90	25	51412	60	62	130	51
51212	60	62	95	26	51413	65	67	140	56
					51414	70	72	150	60
					51415	75	77	160	65
					51416	80	82	170	68
					51417	85	88	180	72
					51418	90	93	190	77
					51420	100	103	210	85

注：D_{1smin} 指座圈最小单一内径。

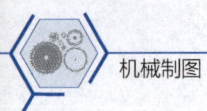

附录 E 轴和孔的极限偏差

表 E-1 轴的基本偏差

公称尺寸 /mm		上极限偏差 es										基 本 偏			
		所有标准公差等级										IT5 和 IT6	IT7	IT8	IT4 至 IT7
大于	至	a	b	c	cd	d	e	ef	f	fg	g	h	js	j		
—	3	−270	−140	−60	−34	−20	−14	−10	−6	−4	−2	0		−2	−4	−6	0
3	6	−270	−140	−70	−46	−30	−20	−14	−10	−6	−4	0		−2	−4		+1
6	10	−280	−150	−80	−56	−40	−25	−18	−13	−8	−5	0		−2	−5		+1
10	14	−290	−150	−95	−70	−50	−32	−23	−16	−10	−6	0		−3	−6		+1
14	18															
18	24	−300	−160	−110	−85	−65	−40	−25	−20	−12	−7	0		−4	−8		+2
24	30															
30	40	−310	−170	−120	−100	−80	−50	−35	−25	−15	−9	0		−5	−10		+2
40	50	−320	−180	−130												
50	65	−340	−190	−140		−100	−60		−30		−10	0	偏差 $=\pm\dfrac{IT_n}{2}$，式中 IT_n 是 IT 值数	−7	−12		+2
65	80	−360	−200	−150												
80	100	−380	−220	−170		−120	−72		−36		−12	0		−9	−15		+3
100	120	−410	−240	−180												
120	140	−460	−260	−200		−145	−85		−43		−14	0		−11	−18		+3
140	160	−520	−280	−210												
160	180	−580	−310	−230												
180	200	−660	−340	−240		−170	−100		−50		−15	0		−13	−21		+4
200	225	−740	−380	−260												
225	250	−820	−420	−280												
250	280	−920	−480	−300		−190	−110		−56		−17	0		−16	−26		+4
280	315	−1050	−540	−330												
315	355	−1200	−600	−360		−210	−125		−62		−18	0		−18	−28		+4
355	400	−1350	−680	−400												
400	450	−1500	−760	−440		−230	−135		−68		−20	0		−20	−32		+5
450	500	−1650	−840	−480												
500	560					−260	−145		−76		−22	0					0
560	630															
630	710					−290	−160		−80		−24	0					0
710	800															
800	900					−320	−170		−86		−26	0					0
900	1000															
1000	1120					−350	−195		−98		−28	0					0
1120	1250															
1250	1400					−390	−220		−110		−30	0					0
1400	1600															
1600	1800					−430	−240		−120		−32	0					0
1800	2000															
2000	2240					−480	−260		−130		−34	0					0
2240	2500															
2500	2800					−520	−290		−145		−38	0					0
2800	3150															

注：1. 公称尺寸小于或等于 1mm 时，基本偏差 a 和 b 均不采用。

2. 公差带 js7 至 js11，若 IT_n 值数是奇数，则取偏差 $=\pm\dfrac{IT_n-1}{2}$。

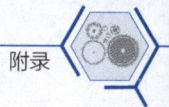

数值（摘自 GB/T 1800.1—2020）　　　　　　　　　　（单位：μm）

差　　数　　值

下极限偏差 ei

≤IT3 >IT7				所有标准公差等级								
k	m	n	p	r	s	t	u	v	x	y	z	za	zb	zc
0	+2	+4	+6	+10	+14		+18		+20		+26	+32	+40	+60
0	+4	+8	+12	+15	+19		+23		+28		+35	+42	+50	+80
0	+6	+10	+15	+19	+23		+28		+34		+42	+52	+67	+97
0	+7	+12	+18	+23	+28		+33	+39	+40 +45		+50 +60	+64 +77	+90 +108	+130 +150
0	+8	+15	+22	+28	+35	+41 +41	+47 +48	+54 +55	+63 +64	+73 +75	+88	+98 +118	+136 +160	+188 +218
0	+9	+17	+26	+34	+43	+48 +54	+60 +70	+68 +81	+80 +97	+94 +114	+112 +136	+148 +180	+200 +242	+274 +325
0	+11	+20	+32	+41 +43	+53 +59	+66 +75	+87 +102	+102 +120	+122 +146	+144 +174	+172 +210	+226 +274	+300 +360	+405 +480
0	+13	+23	+37	+51 +54	+71 +79	+91 +104	+124 +144	+146 +172	+178 +210	+214 +254	+258 +310	+335 +400	+445 +525	+585 +690
0	+15	+27	+43	+63 +65 +68	+92 +100 +108	+122 +134 +146	+170 +190 +210	+202 +228 +252	+248 +280 +310	+300 +340 +380	+365 +415 +465	+470 +535 +600	+620 +700 +780	+800 +900 +1000
0	+17	+31	+50	+77 +80 +84	+122 +130 +140	+166 +180 +196	+236 +258 +284	+284 +310 +340	+350 +385 +425	+425 +470 +520	+520 +575 +640	+670 +740 +820	+880 +960 +1050	+1150 +1250 +1350
0	+20	+34	+56	+94 +98	+158 +170	+218 +240	+315 +350	+385 +425	+475 +525	+580 +650	+710 +790	+920 +1000	+1200 +1300	+1550 +1700
0	+21	+37	+62	+108 +114	+190 +208	+268 +294	+390 +435	+475 +530	+590 +660	+730 +820	+900 +1000	+1150 +1300	+1500 +1650	+1900 +2100
0	+23	+40	+68	+126 +132	+232 +252	+330 +360	+490 +540	+595 +660	+740 +820	+920 +1000	+1100 +1250	+1450 +1600	+1850 +2100	+2400 +2600
0	+26	+44	+78	+150 +155	+280 +310	+400 +450	+600 +660							
0	+30	+50	+88	+175 +185	+340 +380	+500 +560	+740 +840							
0	+34	+56	+100	+210 +220	+430 +470	+620 +680	+940 +1050							
0	+40	+66	+120	+250 +260	+520 +580	+780 +840	+1150 +1300							
0	+48	+78	+140	+300 +330	+640 +720	+960 +1050	+1450 +1600							
0	+58	+92	+170	+370 +400	+820 +920	+1200 +1350	+1850 +2000							
0	+68	+110	+195	+440 +460	+1000 +1100	+1500 +1650	+2300 +2500							
0	+76	+135	+240	+550 +580	+1250 +1400	+1900 +2100	+2900 +3200							

173

表 E-2 孔的基本偏差数值

公称尺寸/mm		下极限偏差 EI										基本偏差								
		所有标准公差等级										IT6	IT7	IT8	≤IT8	>IT8	≤IT8	>IT8	≤IT8	>IT8
大于	至	A	B	C	CD	D	E	EF	F	FG	G	H	JS	J		K		M		N	
—	3	+270	+140	+60	+34	+20	+14	+10	+6	+4	+2	0		+2	+4	+6	0	0	−2	−2	−4	−4
3	6	+270	+140	+70	+46	+30	+20	+14	+10	+6	+4	0		+5	+6	+10	−1+Δ		−4+Δ	−4	−8+Δ	0
6	10	+280	+150	+80	+56	+40	+25	+18	+13	+8	+5	0		+5	+8	+12	−1+Δ		−6+Δ	−6	−10+Δ	0
10	14	+290	+150	+95	+70	+50	+32	+23	+16	+10	+6	0		+6	+10	+15	−1+Δ		−7+Δ	−7	−12+Δ	0
14	18																					
18	24	+300	+160	+110	+85	+65	+40	+28	+20	+12	+7	0		+8	+12	+20	−2+Δ		−8+Δ	−8	−15+Δ	0
24	30																					
30	40	+310	+170	+120	+100	+80	+50	+35	+25	+15	+9	0		+10	+14	+24	−2+Δ		−9+Δ	−9	−17+Δ	0
40	50	+320	+180	+130																		
50	65	+340	+190	+140		+100	+60		+30		+10	0		+13	+18	+28	−2+Δ		−11+Δ	−11	−20+Δ	0
65	80	+360	+200	+150																		
80	100	+380	+220	+170		+120	+72		+36		+12	0		+16	+22	+34	−3+Δ		−13+Δ	−13	−23+Δ	0
100	120	+410	+240	+180																		
120	140	+460	+260	+200		+145	+85		+43		+14	0		+18	+26	+41	−3+Δ		−15+Δ	−15	−27+Δ	0
140	160	+520	+280	+210																		
160	180	+580	+310	+230																		
180	200	+660	+310	+240		+170	+100		+50		+15	0	偏差=±$\frac{IT_n}{2}$,式中IT_n是IT值数	+22	+30	+47	−4+Δ		−17+Δ	−17	−31+Δ	0
200	225	+740	+380	+260																		
225	250	+820	+420	+280																		
250	280	+920	+480	+300		+190	+110		+56		+17	0		+25	+36	+55	−4+Δ		−20+Δ	−20	−34+Δ	0
280	315	+1050	+540	+330																		
315	355	+1200	+600	+360		+210	+125		+62		+18	0		+29	+39	+60	−4+Δ		−21+Δ	−21	−37+Δ	0
355	400	+1350	+680	+400																		
400	450	+1500	+760	+440		+230	+135		+68		+20	0		+33	+43	+66	−5+Δ		−23+Δ	−23	−40+Δ	0
450	500	+1650	+840	+480																		
500	560					+260	+145		+76		+22	0					0		−26		−44	
560	630																					
630	710					+290	+160		+80		+24	0					0		−30		−50	
710	800																					
800	900					+320	+170		+86		+26	0					0		−34		−56	
900	1000																					
1000	1120					+350	+195		+98		+28	0					0		−40		−65	
1120	1250																					
1250	1400					+390	+220		+110		+30	0					0		−48		−78	
1400	1600																					
1600	1800					+430	+240		+120		+32	0					0		−58		−92	
1800	2000																					
2000	2240					+480	+260		+130		+34	0					0		−68		−110	
2240	2500																					
2500	2800					+520	+290		+145		+38	0					0		−76		−135	
2800	3150																					

注：1. 公称尺寸小于或等于1mm时，不适用基本偏差A和B。
2. 公差带JS7至JS11，若IT_n值数是奇数，则取偏差=±$\frac{IT_n-1}{2}$。
3. 对小于或等于IT8的K、M、N和小于或等于IT7的P至ZC，所需Δ值从表内右侧选取。例如：18~30mm段
4. 特殊情况：250~315mm段的M6，$ES=-9\mu m$（代替$-11\mu m$）。

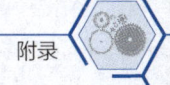

（摘自 GB/T 1800.1—2020）　　　　　　　　　　　　　　　　　　　　　　　　　　　　　（单位：μm）

数　　值												Δ 值					
上极限偏差 ES																	
≤IT7	标准公差等级大于 IT7											标准公差等级					
P 至 ZC	P	R	S	T	U	V	X	Y	Z	ZA	ZB	ZC	IT3	IT4	IT5	IT6	IT7	IT8
在大于IT7的相应数值上增加一个Δ值	−6	−10	−14		−18		−20		−26	−32	−40	−60	0	0	0	0	0	0
	−12	−15	−19		−23		−28		−35	−42	−50	−80	1	1.5	1	3	4	6
	−15	−19	−23		−28		−34		−42	−52	−67	−97	1	1.5	2	3	6	7
	−18	−23	−28		−33	−40		−50	−64	−90	−130	1	2	3	3	7	9
						−39	−45		−60	−77	−108	−150						
	−22	−28	−35		−41	−47	−54	−63	−73	−98	−136	−188	1.5	2	3	4	8	12
				−41	−48	−55	−64	−75	−88	−118	−160	−218						
	−26	−34	−43	−48	−60	−68	−80	−94	−112	−148	−200	−274	1.5	3	4	5	9	14
				−54	−70	−81	−97	−114	−136	−180	−242	−325						
	−32	−41	−53	−66	−87	−102	−122	−144	−172	−226	−300	−405	2	3	5	6	11	16
		−43	−59	−75	−102	−120	−146	−174	−210	−274	−360	−480						
	−37	−51	−71	−91	−124	−146	−178	−214	−258	−335	−445	−585	2	4	5	7	13	19
		−54	−79	−104	−144	−172	−210	−257	−310	−400	−525	−690						
	−43	−63	−92	−122	−170	−202	−248	−300	−365	−470	−620	−800	3	4	6	7	15	23
		−65	−100	−134	−190	−228	−280	−340	−415	−535	−700	−900						
		−68	−108	−146	−210	−252	−310	−380	−465	−600	−780	−1000						
	−50	−77	−122	−166	−236	−284	−350	−425	−520	−670	−880	−1150	3	4	6	9	17	26
		−80	−130	−180	−258	−310	−385	−470	−575	−740	−960	−1250						
		−84	−140	−196	−284	−340	−425	−520	−640	−820	−1050	−1350						
	−56	−94	−158	−218	−315	−385	−475	−580	−710	−920	−1200	−1550	4	4	7	9	20	29
		−98	−170	−240	−350	−425	−525	−650	−790	−1000	−1300	−1700						
	−62	−108	−190	−268	−390	−475	−590	−730	−900	−1150	−1500	−1900	4	5	7	11	21	32
		−114	−208	−294	−435	−530	−660	−820	−1000	−1300	−1650	−2100						
	−68	−126	−232	−330	−490	−595	−740	−920	−1100	−1450	−1850	−2400	5	5	7	13	23	34
		−132	−252	−360	−540	−660	−820	−1000	−1250	−1600	−2100	−2600						
	−78	−150	−280	−400	−600													
		−155	−310	−450	−660													
	−88	−175	−340	−500	−740													
		−185	−380	−560	−840													
	−100	−210	−430	−620	−940													
		−220	−470	−680	−1050													
	−120	−250	−520	−780	−1150													
		−260	−580	−840	−1300													
	−140	−300	−640	−960	−1450													
		−330	−720	−1050	−1600													
	−170	−370	−820	−1200	−1850													
		−400	−920	−1350	−2000													
	−195	−440	−1000	−1500	−2300													
		−460	−1100	−1650	−2500													
	−240	−550	−1250	−1900	−2900													
		−580	−1400	−2100	−3200													

的 K7：Δ＝8μm，所以 ES＝−2＋8＝＋6μm；18～30mm 段的 S6，Δ＝4μm，所以 ES＝−35＋4＝−31μm。

表 E-3 公称尺寸至 3150mm 的标准公差数值（GB/T 1800.1—2020）

公称尺寸/mm		标准公差等级																
		IT1	IT2	IT3	IT4	IT5	IT6	IT7	IT8	IT9	IT10	IT11	IT12	IT13	IT14	IT15	IT16	IT17	IT18
大于	至	μm											mm						
—	3	0.8	1.2	2	3	4	6	10	14	25	40	60	0.1	0.14	0.25	0.4	0.6	1	1.4
3	6	1	1.5	2.5	4	5	8	12	18	30	48	75	0.12	0.18	0.3	0.48	0.75	1.2	1.8
6	10	1	1.5	2.5	4	6	9	15	22	36	58	90	0.15	0.22	0.36	0.58	0.9	1.5	2.2
10	18	1.2	2	3	5	8	11	18	27	43	70	110	0.18	0.27	0.43	0.7	1.1	1.8	2.7
18	30	1.5	2.5	4	6	9	13	21	33	52	84	130	0.21	0.33	0.52	0.84	1.3	2.1	3.3
30	50	1.5	2.5	4	7	11	16	25	39	62	100	160	0.25	0.39	0.62	1	1.6	2.5	3.9
50	80	2	3	5	8	13	19	30	46	74	120	190	0.3	0.46	0.74	1.2	1.9	3	4.6
80	120	2.5	4	6	10	15	22	35	54	87	140	220	0.35	0.54	0.87	1.4	2.2	3.5	5.4
120	180	3.5	5	8	12	18	25	40	63	100	160	250	0.4	0.63	1	1.6	2.5	4	6.3
180	250	4.5	7	10	14	20	29	46	72	115	185	290	0.46	0.72	1.15	1.85	2.9	4.6	7.2
250	315	6	8	12	16	23	32	52	81	130	210	320	0.52	0.81	1.3	2.1	3.2	5.2	8.1
315	400	7	9	13	18	25	36	57	89	140	230	360	0.57	0.89	1.4	2.3	3.6	5.7	8.9
400	500	8	10	15	20	27	40	63	97	155	250	400	0.63	0.97	1.55	2.5	4	6.3	9.7
500	630	9	11	16	22	32	44	70	110	175	280	440	0.7	1.1	1.75	2.8	4.4	7	11
630	800	10	13	18	25	36	50	80	125	200	320	500	0.8	1.25	2	3.2	5	8	12.5
800	1000	11	15	21	28	40	56	90	140	230	360	560	0.9	1.4	2.3	3.6	5.6	9	14
1000	1250	13	18	24	33	47	66	105	165	260	420	660	1.05	1.65	2.6	4.2	6.6	10.5	16.5
1250	1600	15	21	29	39	55	78	125	195	310	500	780	1.25	1.95	3.1	5	7.8	12.5	19.5
1600	2000	18	25	35	46	65	92	150	230	370	600	920	1.5	2.3	3.7	6	9.2	15	23
2000	2500	22	30	41	55	78	110	175	280	440	700	1100	1.75	2.8	4.4	7	11	17.5	28
2500	3150	26	36	50	68	96	135	210	330	540	860	1350	2.1	3.3	5.4	8.6	13.5	21	33

注：1. 公称尺寸大于 500mm 的 IT1 至 IT5 的标准公差数值为试行的。
  2. 公称尺寸小于或等于 1mm 时，无 IT14 至 IT18。

参 考 文 献

[1] 全国技术产品文件标准化技术委员会，中国标准出版社第三编辑室. 技术产品文件标准汇编：机械制图卷 [M]. 2版. 北京：中国标准出版社，2009.
[2] 金大鹰. 机械制图（机械类专业）[M]. 5版. 北京：机械工业出版社，2020.
[3] 刘力. 机械制图 [M]. 北京：高等教育出版社，2008.
[4] 梁东晓. 机械制图 [M]. 北京：中国劳动社会保障出版社，2005.
[5] 姚民雄，华红芳. 机械制图 [M]. 北京：电子工业出版社，2009.
[6] 李典灿. 机械图样识读与测绘 [M]. 北京：机械工业出版社，2009.